Armelle Decaulne

Risque naturel et dynamiques des versants en Islande du nord-ouest

Armelle Decaulne

Risque naturel et dynamiques des versants en Islande du nord-ouest

Une analyse géomorphologique de l'activité des avalanches et des coulées de débris

Presses Académiques Francophones

Impressum / Mentions légales

Bibliografische Information der Deutschen Nationalbibliothek: Die Deutsche Nationalbibliothek verzeichnet diese Publikation in der Deutschen Nationalbibliografie; detaillierte bibliografische Daten sind im Internet über http://dnb.d-nb.de abrufbar.

Information bibliographique publiée par la Deutsche Nationalbibliothek: La Deutsche Nationalbibliothek inscrit cette publication à la Deutsche Nationalbibliografie; des données bibliographiques détaillées sont disponibles sur internet à l'adresse http://dnb.d-nb.de.

Coverbild / Photo de couverture: www.ingimage.com

Verlag / Editeur:
Presses Académiques Francophones
ist ein Imprint der / est une marque déposée de
AV Akademikerverlag GmbH & Co. KG
Heinrich-Böcking-Str. 6-8, 66121 Saarbrücken, Deutschland / Allemagne
Email: info@presses-academiques.com

Herstellung: siehe letzte Seite /
Impression: voir la dernière page
ISBN: 978-3-8381-7913-1

Risque naturel et dynamiques des versants en Islande du nord-ouest

Une analyse géomorphologique de l'activité des avalanches et des coulées de débris

Armelle Decaulne

2

Introduction générale : problématique et cadre de l'étude

« Les risques naturels recouvrent deux réalités qui sont en fait indissociables. D'une part, on peut considérer en lui-même le phénomène qui est à l'origine du risque proprement dit, rechercher les mécanismes permanents ou occasionnels responsables de son déclenchement dans le temps et dans l'espace, étudier sa fréquence d'intervention, sa probabilité d'occurrence. D'autre part, il est clair que le risque en tant que tel existe seulement dans la mesure où, à travers ses manifestations, il affecte des populations. »

Lucien FAUGERES (1990, p.92).

1. - Problématique et objectifs

L'Islande est connue pour son activité sismique et volcanique. Si ces processus endogènes créent des formes de relief intéressantes par leur jeunesse, ils ne doivent pas faire oublier d'autres processus communs à d'autres régions du globe, dont le fonctionnement est en partie contrôlé par le passé géologique auquel l'île de glace doit son nom. Il s'agit en effet de la vigueur de son système de pentes, qui sont aujourd'hui le siège d'une active dynamique de versant, plus menaçante et plus meurtrière que les éruptions volcaniques et les séismes qui font la notoriété de l'Islande.

Quelles sont les dynamiques affectant les versants d'Islande du nord-ouest ? Ces processus ont-ils un impact géomorphologique ? Affectent-ils les populations et les implantations humaines ?

Le travail de thèse que nous avons entrepris s'articule autour de ces deux volets, l'un physique, l'autre humain. Le premier s'inscrit dans la question plus vaste de l'efficacité géomorphologique des processus de versant dans les montagnes des hautes latitudes. Le deuxième volet concerne l'impact de ces processus sur les activités humaines, l'évaluation du risque naturel induit par ces dynamiques dans les villes et villages qui essaiment le long du littoral des fjords de la péninsule du nord-ouest.

Parmi les différents processus de versant (chutes de blocs, avalanches, *debris flows*, gélifluxion, nivation, cryoplanation), nous avons retenu les avalanches et les *debris flows*. Ces deux dynamiques sont en effet récurrentes en Islande du nord-ouest où pourtant aucune étude concernant leur efficacité géomorphologique n'a été effectuée. Les investigations menées en Islande du nord-ouest permettent donc d'étendre le champ des investigations déjà menées en milieux arctiques et alpins (A. Rapp, 1960, 1974, 1986, 1992 ; A. Rapp et R. Nyberg, 1988 ; J.S. Gardner, 1970 et 1989 ; B. Francou, 1988; A. Godard, 1990 et 1992 ; M.-F. André, 1982, 1991, 1992 et 1993 ; V. Jomelli, 1997) au milieu subpolaire océanique très contrasté du nord-ouest de l'Islande. De récentes catastrophes liées aux avalanches et aux *debris flows* ont d'ailleurs suscité l'intérêt de l'Institut Météorologique Islandais concernant les risques encourus par les populations des fjords du nord-ouest, la question des risques naturels liés aux avalanches et aux coulées de débris étant d'actualité : deux avalanches ont tué 34

3

personnes en 1995 à Súðavík et Flateyri, et 150 personnes ont été évacuées en septembre 1996 et juin 1999 pendant l'activité de nombreuses coulées de débris à Ísafjörður.

Nous n'avons pas prétention à retracer l'histoire des versants et à définir leurs rythmes d'évolution sur le long terme. Notre objectif est de mettre en évidence les modalités de fonctionnement des avalanches et des *debris flows* en Islande du nord-ouest, d'évaluer leur rôle respectif dans l'évolution actuelle des versants, en tenant compte de leur fréquence. Enfin, cette analyse doit permettre d'estimer le risque naturel dans les secteurs habités concernés. Nous centrerons notre recherche sur le dernier siècle, pendant lequel la notion de risque naturel lié aux avalanches et aux *debris flows* a pris un sens.

2. - Méthodologie

Une approche analytique, fondamentalement descriptive, est nécessaire en Islande du nord-ouest du fait du caractère vierge de la recherche menée sur la dynamique des versants dans ce secteur, des travaux antérieurs ayant été conduits dans le sud et le sud-est de l'île (J.C. Bodéré, 1985). Les observations de terrain tiennent donc une place de choix dans notre travail, effectué dans le cadre de longues missions de terrain, ce qui nous a permis de voir fonctionner successivement les divers processus (tableau 1). Ainsi, pour répondre à notre préoccupation centrale, qui est la mesure de l'impact géomorphologique et humain des avalanches et des debris flows, nous avons mis en œuvre des méthodes d'analyse géomorphologiques et climatologiques permettant de mieux connaître les conditions de déclenchement des avalanches et des debris flows. L'impact géomorphologique des avalanches a été appréhendé à l'aide de la réalisation de cartes géomorphologiques et de transects topo-sédimentologiques et phytogéographiques. L'impact géomorphologique des debris flows a été estimé en quantifiant les volumes de débris transportés et en mesurant les formes créées, couplées avec des observations directes. La fréquence des deux processus a été définie grâce à l'approche historique et à l'utilisation de méthodes botaniques telles le taux de recouvrement végétal ou la lichénométrie. Enfin, les risques naturels ont été évalués en couplant extension maximale et fréquence des deux processus étudiés. Enfin, une étude de la perception des risques naturels liés aux avalanches et aux debris flows a été réalisée par le biais d'un questionnaire d'enquête (fig. 1).

Année	Saisons	Nbre de jours de terrain	Mois d'arrivée / de départ
1997	été	21	juillet
1998	printemps	141	avril / août
	été		
1999	printemps	210	
	été		mars / octobre
	automne		
2000	hiver	60	janvier / février
	été		juin / juillet

Tableau 1 - Nombre de jours de terrain

Ces méthodes, si elles présentent de nombreux avantages, recèlent également des limites. En effet, une grande partie de l'estimation de la fréquence des avalanches repose sur les sources historiques, en l'absence d'indicateurs physiques dans ces secteurs anthropisés : les bas de versant ne présentent guère d'espace « naturel », l'espace disponible pour l'occupation humaine étant rare dans ce contexte de fjords. Or, ces sources ne sont pas exhaustives et elles sont limitées dans l'espace et le temps : seuls les secteurs les plus anciennement occupés sont documentés, et cette documentation n'est guère utilisable qu'à partir du XXème siècle. De plus, il faut attendre les années 1980 pour disposer de récits réellement documentés, où le phénomène et ses conséquences sont décrits. En outre, ces sources historiques tiennent le plus souvent compte des événements extrêmes, c'est-à-dire ceux qui sont les plus dangereux en terme de risque naturel, mais ne reflètent pas le fonctionnement « ordinaire » des processus de versant.

Par ailleurs, l'utilisation des méthodes botaniques, et en particulier du taux de recouvrement végétal, ne fournit que des datations relatives des événements. Quant à l'utilisation de la lichénométrie, elle fournit des données qui approchent les datations absolues, grâce à l'établissement d'une courbe de référence, mais cette technique trouve également une limitation dans le temps : les thalles de lichens les lichens *Rhizocarpon geographicum* utilisés pour ces datations ont un âge inférieur à 200 ans environ, car les cendres résultant de l'éruption de l'Hekla en 1784 ont recouvert et détruit les lichens antérieurs ; de plus, la concurrence lichénique est forte sur les surfaces des blocs rocheux, et *Rhizocarpon geographicum* disparaît rapidement, sans avoir atteint un âge supérieur à 60-70 ans sur notre terrain d'étude.

Notre étude de la dynamique des versants d'Islande nord-occidentale est ainsi limitée au dernier siècle, le recul proposé par les sources historiques et phytogéographiques étant insuffisant pour permettre de mettre en évidence une évolution sur le plus long terme.

3. - Le cadre géographique

Située au milieu de l'Atlantique nord, 287 km à l'est du Groenland, entre 63°24' et 66°33' de latitude nord et entre 13°30' et 24°32' de longitude ouest, l'Islande se trouve à la limite du cercle polaire arctique. Avec une superficie de 102 846 km^2 (près d'1/5 de la superficie de la France), la deuxième île d'Europe constitue un espace subpolaire à la charnière d'influences multiples, dans un contexte océanique d'une importance capitale, que ce soit du point de vue physique (climatologie, processus morphologiques) ou humain.

3.1. - Le contexte climatique

De par sa position géographique, l'Islande se trouve à la jonction de deux zones climatiques : la zone tempérée et la zone arctique. L'adage islandais « si vous n'aimez pas le temps qu'il fait, patientez une minute » pourrait résumer à lui seul l'instabilité climatique de l'île résultant de cette position intermédiaire. Le climat général est marqué par son caractère océanique, qui confère à l'île une faible amplitude thermique annuelle, un temps changeant et des précipitations abondantes ; les températures hivernales douces rappellent les climats tempérés des façades ouest d'Europe occidentale alors que les étés frais à froids relèvent plutôt du monde arctique (tableau

2). Compte tenu de la latitude de l'île, le climat islandais sera donc classé comme subpolaire océanique (fig. 2).

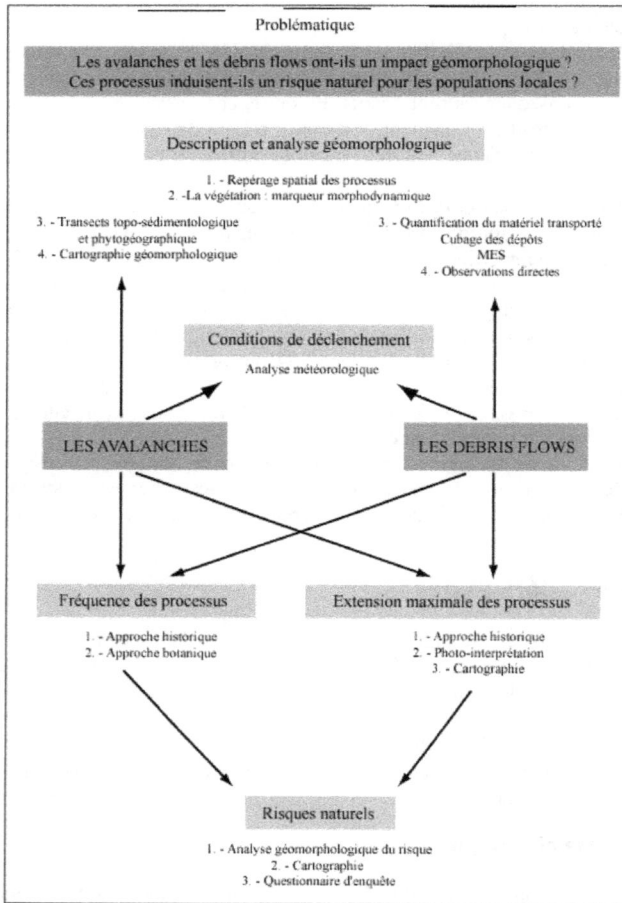

Fig. 1 – Problématique et méthodes

Toutefois, des disparités climatiques considérables existent entre les différentes régions du pays, de forts contrastes apparaissant en fonction de l'altitude, du relief et de l'exposition (fig. 3 et fig. 4) : les températures moyennes annuelles sont plus douces dans le sud, et ceci est principalement dû à des températures hivernales plus élevées ; par contre, les températures des hautes terres centrales sont beaucoup plus faibles que celles qui règnent sur les côtes, du fait de l'altitude. A l'inverse, les totaux pluviométriques annuels moyens sont beaucoup plus faibles dans le nord les vents de secteurs sud et sud-est s'étant déchargés de leur humidité sur les reliefs du sud, ils arrivent asséchés dans le nord. Les influences climatiques islandaises sont largement déterminées par les courants marins qui entourent l'île, ainsi que par les flux atmosphériques balayant le pays.

3.1.1. - Le rôle des courants marins

La mer joue un rôle de régulateur thermique, les courants marins étant responsables à la fois de l'absence de froid prononcé en hiver et de chaleur en été. Ceci est dû à la position de l'Islande dans la zone de convergence des masses d'eau atlantiques et arctiques (fig. 6). La dérive nord-atlantique, en provenance du sud-ouest et chargée d'eaux chaudes, se dirige vers le nord-est en passant entre les îles Féroé et l'Ecosse, suit les côtes norvégiennes pour remonter jusqu'à la mer de Barents. Ce courant se subdivise en trois courants secondaires vers l'ouest (P. Biays, 1983, A. Godard et M.-F. André, 1999) : l'un au nord de la mer de Norvège, contournant le Spitsberg, l'autre au sud de l'île de Jan Mayen, et le troisième au sud-est de l'Islande, le courant d'Irminger, qui est responsable de l'atténuation de l'impact thermique de la latitude (fig. 5), mais qui permet aux masses d'air de se charger d'humidité, expliquant les abondantes précipitations (fig. 3). Le courant du Groenland, chargé d'eaux froides, descend du bassin arctique et traverse la mer du Groenland où il se subdivise en deux au nord de Jan Mayen, puis de nouveau au nord de l'Islande : le courant froid est-islandais rejoint la mer de Norvège après avoir baigné les côtes nord et est, alors que le courant est-groenlandais poursuit sa route vers le sud, traversant le détroit du Danemark le long de la ramification du courant chaud d'Irminger qui remonte vers le nord.

	Températures moyennes			Précipitations moyennes		
	Annuelles	Jan.	Juil.	Annuelles	Jan.	Juil.
1) Reykjavík	4,3	- 0,5	10,6	799	76	52
2) Akureyri	3,2	- 0,2	10,5	490	55	33
3) Reykjahlíð	1,4	- 4,8	9,9	435	33	47
4) Dalatangi	3,5	- 0,3	8	1410	135	97
5) Kirkjubæjarklaustur	4,5	- 0,4	11,2	1645	145	121

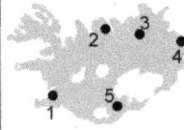

Tableau 2 – Le climat en Islande (Source : Þ. Einarsson, 1994).

3.1.2. - Une circulation atmosphérique cyclonique

La circulation atmosphérique détermine autant le climat islandais que la présence des courants marins froids et chauds, l'une et l'autre étant fortement liées. L'île est située sur la trajectoire des dépressions de l'Atlantique nord, celles-ci étant entretenues par le courant océanique tiède d'Irminger et de la dérive nord-atlantique : on situe ainsi le « minimum d'Islande ». Ainsi, le climat général est dominé par une situation dépressionnaire accusée, avec des faibles pressions de l'ordre de 975-1050 hpa. Le centre de cette dépression est situé au sud de l'île, alors qu'une situation anticyclonique règne sur la calotte groenlandaise et sur la Scandinavie. Cette situation amène un temps instable, avec des pluies et un air humide et doux sur le sud du pays, et un vent froid de nord et nord-est sur les côtes plus septentrionales ; les températures sont donc plus clémentes que dans le bassin arctique, mais le temps est en général plus agité et plus humide. Lorsqu'une situation dépressionnaire est entretenue dans le détroit du Danemark par un apport atlantique de la ramification du courant d'Irminger, alors un temps instable règne sur la partie occidentale du pays, provoquant des précipitations liquides et des températures tièdes en été, des précipitations solides et des redoux en hiver. Si l'Islande se situe dans le champ des très basses pressions barométriques en hiver, celui-ci est plus restreint en été mais toujours présent dans le sud du pays, créant de continuels conflits entre les masses d'air polaires et atlantiques, donc un temps généralement perturbé, même à l'échelle de la journée, en fonction des invasions alternées d'air froid et sec en provenance de la zone arctique ou d'air maritime humide et plus chaud de l'Atlantique. La fréquence des entrées de l'un ou l'autre de ces flux atmosphériques contrastés entretient une nébulosité importante au-dessus de l'Islande, de façon quasi permanente : dans le nord-ouest de l'île, on ne compte en moyenne que 11 jours par an avec un ciel clair, sans nuage, contre 239 jours par an pendant lesquels le ciel est complètement couvert.

sentir, une ramification de celui-ci enrobant le territoire du sud ouest vers le nord-est, mais avec un décalage temporel lié à la position mobile de la convergence des masses d'eau : celui-ci intervient en retardant à la fois le début de l'été thermique sur les côtes nord et nord-ouest et le refroidissement automnal, le réchauffement de l'atmosphère au contact de la convergence océanique n'atteignant les côtes septentrionales que tardivement dans la saison chaude : ainsi, le début de l'automne (septembre et octobre) est généralement plus chaud que les mois du printemps (avril, mai). Cependant, même à l'intérieur des fjords de l'ouest, il est possible de remarquer des différences importantes tant thermiques que pluviométriques entre les quatre stations météorologiques, selon la latitude, l'altitude et l'exposition par rapport aux flux dominants (fig. 6c à 10) : tous les mois sont pluvieux, mais on enregistre un pic d'humidité durant l'automne, et en particulier en octobre ; si le régime pluviométrique est relativement similaire dans les quatre stations, le total pluviométrique varie très largement, avec 1215,4 mm de moyenne annuelle à Galtarviti, sur la trajectoire des principales perturbations affectant la région, à 700 m d'altitude, et seulement 585,2 à Æðey, en position d'abri au niveau de la mer, au fond du fjord Ísafjarðardjúp. Les précipitations neigeuses représentent 50 à 80 % du total mensuel entre octobre et avril. Les températures sont peu différenciées dans l'ensemble, la station septentrionale de Hornsbjargsviti enregistrant la plus faible température moyenne annuelle, avec 2,1°C, et la station de Lambavatn, la plus méridionale, ayant les températures moyennes annuelles la moins froide, avec 3,7°C.

3.1.3. - Le climat de l'Islande du nord-ouest

L'Islande du nord-ouest se singularise par rapport au reste de l'île par un climat plus rude : les températures sont généralement plus faibles, inférieures à celles qui règnent sur les côtes sud car elles sont plus souvent influencées par les intrusions d'air polaire, et les précipitations sont abondantes, la péninsule étant directement exposée aux perturbations d'ouest (fig. 6-ab). L'influence du courant d'Irminger se fait également sentir, une ramification de celui-ci enrobant le territoire du sud ouest vers le nord-est, mais avec un décalage temporel lié à la position mobile de la convergence des masses d'eau : celui-ci intervient en retardant à la fois le début de l'été thermique sur les côtes

8

nord et nord-ouest et le refroidissement automnal, le réchauffement de l'atmosphère au contact de la convergence océanique n'atteignant les côtes septentrionales que tardivement dans la saison chaude : ainsi, le début de l'automne (septembre et octobre) est généralement plus chaud que les mois du printemps (avril, mai). Cependant, même à l'intérieur des fjords de l'ouest, il est possible de remarquer des différences importantes tant thermiques que pluviométriques entre les quatre stations météorologiques, selon la latitude, l'altitude et l'exposition par rapport aux flux dominants (fig. 6c à 10) : tous les mois sont pluvieux, mais on enregistre un pic d'humidité durant l'automne, et en particulier en octobre ; si le régime pluviométrique est relativement similaire dans les quatre stations, le total pluviométrique varie très largement, avec 1215,4 mm de moyenne annuelle à Galtarviti, sur la trajectoire des principales perturbations affectant la région, à 700 m d'altitude, et seulement 585,2 à Æðey, en position d'abri au niveau de la mer, au fond du fjord Ísafjarðardjúp. Les précipitations neigeuses représentent 50 à 80 % du total mensuel entre octobre et avril. Les températures sont peu différenciées dans l'ensemble, la station septentrionale de Hornsbjargsviti enregistrant la plus faible température moyenne annuelle, avec 2,1°C, et la station de Lambavatn, la plus méridionale, ayant la température moyenne annuelle la moins froide, avec 3,7°C.

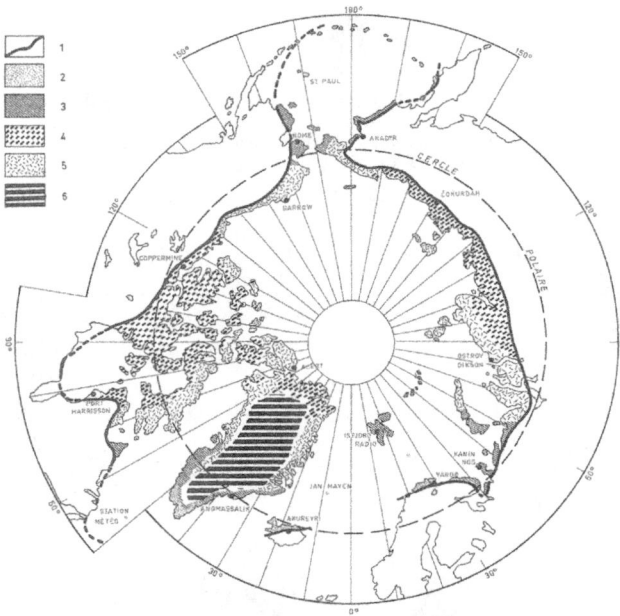

1 - Isotherme +10°C pour la moyenne du mois le plus froid.   2 - Climat Subpolaire Océanique.   3 - Climat Polaire Océanique
4 - Climat Arctique Continental.   5 - Climat Polaire à Temps Contrastés.   6 - Climat de Centre d'Inlandsis.

Fig. 2 - Carte des climats de l'Arctique (d'après P. Estienne et A. Godard, 1991)

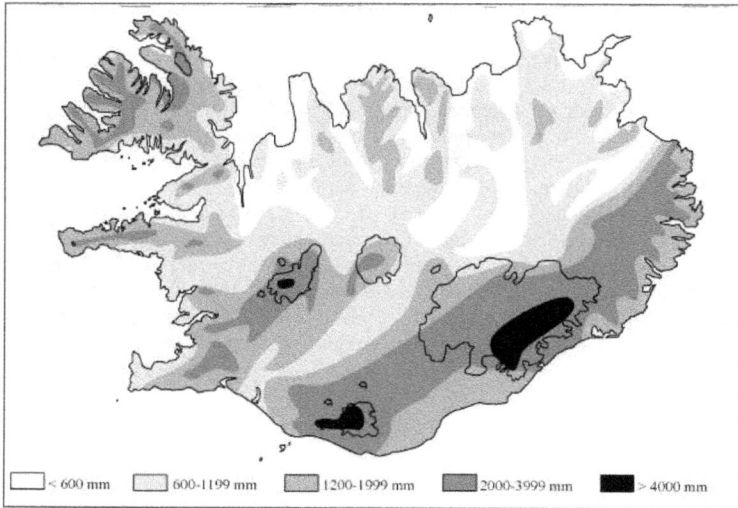

Fig. 3 - Les précipitations moyennes annuelles en Islande
(Source : Þ. Einarsson, 1994, redessinée)

< 600 mm   600-1199 mm   1200-1999 mm   2000-3999 mm   > 4000 mm

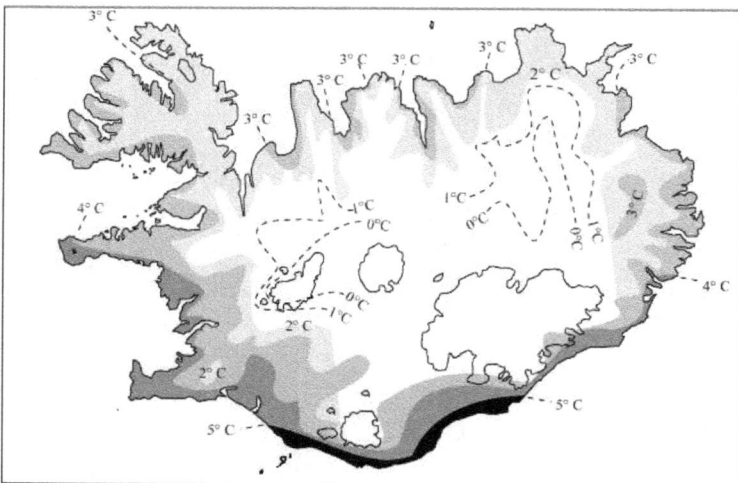

Fig. 4 - Les températures moyennes annuelles en Islande
(Source : Þ. Einarsson, 1994, redessinée)

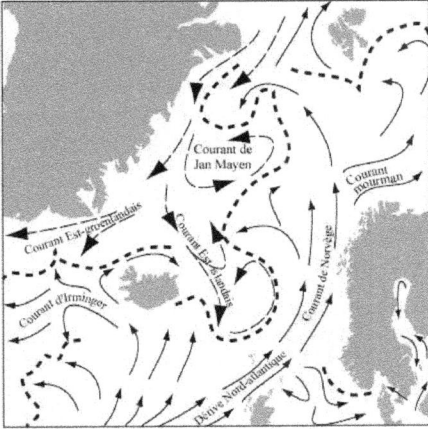

Fig. 5 : Carte des courants marins dans
l'Atlantique nord (D'après P. Biays, 1983,
et A. Godard et M.-F. André, 1999, modifiés).

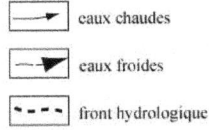

eaux chaudes

eaux froides

front hydrologique

Fig. 6-a : Les précipitations moyennes mensuelles en Islande du nord-ouest (1961-1990)

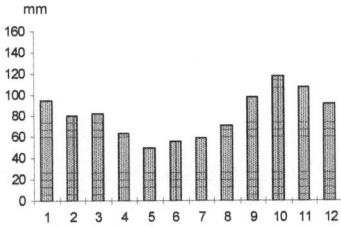

Fig. 6-b : Les températures moyennes mensuelles en Islande du nord-ouest (1961-1990)

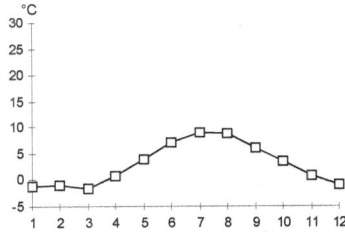

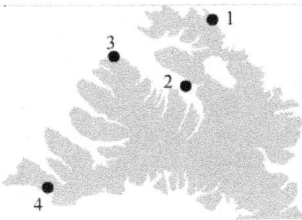

Fig. 6-c : Localisation des quatre stations
météorologiques d'Islande du nord-ouest

1 - Hornsbjargsviti
2 - Ædey
3 - Galtarsviti
4 - Lambavatn

Fig. 6 - Températures et précipitations moyennes en Islande du nord-ouest, et localisation des quatre stations
météorologiques

11

3.2. - Le cadre morphostructural

L'Islande correspond à un vaste trapp, formé d'empilements volcaniques de 4 km d'épaisseur au moins, dont 80-85 % sont basaltiques (Þ Einarsson, 1994 ; K. Sæmundsson, 1980 ; J.C. Bodéré, 1985). On distingue trois zones géologiques majeures (fig. 11) : les formations du Pléistocène supérieur, du Plio-Pléistocène et enfin du Tertiaire, cette dernière période étant la principale représentée dans les fjords du nord-ouest.

3.2.1 - Les formations du Pléistocène supérieur

La formation du Pléistocène supérieur, datant de la fin des glaciations correspond à la « diagonale active » de l'Islande, appelée ainsi du fait de l'intense activité volcanique et sismique de cette partie du pays. Les roches, apparues à la fin des épisodes froids de l'ère quaternaire, sont très variées : coulées de lave émises lorsque le territoire était libre de glace, tufs, brèches et cinérites résultant d'éruptions sous-glaciaires.

3.2.2. - La formation du Plio-Pléistocène

Elle correspond à la formation basaltique grise, d'âge plio-pléistocène ; les empilements basaltiques comptent un grand nombre de lits interbasaltiques détritiques car ce stade est caractérisé par un très grand nombre d'alternances de climats chauds et froids, pendant lesquels se forment des horizons de sol aujourd'hui fossiles ou pendant lesquels les glaciers se forment et progressent à tel point que l'Islande se trouve presque entièrement couverte de glace. Cette formation couvre environ 25 % de la surface du territoire.

3.2.3. - La formation basaltique tertiaire

Les séries basaltiques d'âge tertiaire couvrent la moitié de la superficie de l'Islande. Elles sont la règle dans les paysages de fjords de l'est, du nord et du nord-ouest, sur les périphéries de la formation plio-pléistocène. Dans le nord-ouest, les plus anciennes coulées visibles ont été datées à 16 millions d'années. Le basalte tholéiitique, qui constitue plus de 90 % des entablements des fjords de l'ouest (on peut également repérer de rares couches de basalte à olivine et de basalte porphyrique) est interstratifié par de minces lits de couleur rouge ou brun-rouge, composés de matériel argileux plus ou moins consolidé correspondant à des cendres éolisées.

L'ensemble des basaltes de la péninsule du nord-ouest a un pendage faible variant de 2 à 5° orienté vers le sud-est, c'est-à-dire vers le centre de l'île. Si la limite entre la zone plio-pléistocène et la zone pléistocène supérieure n'est pas toujours frappante, ce n'est pas le cas entre la zone tertiaire et la formation basaltique grise, car les mouvements de la croûte terrestre ont progressivement écarté les empilements basaltiques tertiaires de la zone d'accrétion, empêchant de la sorte la formation d'unités géologiques plus jeunes. Ainsi, en Islande du nord-ouest, la lithologie varie peu, et on ne trouve guère que des roches d'âge tertiaire et des formations issues de l'action de

Fig. 7a - Les précipitations
moyennes mensuelles à
Hornsbjargsviti (1961-1990)

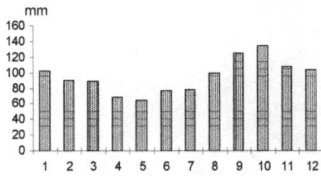

Fig. 7b - Les températures
moyennes mensuelles à
Hornsbjargsviti (1961-1990)

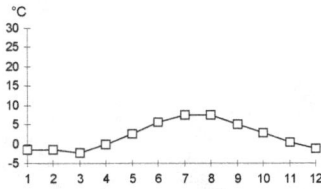

Fig. 8a - Les précipitations
moyennes mensuelles à Æðey
(1961-1990)

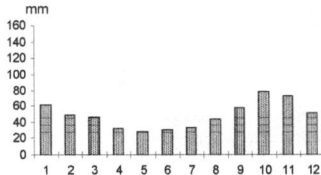

Fig. 8b - Les températures
moyennes mensuelles à Æðey
(1961-1990)

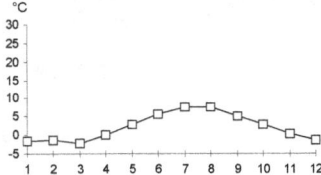

Fig. 9a - Les précipitations
moyennes mensuelles à
Galtarviti (1961-1990)

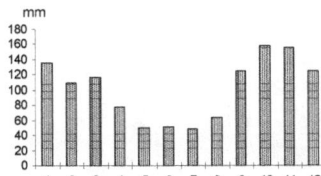

Fig. 9b - Les températures
moyennes mensuelles à
Galtarviti (1961-1990)

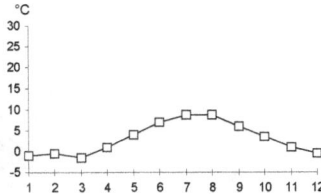

Fig. 10a - Les précipitations
moyennes mensuelles à
Lambavatn (1961-1990)

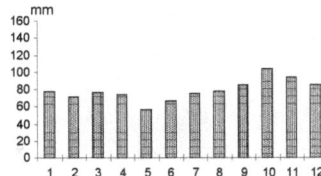

Fig. 10b - Les températures
moyennes mensuelles à
Lambavatn (1961-1990)

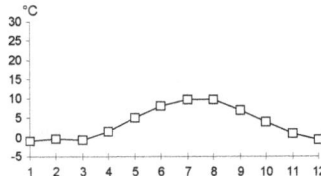

13

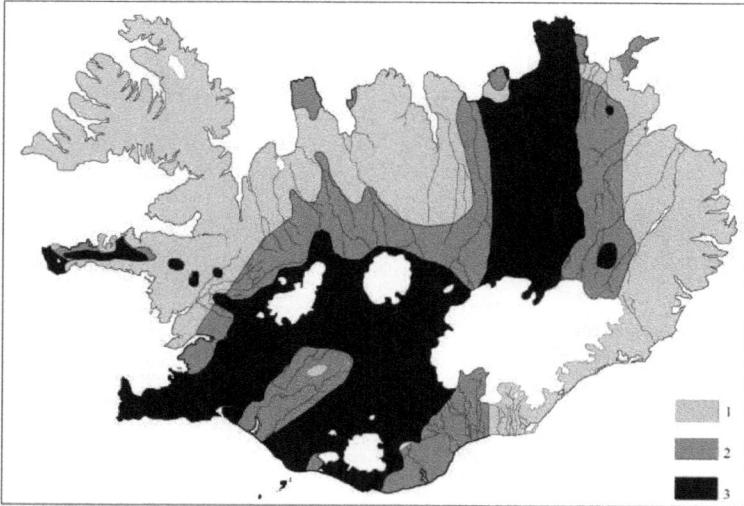

Fig. 11 : Carte géologique de l'Islande. 1 - Formations basaltiques d'âge tertiaire
2 - Formations Plio-Pléistocène   3 - Formations du Pléistocène supérieur
(Source : Þ. Einarsson, 1994).

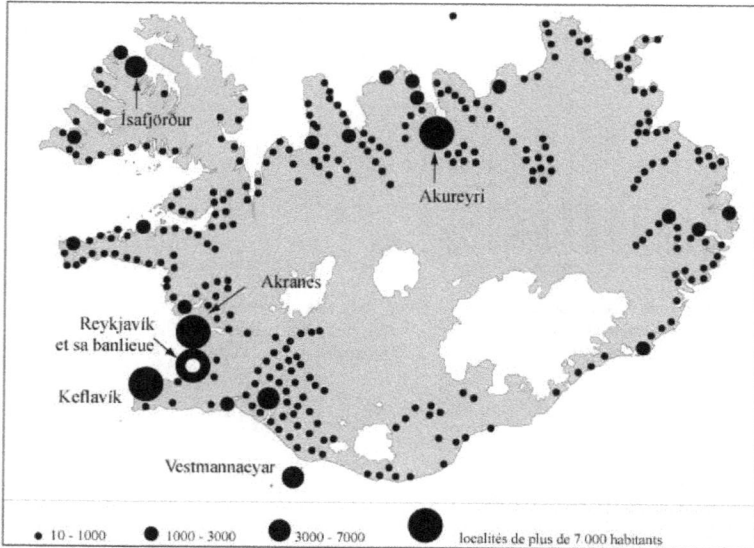

Fig. 12 : Distribution géographique de la population islandaise

14

forces exogènes, comme des dépôts fluvio-glaciaires, fluviaux, marins résultant de l'érosion depuis la mise en place de la formation, qui a modifié la topographie des empilements basaltiques en sculptant les vallées, dévoilant ainsi la structure interne de l'empilement, et des sols formés postérieurement au dernier épisode glaciaire. En effet, la surface était plutôt plane à la fin du Tertiaire et il faut attendre les épisodes froids de l'ère quaternaire pour voir le paysage se modifier : avec la formation d'une calotte glaciaire indépendante de celle du reste de l'Islande sur le centre de la péninsule, l'érosion glaciaire agrandit les vallées ; le ruissellement d'eau de fonte pendant les interglaciaires poursuit ce travail érosif. Au fur et à mesure de l'alternance de périodes interglaciaires et glaciaires et des mouvements eustatiques et isostatiques concomitants, les vallées s'élargissent et s'approfondissent progressivement, développant le relief de fjords aux pentes fortes que nous connaissons actuellement. Les altitudes sont modérées, atteignant 900 m sur les hauts plateaux, mais seulement 400-700 m sur le littoral.

3.3. - Le cadre humain

L'inégalité de la répartition géographique de la population islandaise en est sans doute le trait caractéristique. En effet, avec seulement 2,2 habitants au kilomètre carré, la densité de la population est très faible. La carte de la répartition de la population le montre (fig. 12), seul le littoral, les plaines côtières et les vallées ouvertes sur la mer sont occupés par l'homme. Celui-ci s'établit préférentiellement dans le sud-ouest de l'île, autour de la capitale Reykjavík et dans la plaine voisine, ou dans le nord, autour d'Akureyri, la « capitale du nord » et dans les larges vallées drainées par les émissaires des glaciers. Le littoral sud-est, peu propice à l'établissement humain du fait du manque de sols fertiles (espaces de sandar en particulier), porte un habitat dispersé ne comptant pas de centre urbain véritable. Les fjords de l'est, du nord et du nord-ouest abritent une population exclusivement littorale, sur une étroite bande côtière entre mer et versants en pentes raides, les hauts plateaux intérieurs étant inhabitables. Par ailleurs, même si les activités tertiaires sont maintenant développées dans toutes les régions islandaises, seules les villes de plus de 3000 habitants bénéficient de ce secteur en termes d'emplois, les métiers liés à la pêche et à l'industrie de la pêche rassemblant toujours l'essentiel de l'activité, en particulier dans les fjords.

C'est dans ce contexte géographique que nous avons choisi nos sites d'étude.

4. - Le choix des sites d'étude

Le terrain d'étude doit présenter des caractéristiques permettant de coupler l'étude de la dynamique des versants à celle des risques naturels. Il nous faut donc choisir des sites présentant des pentes fortes susceptibles d'être concernées par des processus avalancheux ou des *debris flows* dont la longueur de parcours peut présenter une menace pour les populations qui habitent au pied du versant. Nous avons donc choisi d'étudier plus particulièrement les abords directs des principaux villages et villes de l'ouest de la péninsule nord-occidentale (fig. 13), qui cumulent des atouts topographiques et des zones d'habitation en situation dangereuse. Ainsi, ont été retenus 9 sites : il s'agit de Súðavík, Holtahverfi, Ísafjörður, Hnífsdalur, Bolungarvík, Súðureyri, Flateyri, Bíldudalur et Patreksfjörður. D'est en ouest et du nord au sud, voici une brève description des sites, qui illustrent les dynamiques de versant et risques naturels touchant 9 des quelque 50 fjords échancrant la péninsule du nord-ouest (A. Decaulne, 1998) :

Súðavík est un village de 250 habitants environ, situé au bord du fjord Álftafjörður, au pied d'une montagne à sommet plan qui culmine à 600 m et du versant Súðavíkurhlíð, exposé au sud-est, composé d'une corniche rocheuse très développée puis d'une pente d'éboulis. Un profond couloir profond se développe à l'amont de la partie sud de la ville.

Holtahverfi (photo 1) est un quartier de la ville d'Ísafjörður situé au fond du fjord voisin, Skutulsfjörður, qui regroupe environ 200 habitants au pied de la montagne Kubbi, haute de 400 m, exposée au nord-ouest. Le sommet de Kubbi est plan, la corniche rocheuse est développée.

Ísafjörður (photo 2) s'étend sur la rive ouest du fjord Skutulsfjörður et sur une flèche littorale qui s'avance dans le fjord, compte environ 3000 habitants au pied de la montagne Eyrarfjall dont le versant exposé au sud-est est interrompu par un replat intermédiaire, Gleiðarhjalli, recouvert d'une couche de débris épaisse de 10 à 35 m.

Hnífsdalur, maintenant rattaché administrativement à Ísafjörður, est situé sur le fjord Ísafjarðardjúp, à l'extrémité nord-ouest de la montagne Eyrarfjall et occupe le fond de la vallée du même nom ; les deux versants bordant la vallée ont un commandement de 700 m. On nomme le village différemment selon sa position par rapport à la rivière Litladalsá : Hnífsdalur-Súður au sud, Hnífsdalur-Norður au nord, dominé par trois couloirs majeurs qui entaillent profondément la corniche rocheuse sommitale.

A **Bolungarvík**, à l'embouchure du grand fjord Ísafjarðardjúp, nous étudions le secteur qui domine la ville, qui abrite environ 2000 habitants, située au pied du versant Tradahyrna (636 m de commandement), ainsi que la zone Ernir (654m), où se trouvent des écuries et la station de distribution de l'électricité des fjords de l'ouest. Le versant Traðahyrna est entaillé par deux couloirs bien marqués.

Súðureyri est située au sud de Bolungarvík, à l'embouchure du fjord Súgandafjörður, au pied d'un versant également interrompu par un replat intermédiaire, exposé au nord. Le commandement total du versant est de 467 m, et le village abrite 200 habitants à peine.

Flateyri, dans le fjord situé plus au sud, Önundarfjörður, compte 360 habitants localisés sur une flèche littorale, au pied d'un versant de 677 m de dénivelée, exposé au sud sud est, caractérisé par la présence de deux couloirs très profonds.

Bíldudalur, dans la partie sud des fjords de l'ouest, s'étend sur la rive nord d'un émissaire du fjord Arnarfjörður. Regroupant 200 habitants environ, le village est dominé par un versant exposé au sud dont la haute paroi rocheuse (420 m) est largement incisée par deux grands couloirs qui débouchent sur deux larges cônes de débris.

Enfin, **Patreksfjörður**, la ville la plus méridionale de notre étude, abrite plus de 2000 habitants sur la rive nord du fjord du même nom. Le versant qui domine les habitations, exposé au sud-ouest, est complexe, avec à l'ouest un ancien cirque glaciaire, puis au centre une paroi rocheuse dont le sommet culmine à 400 m, et à l'est de profondes ravines entaillant cette paroi rocheuse.

Ainsi, tous les sites choisis présentent une morphologie comparable, le schéma général reposant sur trois critères : un sommet plan, une corniche rocheuse développée à pente forte, puis une pente d'éboulis qui adoucit l'inclinaison du versant, au pied de laquelle se trouvent les habitations, le plus souvent à une distance faible du versant, celui-ci plongeant très rapidement dans la mer.

En complément des 9 sites principaux, le site de Botn í Dýrafjörður sera pris en exemple pour illustrer l'efficacité géomorphologique occasionnelle des avalanches.

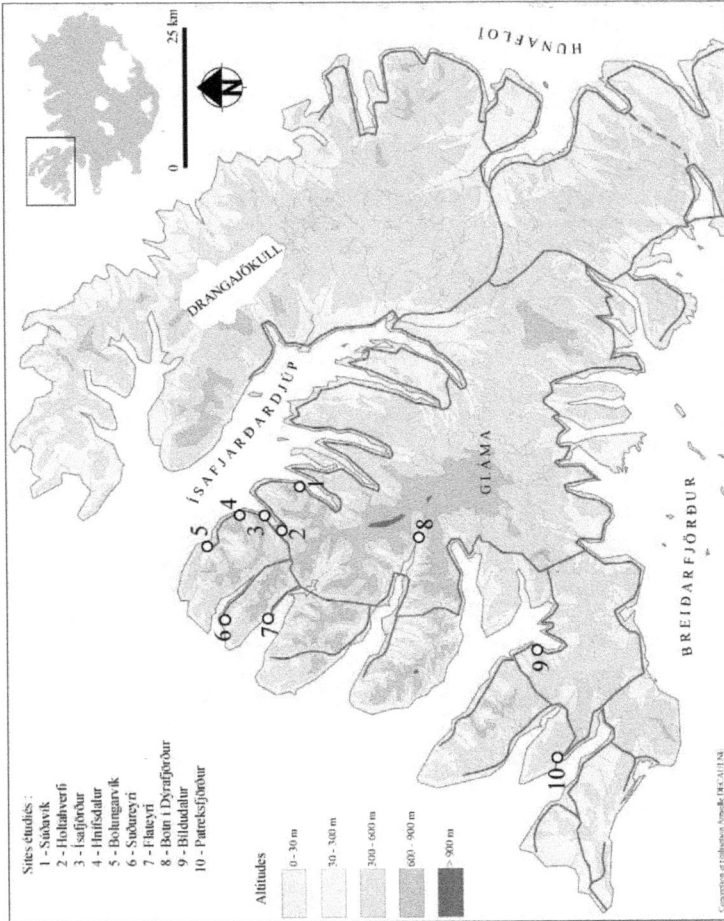

Fig. 13 - Carte de localisation des sites étudiés

Photo 1 - Le site d'Holtahverfi, au fond du fjord Skutulsfjörður. La montagne Kubbi, qui domine ce quartier d'Holtahverfi, culmine à 400 m (Cliché du 30 juin 2000).

Photo 2 - Le site d'Ísafjörður, sur la rive nord du fjord Skutulsfjörður. Eyrarfjall domine la ville de 700 m. Le versant est interrompu par le replat Gleiðarhjalli (Cliché du 10 février 2000)

Photo 3 - Le site de Bolungarvík. Environ 2000 personnes vivent au pied de la montagne Traðahyrna, qui culmine à 636 m (Cliché du 17 avril 1999)

Photo 4 - En rive sud du fjord Arnarfjörður se trouve le site de Bildudalur, au pied d'une paroi rocheuse largement échancrée par deux couloirs. Sur cette vue du 27 juillet 1999, le couloir Gislbakkagil domine la partie sud du village.

5. - Plan adopté

Notre recherche s'articulera autour des deux thèmes fédérateurs retenus, à savoir l'évaluation de l'impact géomorphologiques des avalanches et des *debris flows* et celle des risques naturels liés à ces deux dynamiques.

La première partie sera consacrée aux dynamiques avalancheuses et à leur impact géomorphologique. Nous verrons alors dans quel contexte morphoclimatique cette dynamique prend naissance (chapitre 1) et les formes qu'elle prend (chapitre 2), avant d'apprécier leur efficacité géomorphologique (chapitre 3) et leur fréquence (chapitre 4).

La dynamique à *debris flows* et son impact géomorphologique feront l'objet de la deuxième partie, dans laquelle le contexte morphoclimatique favorable aux *debris flows* sera examiné (chapitre 5) ; le déroulement et l'impact géomorphologique de ces événements seront décrits sur la base de l'étude fine des épisodes de juin 1999 auxquels nous avons assisté (chapitre 6). Le chapitre 7 s'attachera ensuite à dater les épisodes à *debris flows* et à évaluer leur fréquence.

Enfin, la troisième partie de notre thèse sera consacrée à la dimension humaine de ces dynamiques de versant : étude des risques avalancheux (chapitre 8) et des risques liés aux *debris flows* (chapitre 9).

19

PREMIERE PARTIE

LES DYNAMIQUES AVALANCHEUSES ET LEUR IMPACT GEOMORPHOLOGIQUE

Chapitre 1 - Le contexte morphoclimatique
Chapitre 2 - Les terrains avalancheux, les types d'avalanches
et leurs modalités de déclenchement
Chapitre 3 - L'efficacité géomorphologique des avalanches
Chapitre 4 - La fréquence des avalanches : approche historique

Photo 5 - Avalanches sales de printemps, sur le versant Kirkjubólshlíð, à Ísafjörður. Les avalanches sont très irrégulières en Islande du nord-ouest, et leur impact géomorphologique est principalement lié à la répétition des épisodes avalancheux. Les avalanches de printemps, chargées, sont les marques les plus visibles du transfert de matériel par cette dynamique, bien que leur impact géomorphologique soit réduit.

Introduction de la première partie

Les avalanches, des dynamiques qui marquent le paysage ?

Contrairement à ce que l'on observe dans les milieux alpins des moyennes latitudes, où les dynamiques avalancheuses sont suggérées par des couloirs à végétation fortement dégradée le long des pentes, le paysage islandais, par la pauvreté de sa couverture végétale, n'offre pas de tels révélateurs évidents de l'activité des avalanches. Pourtant, celle-ci existe, et il est nécessaire d'en rechercher les preuves sur le terrain.

La démarche que nous suivrons repose sur l'analyse climatique et morphologique du secteur étudié. Par le biais de l'étude des conditions de l'enneigement, des variations thermiques, puis des systèmes de pente, des reliefs sommitaux et enfin du rôle du vent, nous reconnaîtrons la présence des conditions préalables au déclenchement avalancheux (chapitre 1). Cette recherche permettra ensuite de mieux identifier les terrains avalancheux et les modalités de déclenchement des avalanches, en examinant successivement de l'amont à l'aval les zones d'accumulation et les types de départ, les modes d'écoulement et la zone de transit, la phase d'arrêt et la zone de dépôt. Cette analyse débouchera sur un essai de typologie des avalanches représentées en Islande du nord-ouest et sur une présentation du calendrier de l'activité avalancheuse (chapitre 2).

Ensuite, la reconnaissance des formes résultant de l'activité avalancheuse parmi toutes celles créées par d'autres processus de versant fournira des informations précieuses sur l'impact morphologique des avalanches en Islande du nord-ouest. Cette approche naturaliste permettra de cerner le rôle actuel des avalanches dans l'évolution des paysages islandais sur le court terme ; sur le plus long terme, cette démarche tentera d'évaluer la contribution de la dynamique avalancheuse à l'élaboration des versants que nous observons actuellement (chapitre 3).

Enfin, la fréquence des épisodes avalancheux sera estimée grâce aux données historiques que renferment les Annales islandaises, hélas sur le court terme, car nous ne possédons de données exploitables que pendant le XXème siècle (chapitre 5).

Chapitre 1

Un contexte morphoclimatique propice à l'activité avalancheuse

1. - Les chutes de neige
2. - Le système de pentes
3. - Le rôle du vent

Photo 6 - Le contexte morphoclimatique de l'Islande du nord-ouest se lit très bien sur cette vue aérienne oblique du fjord Dýrafjörður, montrant le plateau central et les pentes enneigés le 1er avril 1999 (vue vers l'ouest).

Chapitre 1

Un contexte morphoclimatique propice à l'activité avalancheuse

« A maritime snow climate is characterized by relatively heavy snowfall and relatively mild temperatures. [...] Maritime snow cover are often very unstable with rapidly fluctuating instability. »

David McCLUNG et Peter SCHAERER (1993, p. 18).

Une avalanche ne peut se déclencher que dans certaines conditions topographiques et météorologiques, celles-ci étant fortement complémentaires. En effet, une avalanche, qui se définit comme un déplacement rapide d'une masse de neige, ne peut se réaliser sans pente ; à l'inverse, la pente ne suffit pas à créer une avalanche si la neige est absente. Par contre, des avalanches ne se produisent pas sur toutes les pentes enneigées. Les dynamiques avalancheuses ne peuvent être considérées que dans l'interaction de phénomènes physiques, morphologiques - les pentes -, et météorologiques - la neige, les transformations du manteau neigeux sous l'influence de forces internes (évolution des cristaux de glace) et externes (températures, vent).

1. - Les chutes de neige

Les conditions de l'enneigement sont déterminées par les précipitations solides, dans leur répartition temporelle autant que dans leur quantité. Celles-ci sont en Islande du nord-ouest parmi les plus abondantes de la zone arctique (fig. 14), avec une moyenne de 542,6 mm par an tombant en 120 jours en moyenne.

1.1. - La variabilité de la répartition des chutes de neige

La répartition des chutes de neige en Islande du nord-ouest est très variable à la fois dans l'espace et dans le temps : dans l'espace, on enregistre par exemple 816,4 mm de précipitations solides à Galtarviti, station directement exposée aux flux d'ouest et de nord, contre seulement 335,4 mm à Æðey, petite île située au fond du fjord Ísafjarðardjúp qui bénéficie de sa position sous le vent, étant dominée par des pentes de 700 m de commandement au nord comme au sud (fig. 15). Dans le temps, l'enneigement interannuel est très irrégulier ; le manteau neigeux peut de cette façon être épais un hiver et très mince l'hiver suivant, comme le montrent les comparaisons de l'enneigement à la station de Bolungarvík pendant les hivers 1994-95, 95-96, 96-97 et 97-98 (fig. 16). Le coefficient de nivosité, correspondant au rapport entre le nombre de jours de neige et le nombre total de jours de précipitations, est de 53 %, le nombre de jours de neige moyen étant de 120 jours contre 226 jours de précipitations par an en moyenne. Mais le nombre de jours de neige varie de 77 à 154 et le coefficient de nivosité annuel allant de 39 à 60 % selon les stations. On note que le coefficient de nivosité mensuel moyen n'excède jamais 85 %, le mois comptant le plus de journées neigeuses étant le mois de mars dans toutes les stations météorologiques (fig. 17). Si le nombre moyen de jours de précipitations solides augmente avec l'arrivée de la saison froide (fig. 18), le creux estival étant bien marqué (juin, juillet, août), les précipitations totales sont bien réparties sur l'année, car on ne compte aucun mois avec moins de 15 jours de précipitations ; toutefois, l'automne et l'hiver sont les saisons les plus arrosées, avec 18 à 25 jours de précipitations en moyenne (fig. 19), et la part de la neige dans les précipitations totales est importante en dehors de l'été. Si les courbes de minima et maxima varient dans leurs valeurs, la tendance reste identique. Les hauteurs maximales de précipitations neigeuses ont lieu entre novembre et janvier, selon les stations, mais, comme dans toute région subpolaire océanique, le tapis neigeux ne se forme réellement qu'à la fin de l'hiver et au début du printemps, lorsque la part de la neige dans les précipitations totales est la plus importante.

1.2. - Le coefficient nivométrique

Le coefficient nivométrique, correspondant à la part des précipitations neigeuses dans les précipitations totales, est de 56 % en moyenne. Cette valeur cache de nouveau de grandes disparités selon les stations météorologiques des fjords de l'ouest, car ce coefficient peut atteindre 67 % à Galtarviti, mais à peine 33 % à Lambavatn. Toutefois, cette valeur moyenne est supérieure à celle calculée pour la station de Ny-Ålesund, au Spitsberg (79° N), par D. Mercier (1998). Entre les mois de décembre et mars, le coefficient nivométrique peut dépasser 80 % dans certaines stations particulièrement enneigées, en particulier Hornbjargsviti et Galtarviti (fig. 20). Ainsi, comme le montrait déjà le coefficient de nivosité, la neige n'est jamais la forme exclusive des précipitations en milieu subarctique, même si le coefficient nivométrique fait apparaître une prédominance des précipitations solides durant les mois correspondant à l'hiver thermique, de novembre à avril. La neige est cependant susceptible de tomber en Islande du nord-ouest tous les mois de l'année, même au cœur de l'été, en juillet, mois où elle est quasiment absente à Ny-Ålesund (D. Mercier, 1998). Cette brève comparaison est l'illustration d'une circulation atmosphérique plus perturbée et soumise à des excès thermiques plus marqués en Islande qu'en d'autres secteurs de l'Arctique, comme le Spitsberg.

1.3. - Les fluctuations thermiques hivernales

Les températures conditionnent l'état des précipitations donc celui du manteau neigeux. En effet, lorsque les températures sont négatives, les cristaux de glace constituant la neige tombent sous forme de légers flocons[1] et se déposent sous forme de neige poudreuse[2] ; la neige subit alors peu d'altération. Lorsque la température approche du point de congélation et s'élève au-dessus de celui-ci jusqu'à atteindre + 2°C au niveau du sol, les flocons sont plus humides et plus volumineux : le manteau

---

[1] flocon : aggloméré de cristaux de neige précipitée (C. Ancey, 1996).

[2] neige poudreuse : neige récente peu transformée caractérisée par une teneur en eau liquide nulle, une faible masse volumique et une faible cohésion (C. Ancey, 1996).

neigeux est alors constitué de neige humide et lourde, d'autant plus que des précipitations liquides peuvent tomber en alternance avec les précipitations solides. En Islande du nord-ouest, les moyennes thermiques mensuelles ne laissent pas apparaître de fluctuations de température ; or, comme l'ont décrit P. Estienne et A. Godard (1992, p. 237), le climat subpolaire océanique qui règne sur l'Islande se caractérise par de brusques variations de températures. Ces variations thermiques peuvent être figurées par la part de la neige fondue dans les précipitations solides, mais aussi par le nombre de jours enregistrant un cycle gel-dégel.

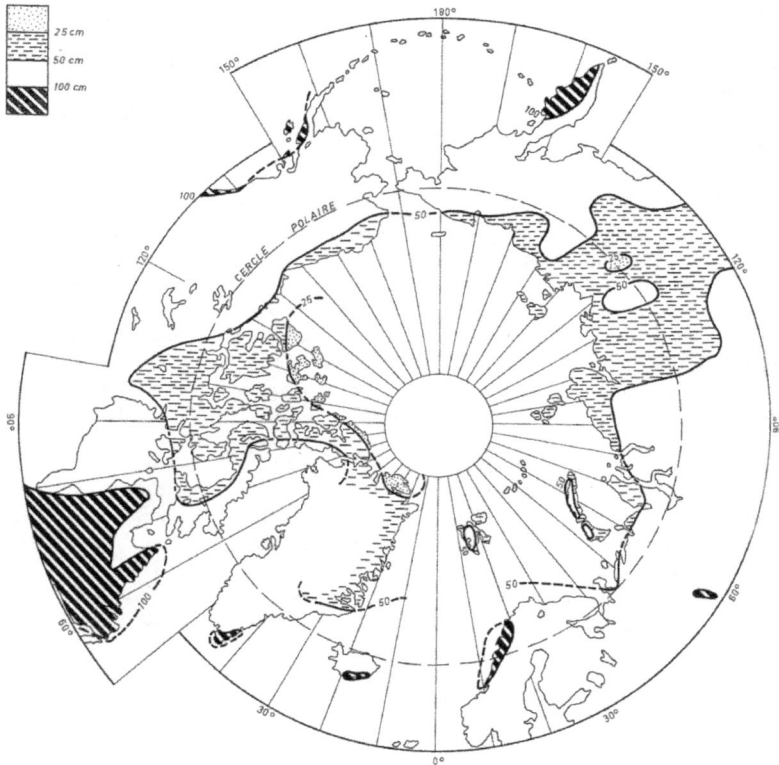

Fig. 14 – Carte de l'enneigement moyen en Arctique (d'après P. Estienne et A. Godard, 1992, p. 234).

Les chutes de neige fondue représentent en moyenne 60 % des précipitations solides annuelles en Islande du nord-ouest (fig. 21), et sont abondantes toute l'année, en particulier aux intersaisons (automne et printemps). En été, les précipitations solides, quand il y en a, tombent presque exclusivement sous forme de neige fondue (99,5 % en

28

juin, 100 % en juillet et août, 93 % en septembre). En hiver, la part de la neige fondue diminue par rapport à celle de la neige « pure », mais ne représente jamais moins de 45 % en moyenne, montrant que les températures peuvent dépasser le point de congélation pendant une grande partie de la saison froide. Les pourcentages peuvent varier d'une station météorologique à l'autre : à Lambavatn (65°30' N), 72 % des précipitations solides sont représentées par les chutes de neige fondue, contre 50 % à Æðey (66°10' N), 55 % à Galtarviti (66°20' N) et 63 % à Hornsbjargsviti (66°32), et la station n'enregistre pas de neige fondue en juillet et août, contrairement aux autres stations plus septentrionales, illustrant le rôle conjoint du gradient latitudinal et de la position par rapport aux flux dominants dans la forme des précipitations : Lambavatn est la station la plus méridionale des fjords de l'ouest, exposée aux flux de sud plus chauds. Le nombre de jours enregistrant des cycles de gel et de dégel est en moyenne élevé (fig. 22), puisqu'il correspond à 91,5 jours, étant en cela comparable à celui enregistré dans certains milieux alpins : B. Francou (1988) a enregistré une centaine de jours avec une alternance gel-dégel dans la combe du Laurichard à 2450 m d'altitude. En Islande, ce nombre augmente en hiver, pour atteindre 13,5 jours au mois de décembre ; on observe une légère diminution du nombre de jours de gel-dégel au cœur de l'hiver, en février, avec 12,1 jours. Des différences existent entre les stations, car on compte un plus grand nombre de cycles gel-dégel à Hornsbjargsviti (111,6 jours), station la plus septentrionale qui connaît un maximum d'alternances en novembre et décembre (15.3 et 15,1 jours) et un minimum hivernal en janvier (jours), pendant que la station de Lambavatn, la plus méridionale, compte un maximum de jours de gel-dégel entre novembre et mars (12,2-12,9-13 et 12,6 jours) sans connaître de minimum hivernal, étant plus ouverte aux influences tempérées. Cette répartition est très différente de celle étudiée dans des milieux polaires océaniques, comme le Spitsberg : à Ny-Ålesund, le nombre de jours enregistrant des alternances gel-dégel au niveau de la mer reste faible (60 jours en moyenne), avec deux pics en intersaison, les mois de mai, juin et septembre comptant le plus d'alternances (11-10 et 12 jours), alors que les mois d'hiver connaissent peu de jours de gel-dégel (octobre, 6 jours, moins de 4 jours le reste de la période froide). Par contre, si le nombre de jours enregistrant une alternance gel-dégel est très faible en juillet, voire nul en août en Islande du nord-ouest car le gel y est exclu, ce nombre augmente à Ny-Ålesund et peut atteindre 3 jours en août (D. Mercier, 1998). Il faut sans doute voir ici une différence climatique entre le milieu polaire océanique et le milieu subpolaire océanique, les températures annuelles étant moins froides dans le deuxième cas.

Ces fluctuations thermiques, en particulier au cours de l'hiver thermique, avec de fréquents redoux, ont évidemment une influence importante sur la consolidation du manteau neigeux donc sur sa stabilité. Elles conditionnent fortement les déclenchements d'avalanches, sur un système de pentes très étendu.

2. - Le système de pentes

2.1. - La valeur de la pente

La principale condition requise pour le départ d'une avalanche est topographique et tient compte en particulier de la valeur de la pente, qui va permettre le départ de l'avalanche et son accélération, par l'intermédiaire de la gravité (D. McClung

Fig. 15 - Hauteurs de la neige en Islande du nord-ouest
(normale 1961-1990)

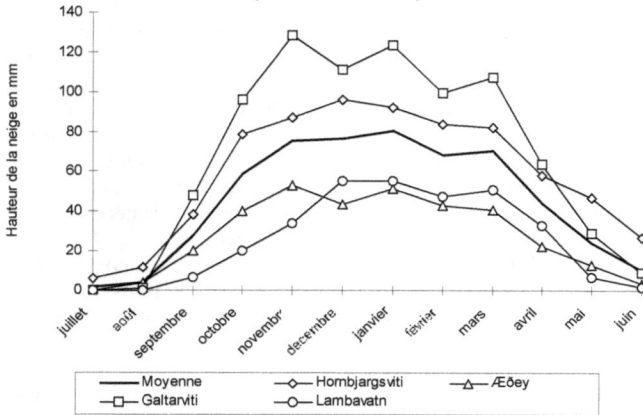

Fig. 16 - Variation de la hauteur de la neige
entre les hivers 1994-95 et 1997-98 à Bolungarvík

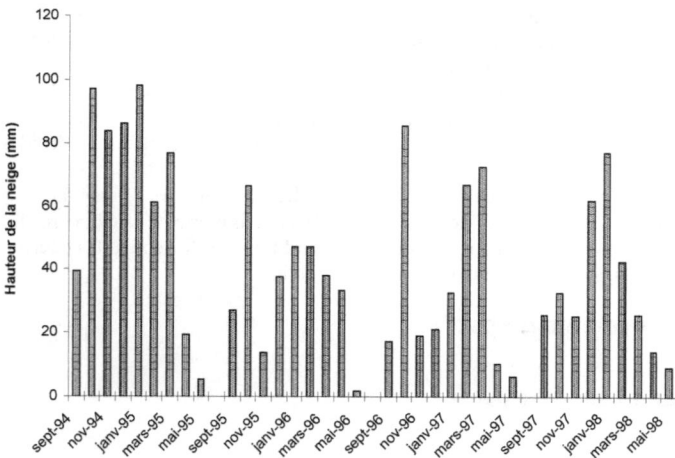

Fig. 17 - Coefficient de nivosité en Islande du nord-ouest (1961-1990)

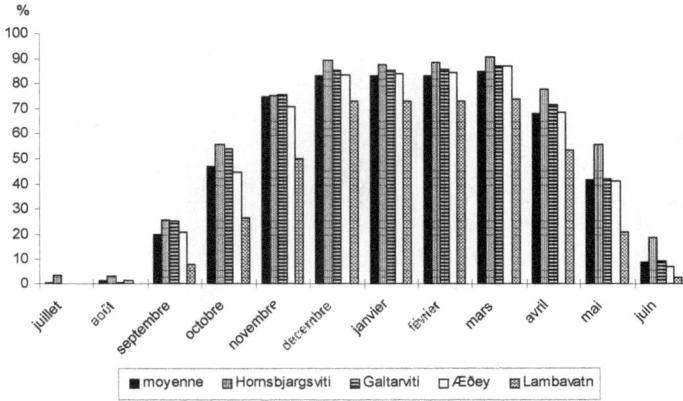

- moyenne
- Hornsbjargsviti
- Galtarviti
- Æðey
- Lambavatn

Fig. 18 - Nombre de jours de neige en Islande du nord-ouest (1961-1990)

Fig. 19 - Nombre de jours de précipitations totales en Islande du nord-ouest (1961-1990)

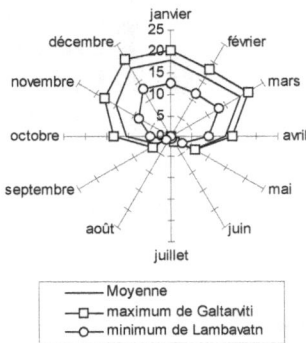

— Moyenne
—□— maximum de Galtarviti
—○— minimum de Lambavatn

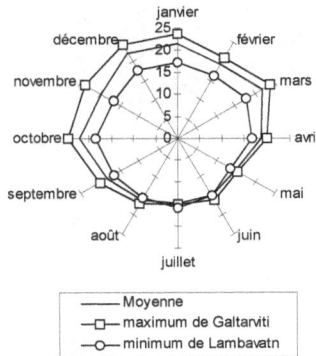

— Moyenne
—□— maximum de Galtarviti
—○— minimum de Lambavatn

31

Fig. 20 - Coefficient nivométrique en Islande du nord-ouest
(1961-1990)

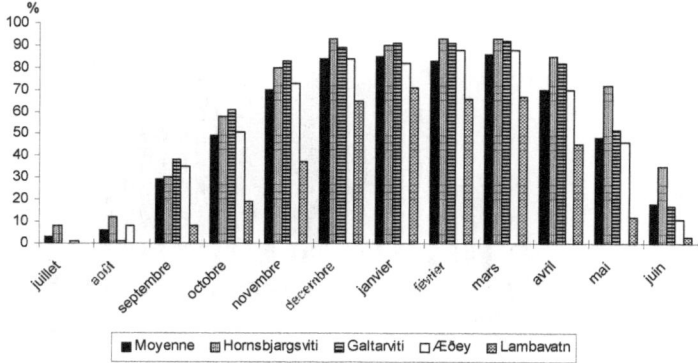

■ Moyenne ▤ Hornsbjargsviti ▤ Galtarviti ▢ Æðey ▨ Lambavatn

Fig. 21 - La part de la neige fondue dans les précipitations solides
totales en Islande du nord-ouest (1961-1990)

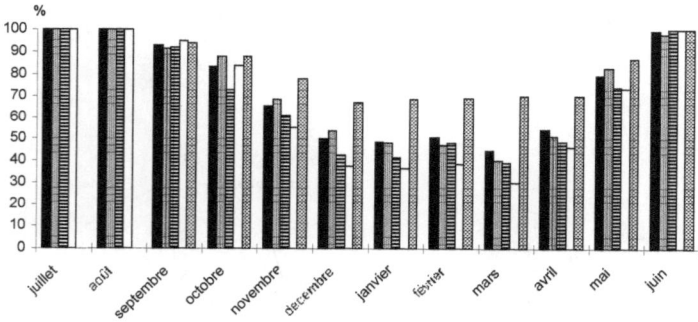

Fig. 22 - Nombre de jours enregistrant une alternance gel-dégel
en Islande du nord-ouest (1961-1990)

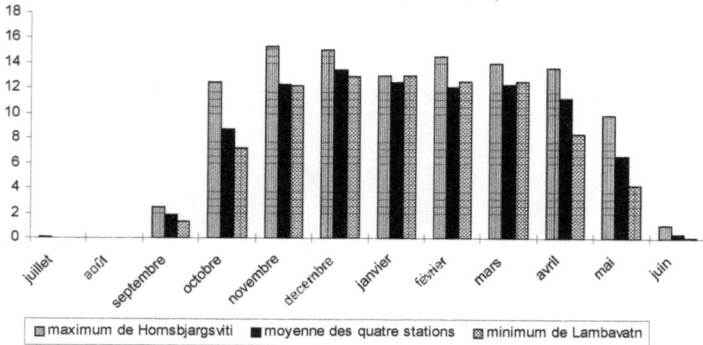

▤ maximum de Hornsbjargsviti ■ moyenne des quatre stations ▨ minimum de Lambavatn

et P. Schaerer, 1993, C. Ancey *et al.*, 1996). Ainsi, la configuration du relief joue un rôle important car la neige s'accumule dans les zones de crêtes, sur les versants, les plateaux et dans les couloirs, autant d'unités topographiques aux déclivités importantes ou en bordure de fortes pentes. Les avalanches se mettent généralement en mouvement sur des pentes inclinées entre 25 et 60° : lorsque la pente est supérieure à 60°, les avalanches sont rares car la pente se purge régulièrement et la neige ne peut s'accumuler ; au-dessous de 25°, seules des avalanches de *slush* et de rares avalanches de neige lourde peuvent démarrer, la pente n'étant plus suffisante pour déséquilibrer le stock neigeux et occasionner un départ. Les versants de tous les secteurs étudiés remplissent sans exception ces conditions de pente (fig. 23 et 24), associant une corniche sommitale largement entaillée de couloirs et une pente d'éboulis dont les valeurs moyennes varient entre 45 et 25°.

2.2. - Configuration sommitale des versants et absence de végétation

En Islande du nord-ouest, le déclenchement des avalanches est facilité par l'existence d'un sommet plan, la péninsule étant sculptée dans un vaste entablement basaltique : la neige s'accumule sur ce plateau, et forme un réservoir qui est progressivement redistribué par le vent. Ce trait particulier du relief de l'Islande du nord-ouest est d'une très grande importance dans l'étude des départs d'avalanches car les parties hautes des versants sont formées par une corniche rocheuse largement échancrée en nombreux couloirs, formant autant d'entonnoirs où s'accumule la neige soufflée.

Par ailleurs, la position haute en latitude de l'Islande exclut toute végétation au sommet des versants, dans les zones d'accumulation des sites avalancheux, et le rôle protecteur de la forêt, mis en avant dans les milieux alpins (C. Ancey *et al.*, 1996) n'a aucune prise en Islande, le manteau neigeux ne se trouvant pas « fixé » par des essences à aiguilles persistantes (épicéa, sapin), ni même par une végétation basse arbustive pouvant augmenter la rugosité et retenir la neige.

3. - Le rôle du vent

Le vent joue un rôle important dans la mise en place du stock neigeux qui donnera naissance aux avalanches, à la fois par son intensité et sa direction. Il agit sur le manteau neigeux de deux façons : il transporte la neige et modifie ses caractéristiques thermiques.

3.1. - Le vent transporte la neige

Le vent transporte la neige lorsque celle-ci tombe ou lorsqu'elle est au sol, formant des accumulations neigeuses dans les zones d'abri. La capacité de transport de la neige par le vent varie selon l'intensité du vent et la texture de la neige à la surface du manteau : par exemple, un vent de 5 m/s (R. Meister, 1989) mettra en mouvement les particules d'une neige poudreuse, et seul un vent dont la vitesse-seuil est supérieure à 25 m/s déplacera les particules à la surface d'un manteau neigeux compact. En général, le vent commence à transporter des particules lorsque sa vitesse excède 7 m/s, et un tassement de la neige commence alors, aussi bien dans les zones de dépôt que sur le versant au vent raclé par le vent (C. Ancey *et al*, 1996).

3.1.1. - La neige soufflée

Le vent favorise l'instabilité de la partie supérieure du manteau neigeux, qu'il érode localement et alimente ailleurs, perturbant la morphologie des cristaux (le vent augmente les chocs entre les cristaux et casse leurs branches). On compte trois modes de transport de la neige par le vent (fig. 25), définis dans plusieurs études de la neige et des avalanches (G. Guyomarc'h et L. Merindol, 1991, D. McClung et P. Schaerer, 1993, C. Ancey *et al*, 1996) :
- **Le charriage**, où les grains sont soufflés par des vents faibles et roulent/glissent le long du sol sur une hauteur de 1 mm. Ce sont surtout les particules sèches qui sont ainsi mises en mouvement.
- **La saltation** fait rebondir les particules le long de la surface sur une hauteur de 10 cm environ, grâce à des vents dont la vitesse est de 5 à 10 m/s. Lorsque le vent crée des tourbillons près du sol, des particules de neige peuvent être projetées jusqu'à un mètre de hauteur (on parle alors de saltation modifiée). Ces « sauts de puce » irréguliers créent au sol des rides de neige. Ce mode de déplacement cause le frittage des particules de neige, qui permettra notamment la formation ultérieure de plaque à vents (T. Castelle et A. Clappier, 1991).
- **La suspension** est un mouvement créé par des tourbillons d'air turbulent, qui peuvent soulever les particules à une hauteur de 10 m au-dessus de la surface.
Le passage de la saltation à la suspension s'effectue lorsque la vitesse du vent excède 15 m/s, et les deux modes de transport contribuent à charger en neige les secteurs où le vent perd de sa vitesse et dépose le matériel transporté.

3.1.2. - Les dépôts de neige accumulée par le vent

Le vent est à prendre en compte lorsque l'on étudie les terrains avalancheux car son rôle est différent selon l'exposition du versant par rapport aux flux d'air. En zone montagnarde, la redistribution de la neige est fortement influencée par la topographie locale. Ainsi, toutes les irrégularités du relief sont soumises à l'influence du vent. Les secteurs exposés au vent voient leur capital neigeux s'éroder, et le manteau neigeux est compacté, compressé ; les particules neigeuses sont prises en charge par le vent qui va les déposer dans les zones situées sous le vent. Celles-ci collectent la neige qui, si la pente est suffisante, peut produire des avalanches. On distingue deux types de dépôts de neige soufflée : la plaque à vent et la corniche neigeuse. Il semble que l'une ou l'autre forme soit privilégiée selon la valeur de la rupture de pente enregistrée par le versant au vent (D. McClung et P. Schaerer).
- **La corniche neigeuse** se forme lorsque la rupture de pente entre le versant au vent et le versant sous le vent est brutale. Elle se présente comme une accumulation neigeuse, située au niveau de la rupture de pente ventée avec un surplomb neigeux incliné vers le versant sous le vent (fig. 26 et photo 7). La dimension de la corniche peut progresser car elle est constituée de grains très fins qui s'agglomèrent facilement (C. Ancey *et al*, 1996). La configuration du relief d'Islande nord-occidentale, avec des sommets plans et des ruptures de pente brutales, est propice à la formation de ces accumulations neigeuses.

- **la plaque à vent**[3] se forme lorsque la rupture de pente est plus douce et que le flux d'air peut mieux suivre la topographie, directement à l'aval de la rupture de pente, à l'abri du vent (fig. 27 et photo 8). En croissant, l'accumulation tend peu à peu à combler les dépressions, homogénéisant le relief. Cette accumulation de neige est faiblement soudée au couches inférieures et isole des poches d'air qui rendent l'ensemble de la couche instable dans le cas d'un accroissement de pression : l'ensemble de la couche se brisera alors (L. Besson, 1996).

Si le rôle du vent est communément admis dans leur formation, des observateurs de la neige ont pu déterminer d'autres conditions climatiques responsables de cette formation (C. Rey, 1993).

Ces accumulations neigeuses, liées au transport des particules neigeuses par le vent depuis les secteurs où la neige tombe (versants au vent) vers les secteurs de basses pressions (versants sous le vent), sont formées de particules de neige plus petites, car le transport par le vent et le choc du dépôt les a cassées. La neige est alors plus compacte et plus sensible à des départs en plaques, l'épaisseur de l'accumulation se fragmentant. Le plus souvent, les deux types de dépôts se retrouvent sur le même versant, la plaque à vent étant située à l'aval de la corniche neigeuse.

3.2. - Le vent modifie les caractéristiques thermiques du manteau neigeux

Les échanges de chaleur entre la surface du manteau neigeux et l'atmosphère sont importants à examiner dans la formation des avalanches car ils peuvent altérer la surface de la neige et produire une couche fragile, dans laquelle les particules de neige ont une faible cohésion. Cette couche peut se rompre immédiatement sous le poids de chutes de neige ou ultérieurement. Ce processus d'échange de chaleur entre la surface neigeuse et l'atmosphère s'effectue perpétuellement, mais le vent accélère les phénomènes thermiques et les échanges de vapeur d'eau entre l'air et le manteau neigeux. Ainsi, un vent froid peut causer la formation d'une couche dure en surface, de faible épaisseur : il lisse, lustre la surface neigeuse, comble les pores du manteau neigeux par des particules de neige fragmentées par les chocs liés au transport, donc plus petites, qui s'agglomèrent les unes aux autres et se soudent au niveau de leurs points de contact. Cette couche dure peut présenter un danger en cas de nouvelles chutes de neige, car elle est généralement peu épaisse et donc fragile et est susceptible de se rompre en cas de surpoids, réagissant de la même façon qu'une couche de givre de surface[4]. De la même façon, lorsqu'un vent froid entretient une température de surface largement négative alors que la température à la base du manteau neigeux demeure proche de 0°C, la neige se métamorphose car il s'établit une circulation d'air provoquant un déplacement de matière des grains profonds vers les grains supérieurs qui s'enrichissent en glace, développant de nouveaux cristaux qui forment la strate de givre en profondeur instable (L. Besson, 1996). A l'inverse, un vent chaud provoque une diminution rapide et importante de l'épaisseur du manteau neigeux en accélérant la

---

[3] Claude Rey (1993) souligne les difficultés d'entente mutuelle sur les termes utilisées en nivologie, précisant que le concept de la « plaque à vent est complètement différent selon la personne qui l'utilise » (p. 27).
[4] Givre de surface : Couche mince et fragile formée lorsque l'air humide se trouvant sous une surface de neige froide devient sursaturée par rapport au sommet du manteau neigeux ; un flux de vapeur d'eau se forme alors, qui se condense à la surface où les fines gouttelettes congèlent pour former une couche de glace ; elle se forme habituelle- ment lors de nuits froides et claires, alors que les conditions atmosphériques au sol sont relativement calmes (D. McClung et P. Schaerer, 1993). Le vent froid, en refroidissant la neige de surface, peut accélérer ce processus.

fonte de la neige. L'eau de fonte pénètre alors dans le manteau neigeux et l'alourdit, mais il perturbe aussi la cohésion des particules entre elles et peut donc déstabiliser l'ensemble du manteau, déclenchant une avalanche.

Conclusion du chapitre 1

Si la répartition des chutes de neige est très variable dans l'espace, les totaux hivernaux permettent d'obtenir un manteau neigeux d'une épaisseur suffisante pour la formation d'une avalanche, avec une hauteur de neige moyenne variant de 335 à 816 mm selon les stations météorologiques étudiées. Dans le temps, l'enneigement interannuel est également très irrégulier même s'il neige en moyenne de 120 à 226 jours par an. De plus, le volume des chutes de neige mensuelles ne présente que rarement 80 % des précipitations totales au cœur de la saison froide, ce qui souligne l'importance des fluctuations thermiques hivernales, en ville mais également à l'amont des pentes et à l'interface plateau sommital-versant, où le vent permet à la neige de s'accumuler. La météorologie perturbée qui règne en saison hivernale en Islande du nord-ouest favorise une métamorphose rapide de la neige, qui favorise elle-même l'instabilité du manteau neigeux, libérant des avalanches déplaçant un volume de neige très variable en fonction des quantités de neige tombées et des vents qui la transportent depuis les plateaux dépourvus de végétation fixante vers les versants.

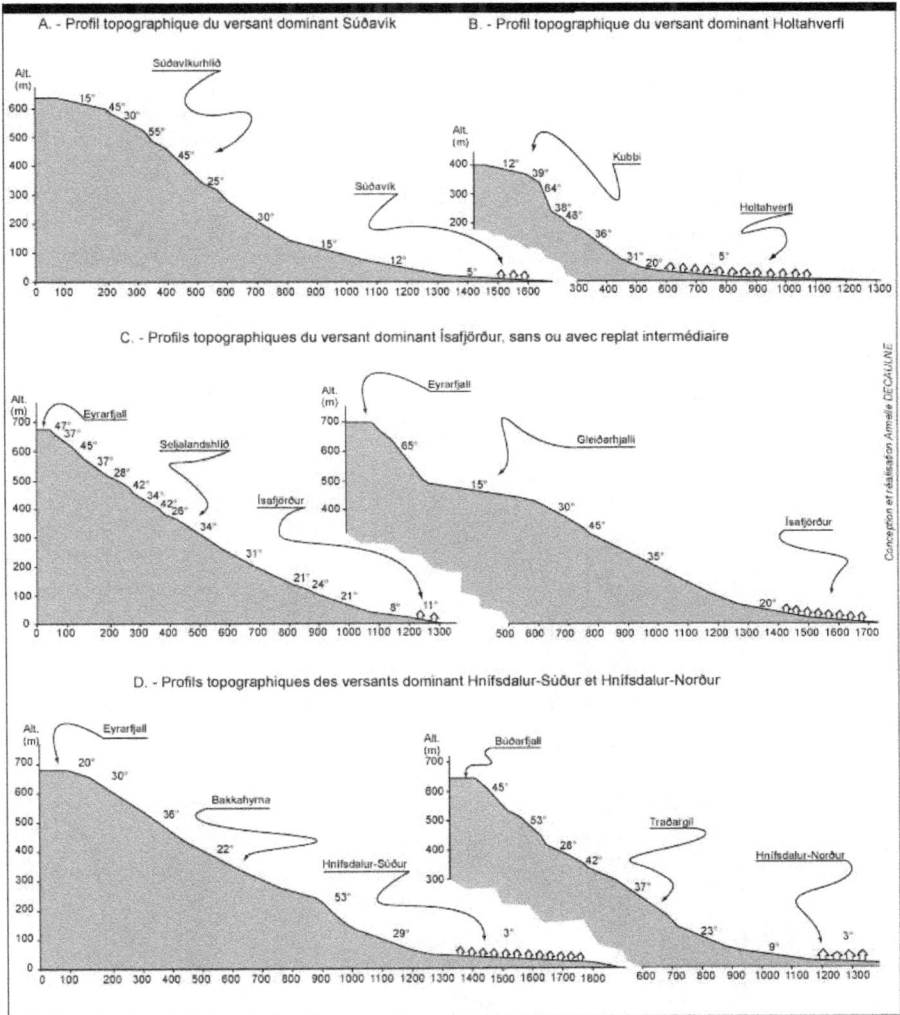

A. - Profil topographique du versant dominant Súðavík

B. - Profil topographique du versant dominant Holtahverfi

C. - Profils topographiques du versant dominant Ísafjörður, sans ou avec replat intermédiaire

D. - Profils topographiques des versants dominant Hnífsdalur-Súður et Hnífsdalur-Norður

Fig. 23 - Profils topographiques des versants des sites étudiés.

37

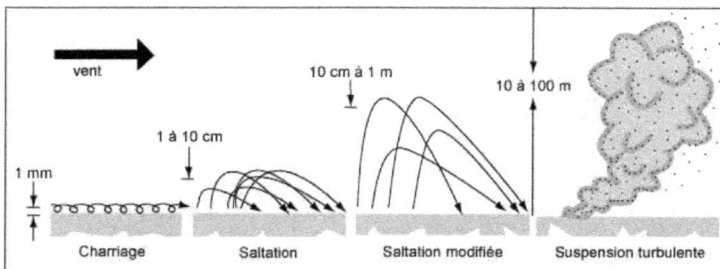

Fig. 25 - Les différents modes de transport de la neige par le vent
(D. McClung et P. Schaerer, 1993, C. Ancey, 1996, modifié).

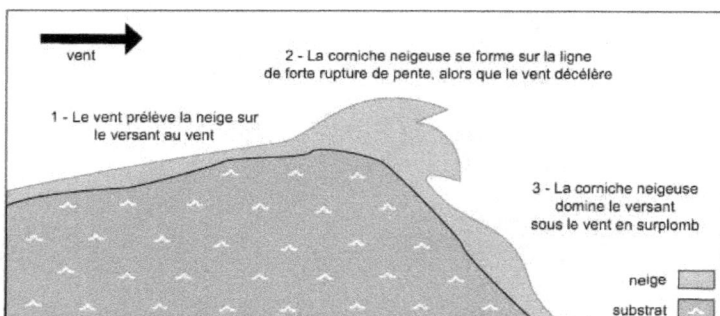

Fig. 26 - Formation de la corniche neigeuse (D. McClung et P. Schaerer, 1993, modifié)

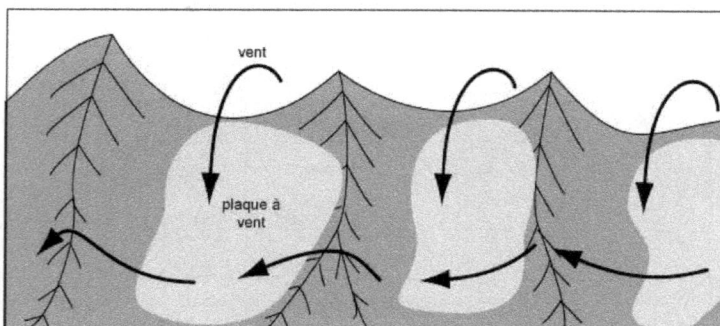

Fig. 27 - Formation de la plaque à vent (D. McClung et P. Schaerer, 1993, modifié)

Photo 7 - Corniche neigeuse rompue à l'amont du couloir Búðargil, qui domine le village de Bíldudalur, responsable de la formation d'une avalanche de *slush* le 28 janvier 1997 (cliché de Þorsteinn Sæmundsson, du 30 janvier 1997).

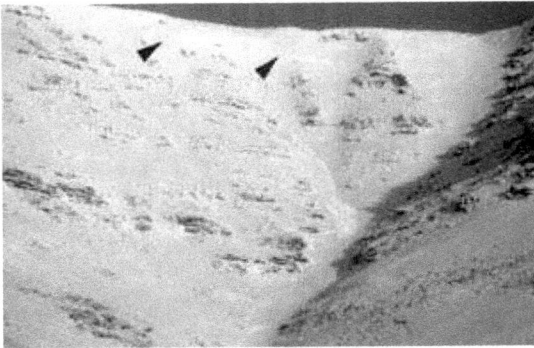

Photo 8 - Plaques à vent à l'amont du couloir Skollahvilft, formées après l'avalanche du 26 octobre 1995 (cliché de Jón Gunnar Egilsson du 10 novembre 1995).

Chapitre 2

L'activité avalancheuse en Islande du Nord-Ouest : modalités de déclenchement, typologie, calendrier

1. - Les modalités de déclenchement et de fonctionnement des avalanches
2. - Les types d'avalanches en Islande du nord-ouest
3. - Calendrier de l'activité avalancheuse

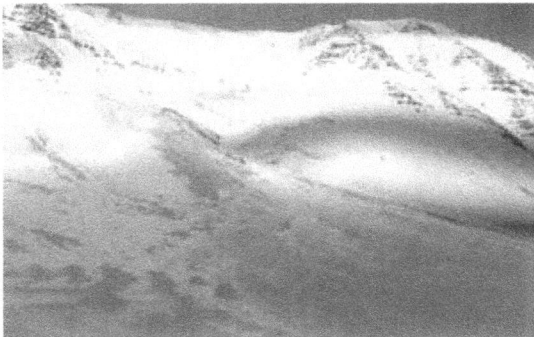

Photo 9 - La zone de transit de l'avalanche du 26 octobre 1995 à Flateyri, à l'aval d'un couloir défini dans la paroi rocheuse, Skollahvilft. Les avalanches prennent fréquemment naissance à l'amont, où corniches neigeuses et plaques à vent se forment lors de vents de secteur nord (Cliché de Jón Gunnar Egilsson, 9 novembre 1995).

Chapitre 2

L'activité avalancheuse en Islande du Nord-Ouest : modalités de déclenchement, typologie, calendrier

« Avalanches are the product of the terrain conditions (permanent factor) and snow conditions (variable factor). »

M. de QUERVAIN (1975, p. 1)

La classification des avalanches est différemment appréciée selon que l'on se réfère à l'école française ou à l'école canadienne. Tandis que les Français proposent d'identifier le type d'avalanche selon le mode d'écoulement de la neige (C. Ancey et C. Charlier, 1996 ; C. Ancey et al., 1996 ; L. Besson, 1996), les canadiens utilisent le mode de départ pour fonder leur typologie (D. McClung et P. Schaerer, 1993 ; C. Keylock, 1997). Nous croiserons ici les deux critères pour caractériser les avalanches affectant l'Islande du nord-ouest. Nous étudierons les différents types de fonctionnement des phénomènes avalancheux de l'amont vers l'aval, en suivant la progression de l'avalanche depuis la zone de départ, jusqu'à la zone d'arrêt en passant par la zone de transit, car, comme le soulignent clairement C. Ancey et C. Charlier (C; Ancey et al., 1996, p. 87, chap. 5), l'avalanche ne peut se résumer à « une masse de neige qui dévale une pente à une vitesse dépassant le mètre par seconde » (L. Besson, 1996), mais correspond à un phénomène physique défini dans l'espace et le temps « pouvant prendre plusieurs formes selon la neige mobilisée, la nature des terrains... ». Une typologie des avalanches rencontrées en Islande du nord-ouest sera ensuite proposée, avant de définir le calendrier de l'activité avalancheuse.

1. - Modalités de déclenchement et de fonctionnement des avalanches

1.1. - La zone d'accumulation et les types de départ

1.1.1. - La zone d'accumulation

C'est le secteur où la neige s'amoncelle, et où l'avalanche mobilise l'essentiel de sa masse neigeuse. La pente y est ni trop forte, auquel cas la neige ne peut s'accumuler, ni trop faible, auquel cas la masse neigeuse ne peut se mettre en mouvementé. En Islande du nord-ouest, les observations de terrain et les études réalisées précédemment (Ó. Jónsson, 1957 ; Ó. Jónsson et S. Rist, 1971 ; S.R. Guðjónsson, 1976, p. 76 ; H. Björnsson, 1980, p. 20) identifient les zones d'accumulation dans les **couloirs** qui entaillent plus ou moins largement la corniche rocheuse généralement très développée et sur les **versants** juste à l'aval des parois rocheuses ; la partie haute des versants peut également représenter une zone d'accumulation dans la mesure où les précipitations neigeuses sont accompagnées d'un vent qui favorise la formation des corniches neigeuses (fig. 28). C'est dans cette zone que le manteau neigeux instable se met en mouvement pour former une avalanche : on parlera alors de la zone de départ. Il est difficile d'estimer quelle est la part de chaque unité morphologique (couloir plus ou moins marqué à l'amont, rupture de pente à l'aval de la corniche rocheuse, formation de corniches neigeuses à l'amont des versants sous le vent) car les Annales islandaises citent le plus souvent le nom du versant concerné par une avalanche sans spécifier si l'avalanche suit un couloir défini ou non. Toutefois, grâce à la toponymie islandaise qui identifie la plupart des unités de relief, nous pouvons estimer de façon certaine à 4,5 % du nombre total d'avalanches celles qui trouvent leur origine dans un couloir défini (*gil* en islandais signifie « couloir », tels *Hrafnagil* -littéralement « couloir du corbeau » - et *Karlsárgil* - « couloir du ruisseau de l'homme » - à Ísafjörður) entre 1980 et 1990, d'après les rapports annuels de l'Institut Météorologique islandais (H.H. Jónsson, 1982, 1983, et 1984 ; K.G. Eyþórsdóttir, 1985 ; K. Ágústsson, 1987 ; M.M. Magnússon, 1988, 1989, 1991, 1992).

Ce chiffre est vraisemblablement très en-dessous de la réalité, compte-tenu du grand nombre de couloirs visibles dans le paysage. Si l'on ne prend en compte que l'histoire avalancheuse des versants dominant les sites de Holtahverfi, Ísafjörður, Hnífsdalur, Bolungarvík, Súðureyri et Flateyri, les couloirs avalancheux représentent 48 % des zones de départ d'avalanches (O. Pétursson, communication personnelle de documents sur l'histoire avalancheuse connue des sites concernés entre 1984 et 1999). Une telle valeur, dix fois plus élevée que celle déduite des Annales, paraît plus vraisemblable étant donné la configuration extrêmement hachée des sommets des versants des fjords de l'ouest. S.R. Gúðjónsson (1976) expliquait que les avalanches dans les fjords de l'ouest prenaient habituellement naissance aux sommets des versants, où les corniches neigeuses peuvent se développer durant les tempêtes de neige hivernales ; or, le calcul effectué à partir de l'altitude de la zone de départ des avalanches précisée dans les registres d'O. Pétursson (*ibid.*) montre que seulement 5 % des avalanches prennent naissance au sommet des versants. Toutefois, il reste vrai que les zones de départ sont situées dans cette paroi rocheuse caractéristique des versants de la région, et que la chute d'une corniche neigeuse sur le manteau neigeux à l'aval peut déclencher une avalanche.

On répertorie deux types de départ, qui dépendent essentiellement de l'état de la neige dans la zone d'accumulation :

- Le départ en plaque

Dans ce type de départ, une épaisseur donnée du manteau neigeux se rompt le long d'une cassure linéaire d'une largeur donnée. Cette cassure délimite une surface qui se met en mouvement sur une ou plusieurs couches d'une masse de neige cohérente grossièrement rectangulaire, sur une pente dont la valeur varie de 25 à 55° (D. McClung et P. Schaerer, 1993). La plaque se casse ensuite en plusieurs morceaux selon les lignes de fracture secondaires résultant du déplacement de la neige (fig. 29a).

- Le départ ponctuel

Dans ce deuxième type de départ, une masse de neige se met en mouvement à partir d'un point où la partie superficielle du manteau neigeux perd toute cohésion ; dans sa descente, elle balaie une partie du manteau neigeux du versant, entraînant plus de neige et s'élargissant progressivement, donnant une forme grossièrement triangulaire (fig. 29b). La neige mise en mouvement dans une avalanche à départ ponctuel se caractérise par sa faible, voire son absence, de cohésion, liée à la métamorphose locale de la neige ou aux effets du soleil ou de la pluie ; elle peut concerner une neige fraîche ou une neige humide. Le volume initial de neige est faible, mais augmente au fur et à mesure de sa descente.

Les deux types de départ peuvent se combiner, avec un départ ponctuel provoquant immédiatement une cassure linéaire suivie d'un départ en plaque ; on parle alors de départ mixte.

- Les types de départ d'avalanches en Islande du nord-ouest

Les rapports annuels rédigés par la Division « Avalanches » de l'Institut Météorologique islandais entre 1980 et 1990 (*op.cit.*) ne permettent de connaître le type de départ que de 107 avalanches sur 940 enregistrées, soit seulement 11,4 % des avalanches connues. Toutefois, une analyse de ces rapports permet de montrer que les avalanches à départ en plaque sont prédominantes (76 % des départs d'avalanches), les avalanches à départ ponctuel ne représentant que 24 %. Malheureusement, la faible proportion d'événements dont le mode de départ est connu ne permet pas d'établir une typologie fiable de ces phénomènes. De la même façon que dans l'étude précédemment exposée des types de zone d'accumulation, le recours à des archives non publiées (O. Pétursson) permet de clarifier la part de chacun des modes de départ des avalanches sur les sites de Holtahverfi, Ísafjörður, Hnífsdalur, Bolungarvík, Súðureyri et Flateyri, car les avalanches affectant les versants dominant ces sites sont mieux connues, entre 1984 et 1999 : seulement 12,4 % des types de départ d'avalanches sont inconnus : 55,8 % des avalanches sont mises en mouvement par un départ en plaque (photo 10), 3,5 % par un départ ponctuel et 28,3 % par un départ mixte. Ainsi, les départs en plaque d'avalanches sont majoritaires en Islande du nord-ouest, puis viennent les départs mixtes, les départs de neige ponctuels étant largement minoritaires (tableau 3).

1.2. - Les modes d'écoulement et les zones de transit

1.2.1. - Les modes d'écoulement

Le mode d'écoulement, c'est-à-dire la façon dont l'avalanche dévale la pente, permet au même titre que le mode de départ de la masse neigeuse de caractériser l'avalanche. Il est d'usage de considérer deux modes d'écoulement de l'avalanche : l'avalanche en aérosol et l'avalanche dense. Très souvent, les deux modes d'écoulement se combinent pour former une avalanche à écoulement mixte, quel que soit le type de départ de l'avalanche.

- L'avalanche coulante

L'avalanche coulante[5] se déplace « le long du sol en suivant le relief » (C Ancey et al, 1996, p. 92 ; C. Ancey et C. Charlier, 1996, p. 17), d'où son nom. Sa vitesse d'écoulement dépasse rarement 100 km/h et la masse neigeuse est dense, se présentant sous différentes formes selon les cas : grain, pâte, boules de neige (photo 9). Plusieurs qualités de neige peuvent être entraînées dans ce type d'avalanche : ce mouvement peut être suivi par de la neige sèche ou par de la neige humide, dont le mode de départ peut-être en plaque ou ponctuel (fig. 30).

En Islande du nord-ouest, 80 % des avalanches sont coulantes (sources informelles communiquées par O. Pétursson).

- L'avalanche en aérosol

L'avalanche en aérosol correspond à un nuage composé d'un mélange de particules neigeuses et d'air qui dévale la pente à une vitesse de 400 km/h. Le fait que l'écoulement est aérien l'affranchit du relief, et il peut donc remonter les pentes le long des versants opposés. La neige mobilisée dans ce mode de déplacement est sèche et de densité beaucoup plus faible que dans le cas d'un écoulement dense (fig. 30) ; selon D. McClung et P. Schaerer (1993), seulement 1 % de l'espace de l'aérosol serait rempli par des particules de neige alors que 99 % est occupé par l'air. En Islande du nord-ouest, seulement deux avalanches sur les quelque 940 enregistrées par l'Institut Météorologique Islandais sont de ce type, et aucune n'a été enregistrée par O. Pétursson entre 1984 et 1999. C'est donc un phénomène extrêmement rare dans la région.

- L'avalanche mixte

L'avalanche mixte associe les deux modes d'écoulement. La partie dense de l'écoulement suit les formes du relief et elle est surmontée d'une partie aérienne, où les particules de neige sont en suspension dans l'air (fig. 30). C'est un type d'écoulement fréquent en Islande du nord-ouest, où il représente 20 % du mode d'écoulement des avalanches.

---

[5] En employant le terme d'avalanche *coulante*, nous suivons les préconisations de C. Ancey et ses collaborateurs (1996, déjà cités), qui adoptent la nomenclature proposée dans l'Atlas des avalanches de l'Unesco. C'est un synonyme d'avalanche *dense*, également employé dans la littérature (L. Besson, 1999).

Fig. 28 - Les deux principaux types de zone de départ d'avalanches en Islande du nord-ouest

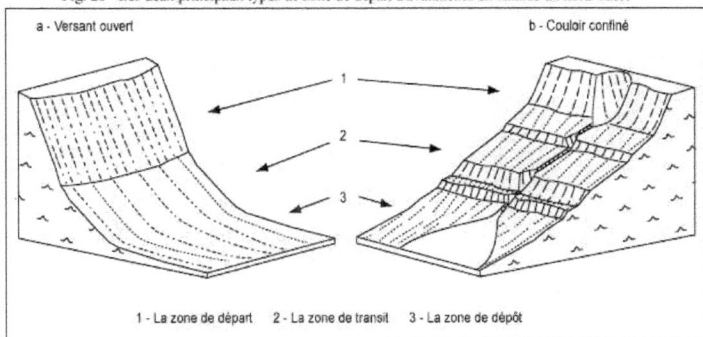

a - Versant ouvert

b - Couloir confiné

1

2

3

1 - La zone de départ   2 - La zone de transit   3 - La zone de dépôt

Fig. 29 - Les deux modes de départ d'avalanches

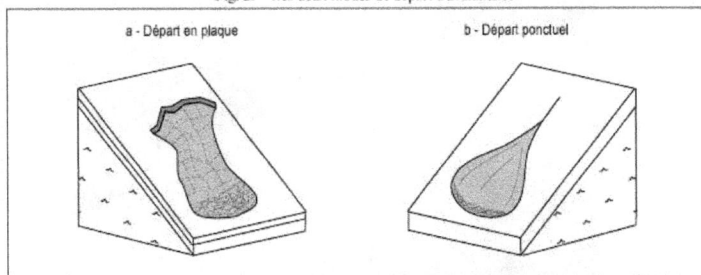

a - Départ en plaque

b - Départ ponctuel

Fig. 30 - Les trois modes d'écoulement des avalanches

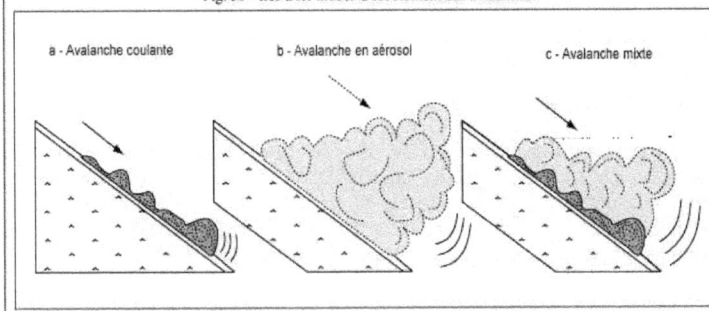

a - Avalanche coulante   b - Avalanche en aérosol   c - Avalanche mixte

Conception et réalisation Armelle DECAULNE

47

Photo 10 - Front du manteau neigeux après un départ d'avalanche en plaque à Flateyri, le 26 octobre 1995, à l'amont du couloir Skollahvift (Cliché de J.G. Egilsson, 28 octobre 1995).

Photo 11 - Détail d'une avalanche de versant, coulante, présentant un dépôt en « boules de neige », tombée le 8 mai 1999 sur le versant Kirkjubólshlíð (Cliché du 8 mai 1999).

1.2.2. - Les zones de transit

La zone de transit est la partie du versant où transitent toutes les avalanches, même celles qui ne sont pas « majeures », c'est-à-dire qui n'atteignent pas la base du versant. Elle commence directement à l'aval de la zone de départ de l'avalanche, et c'est dans cette zone que l'avalanche atteint sa vitesse maximale. La masse en mouvement collecte également de la neige dans cette zone.

De même que pour la configuration de la zone d'accumulation, la zone de transit de l'avalanche peut être **confinée** ou **ouverte**. Elle est confinée lorsqu'elle suit un couloir délimité de part et d'autre ; dans le cas inverse, la pente est ouverte et l'on parlera d'une avalanche de versant, alors que l'avalanche de couloir ne s'applique qu'au premier cas. Mais plus l'avalanche est importante, c'est-à-dire plus la masse neigeuse est importante, plus l'avalanche parcourt une longue distance, donc plus l'avalanche

48

traverse des formes de terrain variées : il est ainsi fréquent d'observer des avalanches dont la phase initiale de transit se trouve dans un couloir pour ensuite rejoindre une pente ouverte. C'est très souvent le cas en Islande du nord ouest, lorsque les avalanches prennent naissance dans les couloirs entaillant la corniche rocheuse à l'amont des versants et dévalent ceux-ci jusque sur la pente où aucune dépression ne canalise le mouvement (photo 11).

1.3. - La phase d'arrêt et la zone de dépôt

Enfin, une avalanche se caractérise par sa phase d'arrêt et sa zone de dépôt, en stade terminal de l'épisode avalancheux.

1.3.1. - La phase d'arrêt de l'avalanche

Pendant cette phase, l'avalanche perd de sa vitesse et stoppe sa course dans ce qui est appelé l'aire d'arrêt : elle correspond à la zone de perte de dynamique de la masse de neige. Cette décélération puis cet arrêt sont liés à la diminution progressive de l'énergie cinétique de l'avalanche. Il est d'usage de considérer que les avalanches majeures décélèrent lorsque la valeur de la pente atteint 10° : c'est alors le relief qui est le principal facteur déterminant l'arrêt de l'avalanche.

1.3.2. - La zone de dépôt

C'est l'endroit où l'avalanche majeure s'arrête, connectée à la zone de transit par une légère rupture de pente puisque c'est celle-ci qui établit la limite entre les deux zones. Ainsi, toutes les avalanches n'atteignent pas cette zone. La masse neigeuse est alors déposée (on parlera plutôt de *sédimentation* dans le cas d'une avalanche en aérosol) à la base du versant, sur un cône, dans un fond de vallée ... Caractériser ce dépôt permet de mieux identifier l'avalanche : on parlera d'avalanche chargée si celle-ci incorpore à la neige du matériel rocheux ; l'avalanche sera propre dans le cas inverse. L'état de propreté de l'avalanche dépend de son plan de glissement : si l'avalanche glisse sur le sol, elle prendra en charge du matériel non neigeux en plus de la masse de neige, et on parlera alors d'avalanche de fond, capable d'édifier progressivement des formes typiques telles les langues à blocs (*cf.* chapitre 3) ; si le plan de glissement est le manteau neigeux, alors le dépôt sera propre car aucun matériel ne le souillera, et l'on parlera d'avalanche superficielle.

En Islande du nord-ouest, la zone de dépôt est très souvent située à l'aval d'un couloir confiné, auquel elle est plus ou moins reliée. La répétition des événements avalancheux, plus ou moins chargés, a contribué à l'édification de cônes (*cf.* chapitre 3). Les avalanches humides, plus denses, sont souvent des avalanches de fond, et sont de ce fait plus compétentes sur le plan morphologique. C'est notamment le cas des avalanches de *slush*, qui seront étudiées dans un paragraphe propre (*cf.* chapitre 2, 5).

2. - Les types d'avalanches en Islande du nord-ouest

Nous l'avons vu précédemment, une avalanche se définit selon les zones affectées lors du mouvement (zones d'accumulation, de transit, de dépôt), selon sa dynamique (phase de départ, phase d'écoulement, phase de dépôt) et selon la qualité de la neige transportée (sèche, humide). Mais de façon plus générale, on n'utilise que la qualité de la neige et le mode de départ pour qualifier l'avalanche. Ainsi, en Islande du nord-ouest, nous distinguerons les avalanches de plaque (sèches et humides), les avalanches à départ ponctuel (sèches et humides), et les avalanches à départ mixte (sèches, humides et mixtes). Le résultat de l'analyse de ces données est récapitulé dans le tableau 3 et la figure 31.

2.1. - Les avalanches de plaque

2.1.1. - Les avalanches de plaque sèches

Elles représentent 59 % des avalanches en Islande du nord-ouest. Elles se déclenchent par la propagation rapide de fractures à l'intérieur du manteau neigeux. La plupart sont liées à une surcharge due à de nouvelles chutes de neige ou au dépôt de neige soufflée par le vent, qui rompt une couche de faible densité située en position intermédiaire entre deux couches plus denses : le plancher de la couche de faiblesse représente le plan de glissement de l'avalanche. L'impact causé par la chute d'une corniche neigeuse peut également déclencher une avalanche de plaque. Ces avalanches sont déclenchées lors d'un type de temps sec, alors que le vent souffle - en provenance du secteur nord - permettant la formation d'accumulations neigeuses importantes (S.R. Gúðjönsson, 1976 ; H. Björnsson, 1980 ; Á. Jönsson, 1987) qui provoquent la rupture par surcharge de couches fragiles formées antérieurement ou plus simplement d'une corniche neigeuse.

Tableau 3 - Récapitulatif des caractéristiques avalancheuses en Islande du nord-ouest (Source : O. Pétursson, 1984-1999)

Zone de départ	Couloir confiné	48%		plaque sèche	59%
	versant ouvert	52%		plaque humide	1%
Type de départ	plaque	56%		plaque mixte	0%
	ponctuel	4%		ponctuel sèche	2%
	mixte	28%	Type d'avalanche	ponctuel humide	2%
Type d'écoulement	coulante	80%		ponctuel mixte	0%
	aérosol	0%		mixte sèche	26%
	mixte	20%		mixte humide	8%
Etat de la neige	sèche	66%		mixte mixte	2%
	humide	22%			
	slush	12%			

2.1.2. - Les avalanches de plaque humides

Les avalanches de plaque humides ne représentent que 1 % des avalanches en Islande du nord-ouest ; elles sont donc extrêmement rares. Leur déclenchement est lié à la surcharge du manteau neigeux lors de précipitations liquides, celles-ci modifiant ensuite la résistance d'une couche de plus faible densité dans le manteau neigeux ou lubrifiant une surface de glissement plus ou moins imperméable (croûte de givre de profondeur en particulier). Les passages de dépressions en provenance du sud-ouest sont à l'origine du déclenchement de ces avalanches. Il est étonnant que ce type d'avalanche ne soit pas plus répandu en Islande du nord-ouest, dont le climat est hyperocéanique, avec des contrastes thermiques favorables à la formation du givre de profondeur et à la chute de précipitations liquides durant l'hiver.

2.2. - Les avalanches à départ ponctuel sèches

2.2.1. - Les avalanches à départ ponctuel sèches

Seulement 2 % des avalanches se déclenchant dans le nord-ouest de l'Islande sont de ce type. Leur formation est liée à une perte très ponctuelle de cohésion à la surface du manteau neigeux, causée par la métamorphose d'une neige de très faible densité. La neige déplacée est souvent fraîche, et n'a pas subi l'action du vent car dans ce cas le vent aurait tassé la surface.

2.2.2. - Les avalanches à départ ponctuel humides

Elles représentent également 2 % des types d'avalanches en Islande du nord-ouest. Comme les avalanches à départ ponctuel sèches, elles sont peu fréquentes. Leur déclenchement est lié à la fonte, due au réchauffement solaire ou à des précipitations liquides sur le manteau neigeux. La cohésion de la neige décroît avec l'augmentation de la quantité d'eau dans le manteau.

2.3. - Les avalanches mixtes

2.3.1. - Les avalanches mixtes de neige sèche

Le type « avalanche mixte de neige sèche », c'est-à-dire combinant les deux modes de départ (ponctuel puis en plaque), sont les deuxièmes plus répandues en Islande du nord-ouest, avec 26 % des événements avalancheux.

2.3.2. - Les avalanches mixtes de neige humide

Les avalanches mixtes impliquant de la neige humide sont assez bien représentées, car elles correspondent à 8 % des avalanches en Islande du nord-ouest. C'est dans ce type d'avalanche que l'on compte le maximum d'avalanches de neige humide, ce qui explique peut-être le relatif petit nombre d'avalanches de plaques humides proprement dit : seul un départ ponctuel de neige humide peut créer une fracture du manteau neigeux, la perte initiale de cohésion du manteau neigeux, d'abord locale, se communique ensuite à une partie du manteau neigeux

2.3.3. - Les avalanches mixtes de neige mixte

Comme les avalanches à départ ponctuel sèches ou humides, les avalanches à départ mixte mixtes (avalanches déclenchées à la fois par un départ ponctuel et en plaque, incluant de la neige sèche et de la neige humide) sont mal représentées, avec seulement 2% des épisodes avalancheux recensés de 1984 à 1999 sur les sites de Holtahverfi, Ísafjörður, Hnífsdalur, Bolungarvík, Súðureyri et Flateyri.

2.4. - Les avalanches de *slush*

2.4.1. - Définition et répartition géographique

Les avalanches de *slush* représentent un autre type d'avalanches, et notamment d'avalanche de neige humide. En effet, l'avalanche de *slush* se définit comme l'écoulement rapide d'une masse de neige sursaturée en eau sous forme liquide (R. Nyberg, 1985). Il semble que leur aire d'activité de prédilection est située dans les hautes latitudes arctiques, mais des coulées de *slush* peuvent occasionnellement se déclencher à des latitudes plus faibles (L.J. Onesti et E. Hestnes, 1989 ; G. Furdada *et al.*, 1999). Néanmoins, ce processus est particulièrement connu en Scandinavie : Norvège septentrionale (E. Hestnes et F. Sandersen, 1987), Laponie suédoise (A. Rapp, 1960b ; R. Nyberg, 1985 et 1989 ; M. Gude et D. Scherer, 1995), Spitsberg (M.-F. André, 1991 et 1993), Finlande (M.J. Clark et M. Seppälä, 1988) ainsi qu'au Groenland (L.H. Nobles, 1966), dans les Rocheuses canadiennes (J.S. Gardner, 1985) et en Alaska (L.J. Onesti, 1985). En Islande, le phénomène des avalanches de *slush* n'est pas rare, puisque les avalanches de *slush* représentent 12 % des avalanches connues (tableau 3) mais n'a jamais fait l'objet d'étude précise : il est très brièvement cité dans les listes des avalanches recensées par l'Institut Météorologique Islandais lors des hivers de 1980 à 1990 (déjà cité) et de celui de 1998-1999 (M.M. Magnússon, 2000), et est juste évoqué dans l'étude des avalanches en Islande menée par S.R. Gúðjónsson (1976).

Cependant, un certain nombre d'avalanches de *slush* ont été répertoriées sur le site de Bíldudalur (Þ. Sæmundsson, 1997 ; Þ. Sæmundsson et S. Kiernan, 1998 ; Þ. Sæmundsson et *al.*, 1999), dont la morphologie semble particulièrement favorable au déclenchement de telles avalanches, comme l'ont démontré les événements du 28 janvier 1997 et du 14 mars 1998.

2.4.2. - Les terrains favorables au déclenchement de coulées de *slush*

Contrairement aux autres types d'avalanches, les avalanches de *slush* ne peuvent se produire que sous certaines conditions topographiques clairement définies par R. Nyberg (1985) et E. Hestnes (1985) : les coulées de *slush* se déclenchent surtout dans des chenaux définis, tels les lits des ruisseaux, et dans les profondes échancrures entaillant les parois rocheuses. De cette façon, l'inclinaison de la zone de départ peut varier entre 0 et 30° (E. Hestnes, 1998), mais d'autres chercheurs avancent des valeurs de pente minimales variant entre 2° (L.H. Nobles, 1966) et 10-15° (B.H. Luckman, 1977). En fait, ce n'est pas tant la pente qui détermine le terrain favorable aux avalanches de *slush* que la capacité du relief à retenir les écoulements liquides : tous les auteurs sont d'accord pour identifier le terrain à *slush* comme un bassin capable de collecter de grandes quantités d'eau de fonte, et de les retenir jusqu'à la sursaturation du manteau neigeux.

Ces conditions topographiques sont pleinement réunies sur le site de Bíldudalur, qui est l'exemple choisi pour illustrer les avalanches de *slush* en Islande du nord-ouest, mais sont également réunies à Patreksfjörður, Flateyri, Ísafjörður, Hnífsdalur et Súðavík. A Bíldudalur, le versant, de 460 m de commandement, est subvertical entre 150 et 460 m. La particularité de ce site réside dans la présence de deux larges formes en entonnoir dans la paroi rocheuse, formant deux grands couloirs fonctionnant comme de vastes bassins de réception, débouchant sur deux larges cônes de débris qui s'étalent à l'aval de la cote 150 m (photo 12).

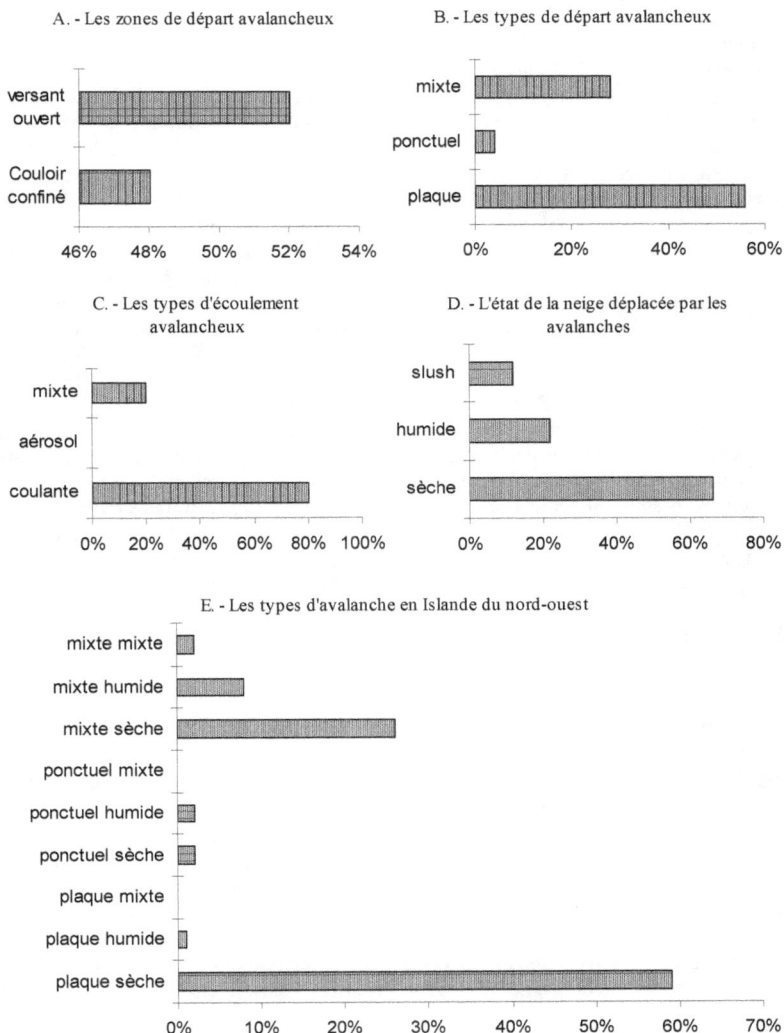

A. - Les zones de départ avalancheux

B. - Les types de départ avalancheux

C. - Les types d'écoulement avalancheux

D. - L'état de la neige déplacée par les avalanches

E. - Les types d'avalanche en Islande du nord-ouest

Fig. 31 - Récapitulatif des caractéristiques avalancheuses en Islande du nord-ouest

53

2.4.3. - Les modalités de déclenchement des avalanches de *slush*

Les avalanches de *slush* se déclenchent surtout lorsque le manteau neigeux, composé de grains grossiers, est de faible cohésion, et lorsque des couches de glace se sont formées dans le manteau neigeux, à la surface du sol ou dans celui-ci (E. Hestnes, 1985). En effet, les *slush* se déclenchent lorsque le manteau neigeux se trouve saturé en eau liquide. Celle-ci est fourni soit par la fonte de la neige, soit par les précipitations pluvieuses (R. Nyberg, 1985 ; H. Conway et C.F. Raymond, 1993).

Outre la température, qui joue un rôle essentiel en conditionnant les modalités de la fonte du manteau neigeux, que celle-ci soit provoquée par un fort rayonnement solaire ou par une dépression atmosphérique (D. Scherer *et al.*, 1998), la pression hydraulique à l'intérieur du manteau exercée par l'eau libre détermine le déclenchement des avalanches de *slush*. En effet, l'eau de fonte ou de pluie s'accumule à la base du manteau neigeux et en réduit la cohésion en exerçant une forte pression à l'intérieur de la masse de neige, qui finit par fluer, d'autant plus facilement qu'elle se trouve sur un substrat rocheux imperméable et qu'aucune infiltration n'est possible, comme c'est le cas à Bíldudalur. M. Gude et D. Scherer (1998) ont démontré que les zones de déclenchement préférentielles des avalanches de *slush* sont situées dans les sections de vallées de faibles pentes, mal drainées, où les entrées d'eau de fonte sont supérieures aux sorties. Ce mauvais drainage peut être dû à une faible inclinaison de la pente ou à une obstruction de l'exutoire par un culot de glace par exemple.

Ainsi, les conditions d'imperméabilité du sol ou d'une partie du manteau neigeux sont nécessaires au déclenchement des *slush* : l'imperméabilité provoque une saturation rapide du manteau neigeux, puis le fluage de celui-ci. Par conséquent, les situations favorables au déclenchement des *slush* peuvent être identifiées en Islande du nord-ouest. Il s'agit principalement des périodes de redoux postérieures à un gel prolongé. Ce dernier a imperméabilisé le sol et le manteau neigeux en permettant le développement d'une croûte de gel, et l'eau de fonte, souvent additionnée d'eau de pluie, alourdit dangereusement le manteau neigeux dans des conditions d'infiltration et d'écoulement limitées.

2.4.4. - Les coulées de *slush* à Bíldudalur

A Bíldudalur, 5 coulées[6] de *slush* se sont déclenchées en 1997 et 1998 sur le versant exposé au sud-est. Le 28 janvier 1997, trois coulées se sont produites, l'une à 20 heures, la deuxième à 21h45 et la troisième à 22h, dans deux chenaux distincts, alors que les températures avaient dépassé 0°C depuis la veille et que la température avait atteint 5-6°C ; entre 9h20 et 22h ce 28 janvier, 20 mm de pluie avaient été enregistrés à la station météorologique la plus proche, mais des observateurs pensent que les précipitations tombées sur Bíldudalur étaient plus importantes. Le 14 mars 1998, sous des conditions météorologiques différentes, deux coulées de *slush* dévalent le même couloir à plus d'une heure d'intervalle, à 10h50 et 03h20 précisément, alors que les températures sont positives depuis trois jours, que 18 mm de pluie sont tombés la veille entre 09h20 et 24h, accompagnés d'un vent fort de sud-ouest atteignant 20-26 m/s le 13

---

[6] Nous utilisons ici le terme de coulée de *slush*, suivant ainsi la nomenclature proposée par R. Nyberg (1985), qui préconise de réserver le terme « d'avalanche de *slush* » aux épisodes de *slush* majeurs. Les événements de Bíldudalur dont il est fait état ici étant d'ampleur moyenne et bien canalisés par les ruisseaux de montagne, nous conservons le terme de « coulée ».

mars au soir. Ce vent fort accentue les transferts de chaleur entre l'atmosphère et le manteau neigeux et accélère la fonte, déclenchant les coulées de *slush*. Le 14 mars 1998, le versant était presque totalement déneigé, à l'exception des dépressions sur le versant, où demeure un stock neigeux (photo 13) : la masse de neige amassée dans le vaste entonnoir dominant Bíldudalur était tout à fait propice au déclenchement d'une coulée de *slush*.

Cet exemple nous permet de comparer les conditions de déclenchement des coulées de *slush* en Islande du nord-ouest avec celles déjà décrites dans la littérature. J.L. Onesti (1985), d'après les études qu'il a menées dans les Brooks Range (Alaska), souligne que l'accumulation d'eau sous forme liquide doit être rapide et continue pendant 8 à 14 heures selon l'épaisseur du manteau neigeux ; on ne connaît pas l'épaisseur du stock neigeux de Bíldudalur, mais la saturation du manteau neigeux a été lente car respectivement 30 et 62 heures s'étaient écoulées à Bíldudalur depuis le dernier cycle de gel (il est vrai que les températures étaient restées plus faibles à Bíldudalur qu'en Alaska où l'auteur enregistrait 7 à 13°C lors des périodes de déclenchement des coulées de *slush*). Malheureusement, les valeurs seuils de quantité d'eau liquide nécessaire à la saturation du manteau neigeux ne sont pas disponibles sur le site de Bíldudalur. Si R. Nyberg (1985) met l'accent sur la teneur en eau liquide dans le manteau neigeux comme condition essentielle au déclenchement des coulées de *slush*, nous pouvons nous interroger sur la nature du phénomène provoquant la fonte. En effet, les coulées de *slush* de 1997 ont été déclenchées par la fonte rapide du couvert neigeux liée à des chutes de pluies et à un réchauffement de l'atmosphère. Les causes du déclenchement sont identiques en 1998, mais elles étaient accompagnées d'un vent violent qui a facilité la fonte du manteau neigeux. Nous rejoignons ainsi les conditions de déclenchement identifiées par D. Scherer *et al.* (1998), qui mettent également l'accent sur les effets de l'absorption de chaleur par le manteau neigeux lors du rayonnement solaire, qui n'est pas mise en cause dans le cas des coulées de *slush* de Bíldudalur, le temps étant pluvieux et le ciel couvert dans les heures/jours qui ont précédé le déclenchement des coulées de *slush*.

Photo 12 - Le site de Bíldudalur a une morphologie favorable au déclenchement des coulées de *slush*, l'eau de fonte s'accumulant aisément dans les profonds couloirs qui entaillent la paroi rocheuse. Il s'agit ici du couloir Gilsbakkagil, où une coulée de *slush* s'est déclenchée le 28 janvier 1997 (Cliché de Þorsteinn Sæmundsson, 30 janvier 1997).

Photo 13 - Le dépôt de la coulée de *slush* qui s'est déclenchée dans le couloir Gilsbakkagil à Bíldudalur est visible à sa teinte foncée, l'avalanche érodant la surface du versant sur laquelle elle se déplace (Cliché de la Police de Patreksfjörður, 17 mars 1998).

3. - Calendrier de l'activité avalancheuse en Islande du nord-ouest

En Islande du nord-ouest, la répartition mensuelle des avalanches est très variable selon les années prises en compte dans le calcul de la répartition de l'activité avalancheuse. Une première proposition de répartition du régime des avalanches entre 1980 et 1990 (A. Decaulne, 1999, p. 79) considérait toutes les avalanches enregistrées dans la région, même celles dont les caractéristiques étaient inconnues. Cette répartition montrait que les avalanches se produisent en Islande du nord-ouest entre les mois d'octobre et mai, avec un pic d'activité en février, avec une moyenne de 36 % de l'activité avalancheuse (fig. 32). Nous proposons ici une répartition plus juste, car ne prenant en considération que les avalanches dont le type de neige a pu être caractérisé, entre 1980 et 1999, consultant des données non publiées dans les rapports annuels sur l'activité avalancheuse (O. Pétursson, 1984-1999). Il a donc été effectué un choix sur les avalanches, éliminant celles qui sont insuffisamment documentées, et, contrairement à ce qui avait été proposé en 1999, nous obtenons une répartition avec un pic d'activité se détachant très nettement en janvier, qui enregistre 31 % de l'activité avalancheuse (fig. 33) ; ces avalanches sont celles qui ont l'extension la plus grande, approchant les zones habitées. Les mois les plus avalancheux restent janvier, février et mars. L'activité avalancheuse dure toujours d'octobre à mai.

3.1. - La répartition mensuelle des avalanches de neige sèche

Les avalanches de neige sèche se produisent d'octobre à avril, mais essentiellement entre janvier et mars. Le maximum de l'activité avalancheuse a lieu en janvier (fig. 34).

3.2. - La répartition mensuelle des avalanches de neige humide

Les avalanches de neige humide se produisent de novembre à mai, avec deux pics d'activité, en janvier et en mars (fig. 35).

3.3. - La répartition mensuelle des avalanches de *slush*

Les avalanches de *slush* se produisent en Islande du nord-ouest de novembre à mai, avec un pic d'activité en janvier (fig. 36), 75 % des avalanches de *slush* se produisant alors. Toutefois, cette répartition n'est estimée que sur la base de 20 cas, Ce qui n'est peut-être pas très représentatif, les avalanches de *slush* ne représentant que 9 % des avalanches connues. D'après cette répartition mensuelle, il semble que seule une température de l'air supérieure à 0°C est nécessaire au déclenchement des *slush*, de façon à permettre la fonte, donc à l'eau ainsi libérée d'exercer une pression hydraulique suffisante à l'intérieur du manteau neigeux. Il apparaît effectivement que, selon les régions concernées, la période d'activité des avalanches de *slush* est différente : de décembre à avril en Norvège (E. Hestnes, 1985), mai-juin en Alaska (L.J. Onesti, 1985) et en Laponie suédoise (M. Gude et D. Scherer, 1995), de novembre à mai en Islande du nord-ouest, mais plus particulièrement de janvier à mars à Bíldudalur (Sæmundsson *et al.*, 1999). Cette répartition en Islande du nord-ouest, avec une activité essentiellement située au mois de janvier, illustre clairement le lien entre l'avalanche de *slush* et la fonte brutale du manteau neigeux.

3.3. - La répartition mensuelle des avalanches de *slush*

Les avalanches de *slush* se produisent en Islande du nord-ouest de novembre à mai, avec un pic d'activité en janvier (fig. 36), 75 % des avalanches de *slush* se produisant alors. Toutefois, cette répartition n'est estimée que sur la base de 20 cas, Ce qui n'est peut-être pas très représentatif, les avalanches de *slush* ne représentant que 9 % des avalanches connues. D'après cette répartition mensuelle, il semble que seule une température de l'air supérieure à 0°C est nécessaire au déclenchement des *slush*, de façon à permettre la fonte, donc à l'eau ainsi libérée d'exercer une pression hydraulique suffisante à l'intérieur du manteau neigeux. Il apparaît effectivement que, selon les régions concernées, la période d'activité des avalanches de *slush* est différente : de décembre à avril en Norvège (E. Hestnes, 1985), mai-juin en Alaska (L.J. Onesti, 1985) et en Laponie suédoise (M. Gude et D. Scherer, 1995), de novembre à mai en Islande du nord-ouest, mais plus particulièrement de janvier à mars à Bíldudalur (Sæmundsson *et al.*, 1999). Cette répartition en Islande du nord-ouest, avec une activité essentiellement située au mois de janvier, illustre clairement le lien entre l'avalanche de *slush* et la fonte brutale du manteau neigeux.

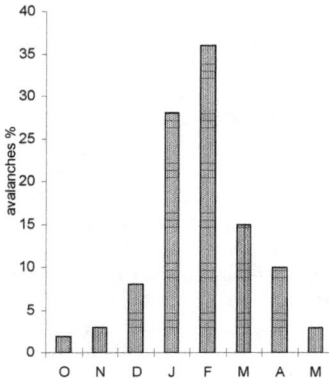

Fig. 32 - Répartition mensuelle des avalanches en Islande du nord-ouest (1980-1990), tenant compte de toutes les avalanches répertoriées

Sources : H.H. Pétursson, 1982-1984 ; K. Eyþórsdóttir, 1985 ; K.G. Águstsson, 1987 ; M.M. Magnússon, 1988-1992 ; A. Decaulne, 1999.

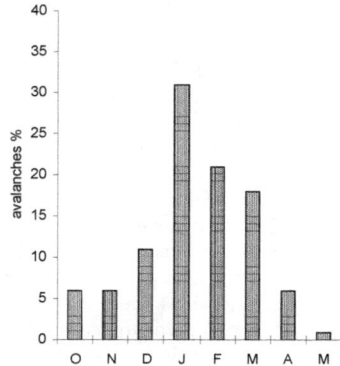

Fig. 33 - Répartition mensuelle des avalanches en Islande du nord-ouest (1980-1999), tenant compte des avalanches dont le type de neige est connu

Sources : op.cit. et O. Pétursson, 1984-1999, non publié.

Fig. 34 - Répartition mensuelle des avalanches de neige sèche en
Islande du nord-ouest (1980-1999)

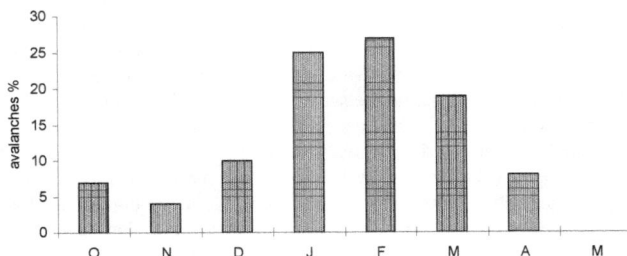

Fig. 35 - Répartition mensuelle des avalanches de neige humide
en Islande du nord-ouest (1980-1999)

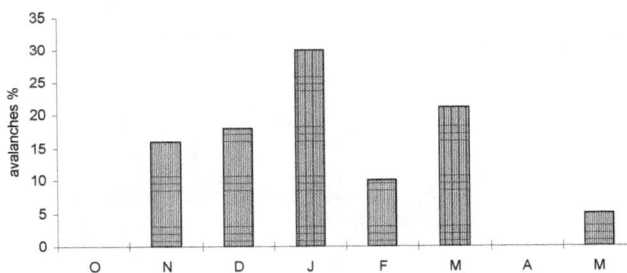

Fig. 36 - Répartition mensuelle des avalanches de *slush* en
Islande du nord-ouest (1980-1999)

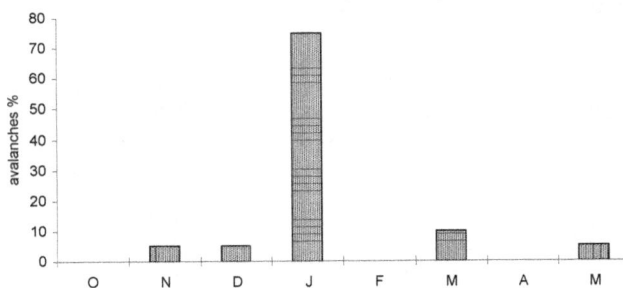

Sources : O. Pétursson, 1984-1999, H.H. Jónsson, 1982-1984, K. Eypórsdóttir, 1985,
K.G. Águstsson, 1987, M.M. Magnússon, 1988-1992,

Conclusion du chapitre 2

Au regard des résultats obtenus par l'analyse des listes d'avalanches des Annales de l'Institut Météorologique Islandais, nous sommes en mesure de compléter la liste des avalanches caractéristiques se produisant en Islande du nord-ouest émise par S.R. Gúðjónsson (1976, 1977). A partir de sources différentes, l'auteur identifiait trois types d'avalanches : les avalanches de plaque sèches, les avalanches sèches à départ ponctuel, les avalanches humides et les avalanches en aérosol, les trois dernières étant en nombre égal. Or, il apparaît clairement d'après notre analyse que ce sont les avalanches sèches à départ en plaque et les avalanches sèches à départ mixte qui caractérisent l'activité avalancheuse de la région, suivies par les avalanches de neige humide à départ mixte et les avalanches de *slush*. Cependant, nous l'avons vu à l'aide des figures 32 et 33, les résultants obtenus sont très variables selon les sources utilisées. Il est donc nécessaire de rester prudent.

Terrain avalancheux		Type de neige		
Couloir	versant	sèche	humide	slush
48	52	66	22	12
Modalités de déclenchement		Type d'avalanche		
plaque	mixte	plaque sèche	mixte sèche	
56	28	59	26	
		Calendrier		
	janvier	février	mars	
	31	21	18	

Tableau 4 - L'activité avalancheuse caractéristique en Islande du nord-ouest

Cependant nous pouvons à la fin de ce chapitre caractériser les terrains avalancheux favorables au déclenchement des avalanches, leurs modalités de déclenchement ainsi que le type de neige susceptible d'être entraîné et le calendrier de fonctionnement de ce processus de versant (tableau 4). Ainsi, les avalanches prennent naissances autant sur des versants ouverts que dans les couloirs qui entaillent la paroi rocheuse. Le départ de la neige est principalement lié à une fissuration linéaire des couches superficielles du manteau neigeux (56 % des cas), libérant une plaque qui coulera sur un tapis de neige (80 %), sans entrer en contact avec le versant lui-même. La neige déplacée lors d'avalanches est le plus souvent sèche (66 %), mais peut être humide (22 %) rarement saturée d'eau et représenter un *slush* (12 %). Le type d'avalanche le plus fréquemment rencontré en Islande du nord-ouest est alors l'avalanche de plaque sèche, qui représente 59 % des avalanches, et 26 % appartiennent au type mixte sèche, c'est-à-dire que l'avalanche mobilise de la neige sèche après un départ ponctuel provoquant immédiatement un départ en plaque. Les avalanches se déclenchent en Islande du nord-ouest entre octobre et mai, mais la saison hivernale (janvier, février, mars) regroupe l'essentiel de l'activité avalancheuse.

Chapitre 3

L'efficacité géomorphologique des avalanches

---

1. - Un impact géomorphologique faible sur le court terme
2. - Essai d'évaluation de l'efficacité géomorphologique sur le long terme

---

Photo 14 - Une avalanche de printemps tombée dans la nuit du 8 au 9 mai 1999 sur le versant Kirkjubólshlíð partiellement déneigé est surtout responsable du transfert de matériel fin. Celui-ci se concentre à la base des boules de neige fondant au premier plan, et est également visible dans la zone de transit, où il donne à la coulée de neige son aspect « sale ». Quelques blocs rocheux de 30 cm de grand axe ont aussi été pris en charge par la coulée de neige. La règle-repère jaune mesure 1 mètre de long (Cliché du 9 mai 1999).

Chapitre 3

L'efficacité géomorphologique des avalanches

« The geomorphic effects of snow avalanches in mountain areas may be considerable. Above treeline snow avalanches are one of the major processes of downslope transfer of loose, weathered material. On lower slopes their role is largely hydrologic or as a modifier of vegetation cover. The major landforms produced by snow avalanches are both erosional and depositional - they may involve the modification of existing forms or the creation of new forms as avalanche boulder tongues. Since the spatial distribution of avalanche activity is often strongly localised by important topographic, vegetational and climatic controls, the distribution of the resulting landforms or deposits is similarly restricted. »

Brian H. LUCKMAN (1977, p. 44-45).

Comme l'explique Brian H. Luckman ci-dessus, les avalanches sont considérées du point de vue géomorphologique comme des agents capables d'éroder, de transporter et de déposer le matériel sur les pentes d'éboulis, ce qu'A. Allix (1924) avait mis très tôt en valeur. Ce processus a été reconnu dans différentes régions montagneuses du globe, et en particulier en Scandinavie (A. Rapp, 1960 ; G. Corner, 1980 ; R. Nyberg, 1985 et 1989 ; M.F. André, 1990, 1991 et 1993 ; L.H. Blikra et *al*., 1989 ; L.H. Blikra, 1994 ; L.H. Blikra et W. Nemec, 1998), en Ecosse (R.G.W Ward, 1985 ; C. Ballantyne, 1989 ; B.H. Luckman ,1992), dans les Alpes françaises (B. Francou, 1988), et dans les Rocheuses canadiennes (J.S. Gardner, 1983 a et b ; B.H. Luckman, 1978a, 1988). Des formes propres à la dynamique avalancheuse illustrent leur impact morphologique sur les versants, dont les caractéristiques ont été répertoriées par B.H. Luckman (1977) et plus récemment rappelées par B.H. Luckman et *al*. (1994) et C. Keylock (1997). Il s'agit principalement des langues avalancheuses à blocs et des queues de débris (*avalanche boulder tongues* et *avalanche debris tails* décrites en détail par A. Rapp, 1959 ; J.S. Gardner, 1970 ; Luckman, 1978a), des trous et bassins d'impact avalancheux (*pits and pools avalanche impact landforms* ou *avalanche tarns* étudiés par G. Corner, 1980 ; B. Fitzharris et I. Owens, 1984 et D.J. Smith et *al*., 1994), des remparts d'impact (*ramparts* analysés par J.A. Matthews et D. McCarroll, 1994). D'autres formes, tels les couloirs avalancheux entaillant les parois rocheuses de haut de versant, les cônes de débris, et les blocs perchés, ont été en partie façonnées par la répétition des événements avalancheux, mais ne sont pas propres à ces dynamiques (A. Rapp, 1959 ; C.D. Peev, 1966), car des *debris flows*, des chutes de blocs et des écoulements torrentiels peuvent aussi y prendre naissance.

Toutefois, ces formes créées par les avalanches, si elles sont caractéristiques, ne sont pas présentes sur tous les terrains avalancheux, et l'identification des preuves de cette activité morphogénétique n'est pas toujours aisée. Cela provient, comme l'a rappelé B.H. Luckman (1978a), d'une part du fait que toutes les avalanches n'entrent pas en contact avec le sol, donc qu'elles n'érodent pas ou ne prennent pas en charge les débris libres disponibles à la surface du versant, d'autre part qu'il est parfois difficile de distinguer les formes créées par les avalanches de celles dont la genèse est imputable à d'autres processus.

En Islande du nord-ouest, les recherches menées sur le terrain nous permettent de distinguer les preuves « évidentes et directes » d'une activité avalancheuse actuelle, mais des indices subsistent aussi, permettant d'identifier une activité avalancheuse sur le long terme, qui sont surtout des formes d'accumulation sur lesquels les processus actuels (c'est-à-dire durant le dernier siècle) ne laissent que des traces éparses et discrètes (A. Decaulne, 1999).

1. - Un impact morphologique faible sur le court terme

1.1. - Quels révélateurs de l'activité avalancheuse actuelle ?

B.H. Luckman (1978a) explique que la preuve la plus visible de l'activité avalancheuse dans le paysage est le nombre de couloirs bien définis qui entrecoupent les zones forestières des flancs des vallées. En Islande, cette preuve, si elle existe ponctuellement dans des secteurs dont la couverture végétale a été exceptionnellement bien préservée, en particulier là où persistent des couvertures de bouleau nain (photo 15), est extrêmement peu répandue. Elle est complètement absente des principaux versants étudiés. En effet, les conditions climatiques et édaphiques limitent les possibilités d'un recouvrement « forestier ». Toutefois, trois phénomènes permettent de mettre en évidence l'impact morphologique actuel du processus avalancheux : les blocs épars au pied des versants concernés, les fragments de roche ou les blocs perchés sur des blocs rocheux de plus grande dimension, et les avalanches de neige sale qui ont lieu au printemps, lors de la fonte du tapis neigeux.

1.1.1. - Les blocs épars, marques les plus visibles

Les blocs épars constituent la preuve la plus courante de l'activité avalancheuse en Islande du nord-ouest. Ce sont des produits de la gélifraction ou des chutes de pierres qui transitaient dans les couloirs qui entaillent les parois rocheuses situées au sommet du versant, que l'avalanche a entraînés lors de sa descente. Ils ont été déposés au pied du versant, à l'endroit où la rupture de pente est accentuée, généralement quand la valeur de la pente est inférieure à 10°, sans tri apparent. Leur calibre varie très largement, entre 0,50 et 1 mètre généralement, mais des blocs plus gros ne sont pas rares. Ces blocs de grande dimension apparaissent bien dans la granulométrie des débris des pentes (§ 1.2.), et se repèrent aisément au pied de presque tous les versants d'Islande du nord-ouest (photo 16). Toutefois, une étude lichénométrique de ces blocs révèle la variabilité temporelle de leur mise en place, le taux de recouvrement lichénique passant de 0 % à plus de 50 % sur deux blocs voisins. En outre, un grand nombre de ces blocs ne porte aucune forme de végétation, en particulier à Hnífsdalur-Norður, ce qui montre que leur arrivée en bas du versant est très récente. Des habitants du village nous ont indiqué que ces blocs ont été amenés par les avalanches exceptionnellement nombreuses des hivers 1994-1995 et 1995-1996, qui furent si désastreuses dans la région. Ceci ne peut pas être contrôlé par la méthode lichénométrique, le pas de temps nécessaire à l'apparition du thalle du lichen

Rhizocarpon geographicum n'étant pas encore écoulé, mais nous offrira un calage chronologique intéressant pour de futures recherches géomorphologiques.

1.1.2. - Les blocs perchés

Les blocs perchés ont été identifiés comme des preuves de l'activité avalancheuse par les recherches antérieures (A. Rapp, 1960b ; B.H. Luckman, 1971 et 1978a). En Islande comme dans les autres régions où ils ont été décrits, ces blocs ou éclats de blocs perchés sur d'autres blocs de plus grande dimension (photo 17) permettent l'identification de la zone de dépôt de l'avalanche. Sur les sites d'étude, ces blocs sont peu présents, et malaisés à distinguer des blocs éboulés ayant lieu au printemps, sur la couverture neigeuse mais sans assistance de l'avalanche, et des chutes de blocs ayant lieu en dehors de la saison de la neige au sol. Leurs dimensions sont très variables (de quelques centimètres à plusieurs dizaines de centimètres de grand axe), et aucune orientation préférentielle du bloc n'est décelable. Il est également intéressant de noter que ces blocs et fragments de blocs perchés ne portent jamais de couverture végétale : nous pouvons ainsi faire l'hypothèse que ces blocs perchés sont « chassés » par les avalanches des hivers qui suivent leur mise en place, et occasionnellement remplacés par des blocs frais. Par contre, le bloc « support », sur lequel nous observons des blocs perchés, de plus grosse dimension (nous en avons mesuré certains dont le grand axe dépassait 1,50 m) porte tout un cortège de lichens et de mousses, dans lequel le lichen *Rhizocarpon geographicum* n'apparaît plus qu'à l'état de lambeau et n'est plus d'aucune utilité pour la datation de telles surfaces.

La coloration de la neige par le matériel fin entraîné rend ces coulées de neige facilement repérable (Cliché du 6 mai 1999).

1.1.3. - Les avalanches sales de printemps

L'avalanche est active du point de vue géomorphologique lorsqu'elle concerne une surface libre de neige ou qu'elle affecte l'ensemble de l'épaisseur du manteau neigeux, comme le rappelle B.H. Luckman (1977) dans un article de synthèse. Ainsi, les avalanches de printemps sont les plus érosives, car la couverture neigeuse est discontinue et le manteau neigeux souvent moins épais, la période de fonte étant entamée. De plus, la neige est souvent humide (présence d'eau de fusion ou de pluie dans le manteau neigeux, ou combinaison des deux), donc plus lourde, et la totalité du manteau neigeux est alors plus facilement déplacée. Ce phénomène est connu notamment dans les Rocheuses canadiennes (B.H. Luckman, 1978a et 1988 ; J.S. Gardner, 1983b et 1983c), mais aussi au Spitsberg (M.-F. André, 1988, 1990, 1991 et 1993) et dans les Alpes (B. Francou, 1988 ; V. Jomelli, 1997), et est responsable d'un transfert non négligeable de matériel grossier et fin, bien que celui-ci soit dans l'espace très disparate : le taux d'accumulation varie de 0,04 mm à 8,13 mm par an au Spitsberg, et de 0,01 à 7,62 dans les Rocheuses canadiennes (B.H. Luckman, 1978a et J.S Gardner, 1983c).

En Islande du nord-ouest, une seule mission a permis d'observer les dépôts de ces avalanches de printemps, d'une part parce que chaque printemps ne connaît pas d'activité avalancheuse, et d'autre part parce que la variabilité interannuelle de la période de fonte est très forte, et enfin que mon arrivée sur le terrain ne coïncide pas obligatoirement avec cette saison. Ainsi, en 1998, l'ensemble du manteau neigeux avait fondu au 1er mai, et seule une mince pellicule de neige ne tenant pas pouvait encore blanchir les versants après des précipitations (les dépôts d'avalanches de fonte, sales, n'étaient plus observables à l'arrivée sur le terrain, le 2 mai 1998), alors que l'année suivante, il a fallu attendre un mois de plus pour voir la neige disparaître, celle-ci étant totalement fondue pour les 9-12 juin 1999. Ainsi, la mission 1999 (fin mars - fin octobre 2000) a permis d'observer la mise en place de 22 avalanches et coulées sales (fig. 37) entre le 5 et le 16 mai 1999 sur le versant Kirkjubólshlíð, exposé à l'ouest et dont les pentes varient entre 10° et 50°, faisant face à la ville d'Ísafjörður. Ces avalanches de printemps étaient aisément repérables grâce à leur couleur brunâtre - rougeâtre formant une traînée plus ou moins large sur les deux-tiers supérieurs du versant. Comme sur les parois des cirques de la Baie du Roi, au Spitsberg (M.-F. André, 1991), l'avalanche est déclenchée par l'effondrement d'une corniche neigeuse sommitale, et recouvre le tapis neigeux encore présent sur le versant, alors que la paroi rocheuse sommitale est partiellement déneigée, comme le montre la photo 18. M.-F. André (1993, p. 261) décrivait très bien le phénomène : « les avalanches de printemps sont nées du démantèlement progressif des corniches de neige gorgées d'eau qui s'éboulent et nettoient sur leur passage les couloirs jonchés de gélifracts ». Plusieurs coulées de neige peuvent se superposer, donnant un aspect spatulé (photos 19 et 20), dont le front peut-être digité (fig. 37). Le dépôt avalancheux se caractérise par la présence de boules de neige bien individualisées, dont le diamètre varie entre 10 centimètres et plus de 1 mètre. Ces boules de neige incorporent de la matière grossière et fine dans leur partie basse, et des débris rocheux, très rares, peuvent apparaître entre les boules de neige (photo 11). Toutefois, le dépôt apparaît dans l'ensemble peu chargé, et ces avalanches, les plus « chargées » que nous ayons pu étudier pendant nos différentes missions sur le terrain, ne peuvent qu'être classées dans la catégorie « avalanche très peu chargée » qu'utilise M.-F. André au Spitsberg (*ibid.*). En effet, deux prélèvements effectués sur deux coulées différentes selon la méthode de mesure des apports annuels venant du versant décrite par l'auteur (M.-F. André, 1991) donnent des poids de 0,185 kg/m^2 et 0,475 kg/m^2, soit des taux d'accumulation de 0,071 mm/an et 0,182 mm/an. Ces résultats montrent la faiblesse érosive des avalanches sales de printemps en Islande du nord-ouest et, outre le très faible nombre d'avalanches étudiées et de prélèvements effectués, donc la mauvaise représentativité de tels résultats, il apparaît inférieur à ce que pouvait laisser attendre la couleur sombre des coulées ; ceci est sans doute lié à la présence d'un grand nombre de particules colorées, rougeâtres, très fines, provenant des lits interbasaltiques constitués de téphras. La couleur des dépôts avalancheux suggère que certaines parties étaient plus chargées que d'autres, en particulier vers l'amont de la coulée, mais le risque d'avalanche fort qui régnait pendant ces 11 journées n'a pas permis d'analyse (même si les coulées étaient considérées comme « mineures », car elles n'atteignaient pas la base du versant, la taille des boules de neige concernées obligeait à prendre des précautions et à ne pas s'exposer à des risques inconsidérés).

Malgré le peu de fiabilité des chiffres avancés ici, des recherches plus approfondies pourront être entreprises ultérieurement sur le problème de la quantification des apports annuels des versants lors d'avalanches de printemps. Ce processus avalancheux est très actif du point de vue géomorphologique, et une étude comparative de l'évolution des versants islandais avec ceux d'autres régions du globe (Spitsberg, Rocheuses canadiennes, Alpes françaises par exemple) pourrait être menée, sachant qu'en Islande les périodes de fonte ne sont pas limitées au printemps, mais fréquentes pendant la saison hivernale également.

Photo 15 - Sur cette vue de la rive nord du fond du fjord Dýrafjörður, les couloirs avalancheux sont mis en évidence par la couverture végétale du versant exceptionnellement riche en bouleaux nains. D'autres processus, tels les debris flows, entretiennent les mouvements de matériel lorsque le versant est déneigé (Cliché du 25 juillet 1999).

Photo 16 - Blocs épars à Súðavík, au bas du versant avalancheux. Ces blocs anguleux dispersés sans tri au pied du versant sont typiques des dépôts avalancheux. Leur couleur claire atteste leur fraîcheur par rapport au matériel plus anciennement mis en place du versant.

Photo 17 - Bloc perché sur un autre bloc de plus grande dimension, sur le versant dominant Patreksfjörður ; ce type de dépôt caractérise les dépôts avalancheux lorsqu'ils sont situés dans l'axe du couloir avalancheux. La règle-repère mesure 21 cm (Cliché du 24 juillet 1999).

Photo 18 - Avalanches de printemps sur le versant Kirkjubólshlíð. Coulantes, elles prennent en charge le matériel se trouvant dans les couloirs qui entaillent la corniche rocheuse en passant les ressauts libres de neige.

Photo 19 - Avalanches de printemps sur le versant Kirkjubólshlíð. En comparant cette vue à la photo 18, nous observons la présence de nouvelles coulées de neige sale, soit dans des couloirs différents, soit superposées aux dépôts des coulées précédentes (Cliché du 7 mai 1999).

Photo 20 - La superposition des coulées de neige sales s'observe très bien en comparant les photos 18 et 19 à cette vue du 8 mai 1999. La discontinuité des corniches neigeuses à l'origine de ces avalanches de printemps se devine à l'amont du versant Kirkjubílshlíð.

1.2. - Profil concave des versants et granoclassement inverse ?

La méthode des transects topo-sédimentologiques permet de connaître à la fois la morphologie des dépôts de pente (profils topographiques) et les processus actuels dans la dynamique des versants (mesures sédimentologiques). Cette méthode a été utilisée par différents chercheurs (A. Rapp, 1960 ; J. Malaurie, 1968 ; J.S. Gardner, 1970 ; B.H. Luckman, 1978a et 1992), et une standardisation de la méthode (B. Francou, 1988 ; V. Jomelli, 1997 ; D. Mercier, 1998 ; D. Sellier, thèse d'Etat en cours) permet des comparaisons entre plusieurs versants. Le profil topographique est levé de l'aval vers l'amont, le long de l'axe majeur, avec un pas de mesure régulier, le plus souvent de 10 mètres (des décrochements ponctuels sont effectués selon les exigences de la topographie), et un clinomètre permettant une précision dont la marge d'erreur est inférieure au demi-degré. Nous avons utilisé un clinomètre Recta de fabrication Suisse. Pour les mesures sédimentologiques, la longueur, la largeur et l'épaisseur de chaque échantillon sont retenues ; l'orientation du grand axe des cailloux a également été prise en compte, indiquant s'ils sont parallèles, obliques ou perpendiculaires à l'axe de la pente du dépôt. Ces mesures ont été effectuées toutes les deux stations le long de la pente, à l'aide d'une grille d'un mètre carré de surface, où la méthode veut que l'on prenne les mesures d'une trentaine d'échantillons (B. Francou, 1988). Nous avons rencontré ici quelques difficultés, tant les débris étaient rares à plusieurs stations de nos pentes végétalisées : nous avons alors couplé plusieurs méthodes, en mesurant les cailloux présents dans la grille et ceux qui étaient recoupés par la corde de 10 m correspondant au pas de mesure (B. Hétu, 1990).

Pour nos huit transects, nous utilisons un découpage arbitraire en cinq classes, après B. Francou (1988), effectué sur la dimension du grand axe :
- classe 1 :   axe > 50 cm   : gros blocs
- classe 2 :   25 < axe < 50 cm   : blocs moyens
- classe 3 :   10< axe <25 cm   : petits blocs
- classe 4 :   5 < axe < 10 cm   : cailloux
- classe 5 :   axe < 5 cm   : graviers, sables et fines

Ces mesures sédimentologiques le long du profil topographique permettent de connaître le granoclassement, c'est-à-dire l'évolution de la taille des fragments le long du versant, et ainsi de mieux identifier l'origine de la dynamique des apports. Nous avons alors dessiné des transects (fig. 38), représentés à l'échelle et portant la valeur de l'angle de chaque station, ainsi que ses caractéristiques granulométriques, de parallélisme et de couverture végétale.

Le taux de recouvrement végétal est estimé directement sur le terrain, à chaque station, en attribuant à l'espace observé une classe parmi les six classes présentées dans la figure 38. Le taux de recouvrement végétal est apprécié à la fois entre les blocs, où il concerne surtout des espèces de mousses, de phanérogames et de lichens fruticuleux, et sur les blocs, où le taux de recouvrement des lichens crustacés et foliacés est estimé, selon un processus qui a été décrit par M.-F. André (1990c et 1991, p. 129-130). Ces informations nous renseignent sur l'ancienneté des dépôts. Lorsqu'une végétation arbustive couvre les versants, celle-ci offre également de précieux renseignements sur l'efficacité géomorphologique des processus de versant, les arbustes ou arbres nains étant généralement inclinés et mutilés.

1.2.1. - Un profil concave des versants peu marqué

Le profil en long concave des pentes est typique des versants soumis à l'activité avalancheuse (V. Jomelli, 1999b). Cette caractéristique devrait donc apparaître en relevant le profil de la pente d'éboulis de nos versants islandais. Or l'on n'observe qu'une faible concavité en dessinant les huit profils que nous avons levés selon la méthode développée par B. Francou (1988) qui permet de comparer des profils de longueur différente (fig. 39). Les versants analysés ne laissent pas apparaître de profils simples illustrant un mode de pente (convexe, concave, ou rectiligne), mais au contraire des profils complexes, où la concavité domine mais sans exclure la convexité et avec des portions de versant rectilignes, très longues dans le cas du profil G1 (zone distale - proximale) et G6 (zone apicale), le profil du versant étant parallèle à l'axe des ordonnées, et plus brèves dans le cas des autres profils (G2, G3, G4, G5, G7, G8). En fait, les portions de versants sont fortement contrastées, même si l'on exclut les ruptures de pentes liées aux aménagements humains des pentes et marqués sur les profils par un astérisque (*), et elles offrent un profil multimodal.

Le calcul de l'indice « C »[7] (tableau 5) conforte cette première impression de complexité, où la concavité n'est pas exclusive, seulement dominante. De tels profils, plus concaves que convexes, mais faiblement concaves dans la partie distale (sauf G1, G5 et G8), sont néanmoins des indicateurs de la dynamique des apports : la redistribution du matériel est légèrement plus importante que les apports, et le rôle des avalanches semble effectif dans ce domaine.

Mais, comme le profil du versant demeure tendu par endroits, l'apport des éboulis de gravité semble non négligeable. Les versants ne sont pourtant pas figés, comme pourraient le suggérer les forts taux de recouvrement végétal sur et entre blocs de la partie distale des profils (fig. 40 à 45). En effet, leur partie proximale porte des débris frais où la végétation a du mal à se développer, du fait d'un apport constant de matériel et du passage fréquent des avalanches, indiqué par une pente convexe fréquente dans le secteur apical (G2, G3, G5, G7). Les valeurs de pente à l'apex étant généralement inférieures à 30° (sauf G8), un remaniement sous la seule action de la gravité n'est pas possible, et les débris présents à l'aval ne peuvent qu'être transportés par des avalanches (seuls les blocs éboulés de grande dimension peuvent atteindre la partie distale des cônes de débris). Il semble que les petites avalanches, qui n'atteignent que la partie proximale des versants, sont plus fréquentes que celles qui en atteignent la partie distale. Ainsi, malgré une activité avalancheuse attestée, mais rarement de fond - ce qui explique la rare mobilisation des débris rocheux - nous n'observons pas de dépôts d'avalanches comparables en importance à ceux que V. Jomelli a pu étudier dans les Alpes françaises (1997 et 1999). Ces derniers, par un indice de concavité très élevé (C > 2,7) et un taux de recouvrement nul entre blocs, traduisent la fréquence des apports. Or, en Islande, nous observons plutôt des formes proches des versants aux profils complexes que D. Mercier a pu étudier au Spitsberg (1998).

---

[7] Le calcul de l'indice C permet de quantifier la valeur de la concavité distale en rapportant « la somme des différences des valeurs de pente du dernier tiers du profil et le nombre total des segments de 10 m composant le profil, soit, pour un profil de trente segments :
$C = [\Sigma (\alpha 10 - \alpha 09) ... + ... (\alpha 02 - \alpha 01)] / 10$, avec $\alpha 20$ = angle de pente à la vingtième mesure et N = nombre total de segments » (V. Jomelli, 1997). Plus l'indice C s'éloigne de 0, plus la concavité est marquée.

Fig. 37- Carte des avalanches chargées de printemps. Ísafjörður, mai 1999

N° de l'avalanche	Date de l'avalanche	N° de l'avalanche	Date de l'avalanche
1	11.05.1999	11	07.05.1999
2	09.05.1999	12	16.05.1999
3	14.05.1999	13	08.05.1999
4	09.05.1999	14	07.05.1999
5	05.05.1999	15	08.05.1999
6	14.05.1999	16	06.05.1999
7	05.05.1999	17	11.05.1999
8	08.05.1999	18	06.05.1999
9	06.05.1999	19	09.05.1999
10	16.05.1999	20	06.05.1999

72

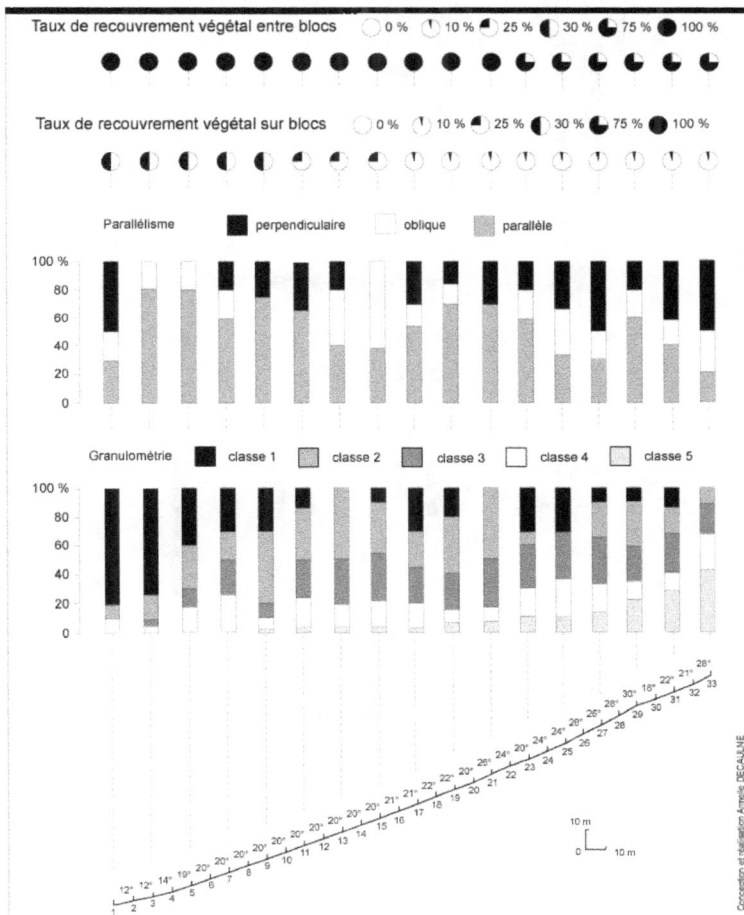

Fig. 38 - Transect topo-sédimentologique G1, Ísafjörður

Profils	Indice de concavité C
G1	0,7
G2	0,6
G3	0,3
G4	0,6
G5	0,7
G6	0,5
G7	0,6
G8	2,2

Tableau 5 - L'indice de concavité des profils en long G1, G2, G3, G4, G5, G6, G7 et G8

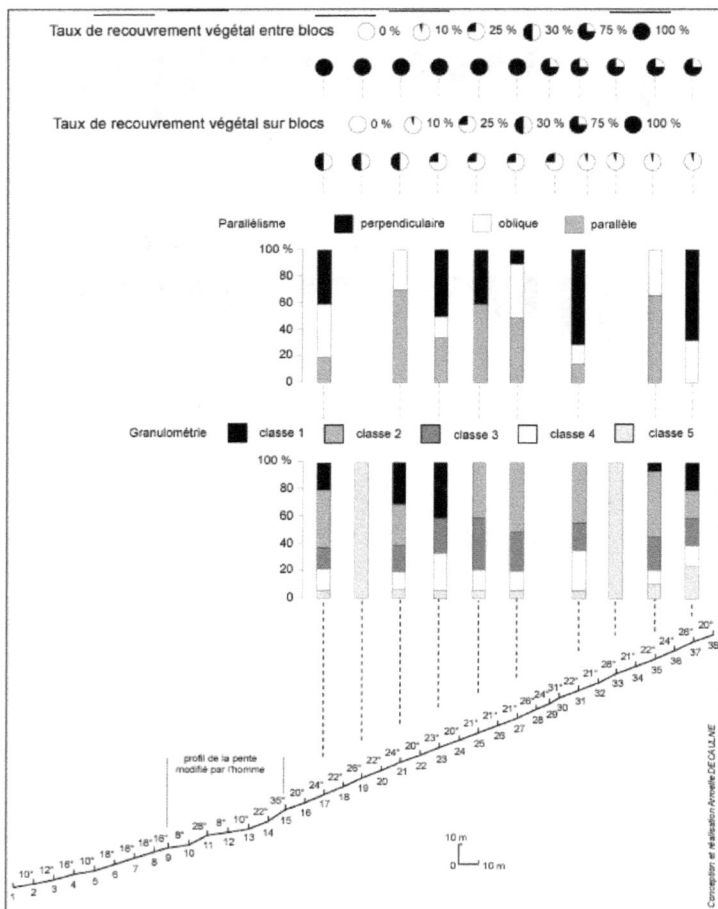

Fig. 40 - Transect topo-sédimentologique G2, Ísafjörður

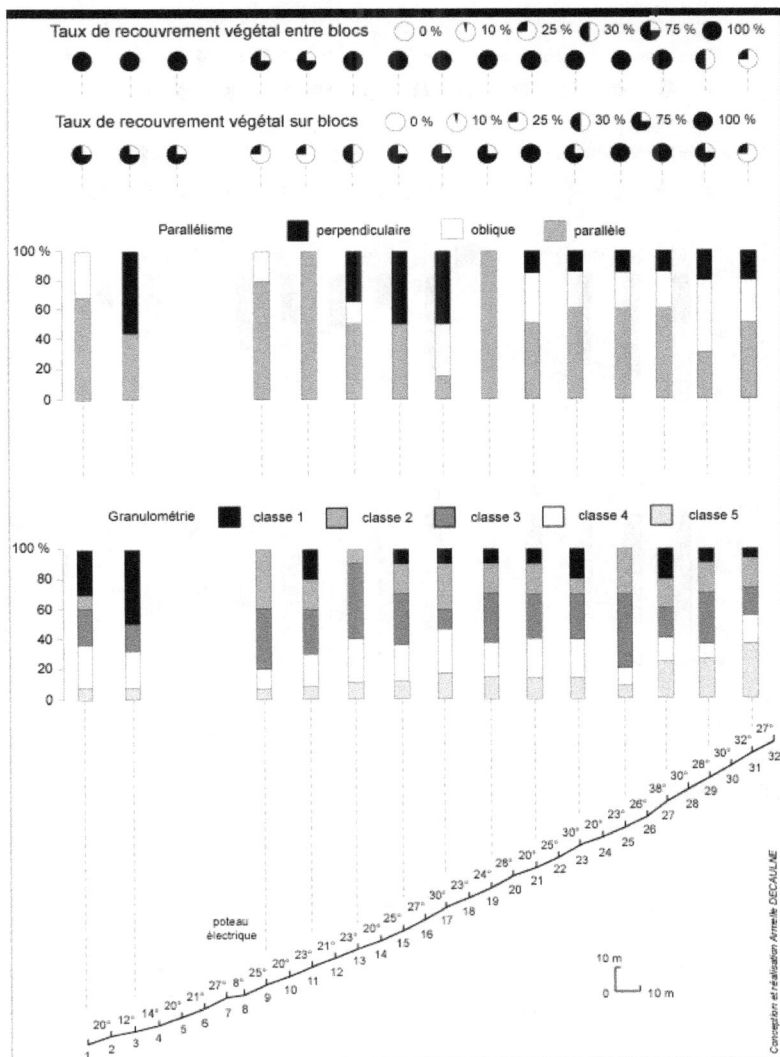

Fig. 41 - Transect topo-sédimentologique G3, Ísafjörður

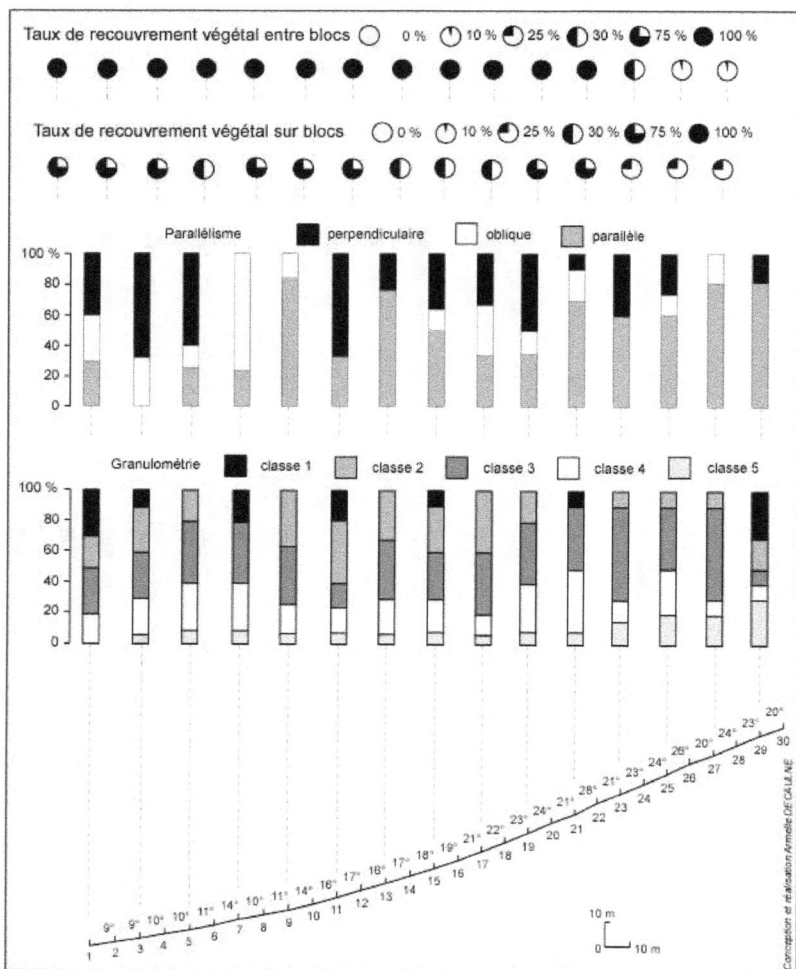

Fig. 42 - Transect topo-sédimentologique G5, Hnífsdalur

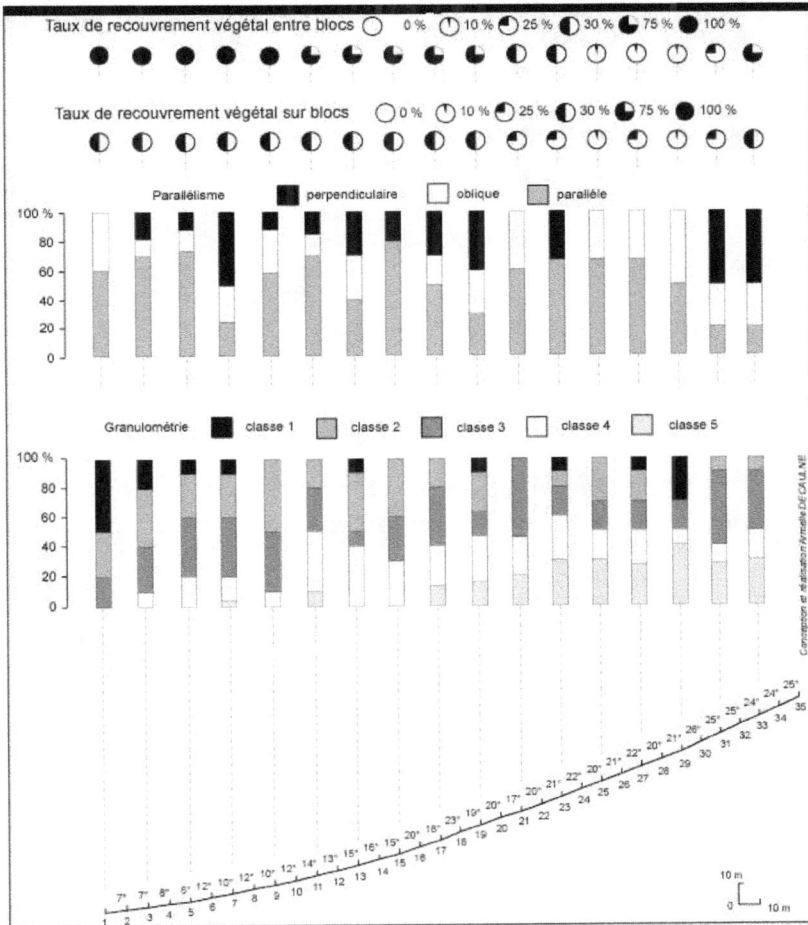

Fig. 43 - Transect topo-sédimentologique G6, Hnífsdalur

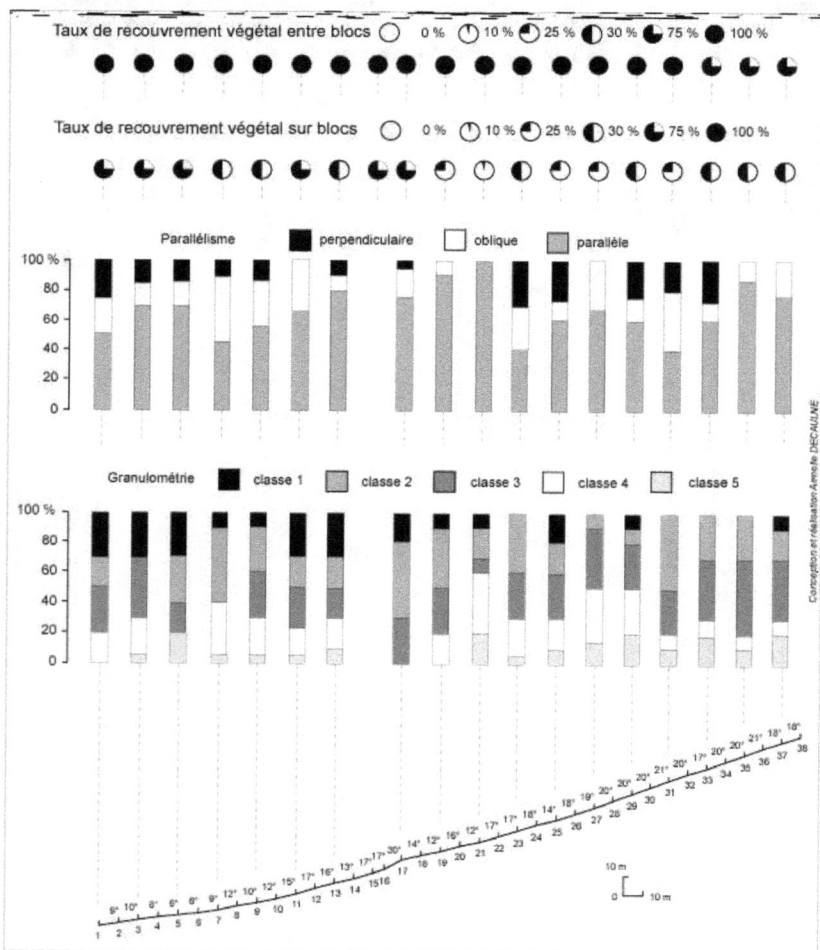

Fig. 44 - Transect topo-sédimentologique G7, Hnífsdalur

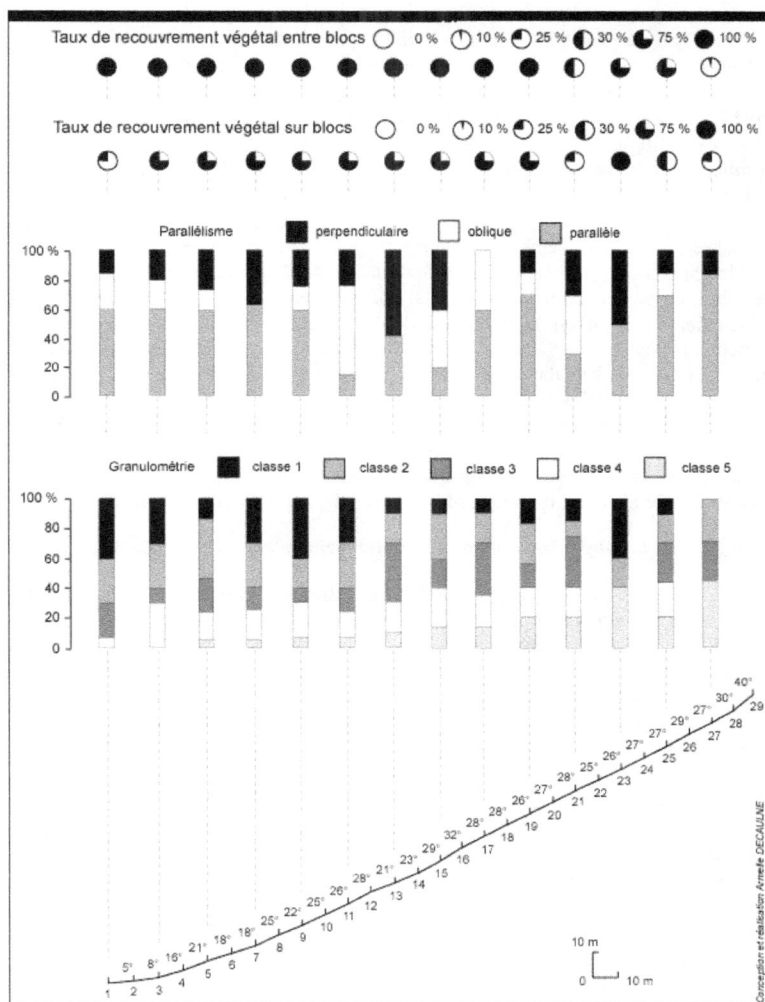

Fig. 45 - Transect topo-sédimentologique G8, Bolungarvik-Ernir

1.2.2. - Le granoclassement

Comme le suggéraient les profils des versants en fonction de la distance fractionnée à l'apex, nous observons sur les transects topo-sédimentologiques des secteurs d'accumulation variés, ne correspondant pas à un schéma classique où la zone d'accumulation serait réservée à une zone distale, la zone proximale à un secteur de transit du matériel. En fait, nous avons ici la preuve de l'activité des avalanches, qui peuvent prendre en charge les débris, en particulier ceux de grande dimension (> 50 cm de grand axe), car cette classe est représentée dans différents endroits du profil, excluant le rôle exclusif de la gravité simple dans la mise en place du matériel. En effet, dans le cas de la gravité simple, des blocs de dimension semblable auraient une zone d'arrêt déterminée sur le versant, alors que nous observons une ubiquité marquée des gros blocs sur le transect. Elle est liée à une reprise du matériel tombé par gravité pure, vraisemblablement limitée au secteur proximal, par d'autres processus, tels que les avalanches, qui, contrairement à la gravité pure, ont une magnitude et une portée variables spatialement. L'indice de parallélisme tend à conforter l'hypothèse d'une redistribution du matériel à la surface du versant, car, si les éléments disposés parallèlement à l'axe de la pente du dépôt représentent 50 % de l'ensemble des fragments mesurés, 31 % sont perpendiculaires à cette pente et 19 % obliques. Toutefois, le rôle de l'avalanche dans la remobilisation des débris les plus grossiers, s'il est probable, est difficile à prouver car des blocs résultant de chutes par gravité peuvent parcourir de longues distances lorsque le versant est couvert d'une neige durcie par plusieurs cycles de gel et de dégel. Les blocs de plus petite dimension (classes 4 et 5) sont inégalement répartis sur le profil, et sont visibles plutôt vers l'amont, où la couverture végétale entre les blocs, plus clairsemée, les rend plus visibles.

1.2.3. - La végétation : indicateur morphodynamique et chronologique

Le taux de recouvrement végétal entre blocs et sur blocs calculé à chaque station, et figuré sur les profils topo-sédimentologiques, permet de mieux connaître l'activité morphologique actuelle et passée affectant les versants étudiés, la végétation étant un indicateur à la fois morphodynamique et chronologique. En Islande du nord-ouest, cette végétation est représentée par une grande variété de plantes, communes aux domaines alpins et arctiques, mais également aux domaines plus tempérés, avec notamment quelques espèces hygrophiles à la base des versants, généralement humides (*Eriophorum scheuchzeri, Equisetum sp.*), des buissons nains dans les petites dépressions des versants (*Vaccinium sp.*). Les versants sont couverts de végétaux nombreux, les pionnières étant *Alchemilla sp., Saxifraga oppositifolia* et *caespitosa*, puis viennent *Ranunculus sp., Dryas octopetala, Pinguicula vulgaris, Cerastium alpinum, Cardamine nymanii, Myosotis sp., Silene acaulis, Salix callicarpaea, Geranium sylvaticum, Oxyria digyna, Armeria maritima, Erigeron borealis, Veronica officinalis, Pilosella islandica, Galium verum, Gentianella campestris, Thymus praecox ssp. arcticus, Bistorta vivipara, Lychnis alpina, Galinium verum, Eriophorum angustifolium, Bartsia alpina, Huperzia selago* dans les secteurs les mieux couverts. Le plus souvent, le taux de recouvrement végétal entre les blocs décroît progressivement de l'aval à l'amont. Cependant, des « accidents » apparaissent, et les secteurs les plus fragiles, soumis à une activité morphologique récurrente, sont visibles sur le transect grâce à une soudaine chute du taux de recouvrement végétal entre les blocs (G3, G4, G6).

Le taux de recouvrement sur blocs est calculé à partir des lichens et mousses, présents à leur surface. C'est sur les blocs qu'apparaissent les plus grandes irrégularités dans la couverture végétale. On observe par exemple des secteurs où le matériel est fréquemment renouvelé ou sans cesse déplacé, ne se stabilisant pas suffisamment pour que la végétation se développe (G3, G4, G5, G6, G7, G8). Il est important de noter que le calcul du taux de recouvrement sur les blocs correspondait à la moyenne de la couverture végétale des blocs mesurés à chaque station, où régnait le plus souvent une très grande disparité entre les cailloux : ainsi, lorsque la couverture végétale sur blocs est de 50 %, cela signifie souvent que des blocs totalement recouverts côtoient des blocs frais, d'où la difficulté d'interprétation de ces valeurs moyennes.

1.3. - Un contre-exemple : l'efficacité géomorphologique de l'avalanche de Botn í Dýrafjörður, octobre 1995

On l'a vu dans le paragraphe précédent, l'impact géomorphologique des avalanches sur le court terme est limité en Islande du nord-ouest, les profils des versants ne traduisant pas un apport substantiel de matériaux avalancheux. Toutefois, les avalanches peuvent occasionnellement éroder leur zone de transit, transportant et déposant de grandes quantités de matériel lorsqu'elles se produisent à la fin de l'automne ou au tout début de la saison hivernale, alors qu'une couverture neigeuse peu épaisse permet au matériel transporté d'entrer en contact avec le sol qui n'est pas encore gelé. Ce fut le cas à la fin du mois d'octobre 1995, quand qu'une tempête de neige s'est abattue sur les parties nord-ouest et nord de l'Islande, déclenchant une série d'avalanches sur les versants des fjords (Þ. Sæmundsson et G.B. Kristjánsdóttir, 1998).

Le site de Botn í Dýrafjörður (localisation : fig. 13) correspond à une ancienne vallée glaciaire, orientée est-ouest, partagée par une gorge de 12 mètres de profondeur et 45 m de large, où coule la rivière Botnsá, bordée de part et d'autre de hautes parois rocheuses atteignant 700 m d'altitude. Le versant exposé au sud est entaillé par un étroit chenal d'écoulement d'un petit ruisseau, fonctionnant lors des précipitations pluvieuses et de la fonte des neiges, et est couvert d'une végétation rase, de quelques secteurs boisés de bouleaux nains jusqu'à 150 m d'altitude, et d'une zone marécageuse à l'aval. Le versant opposé, en rive gauche et exposé au nord, est plus raide, interrompu de nombreux ressauts de corniche, tandis que la couverture végétale est identique, avec une limite de présence du bouleau nain à 100 m d'altitude. Au début du mois de novembre 1995, l'observateur régional des avalanches de l'Institut Météorologique islandais, Oddur Pétursson, visite le site et observe un dépôt avalancheux épais de 4 m dans la gorge et de 0,6 à 2 m sur les versants de part et d'autre de cette gorge, l'avalanche s'étant déclenchée sur le versant exposé au sud à 600 m d'altitude (photo 21). L'âge du dépôt de l'avalanche est estimé à 16-17 jours, et l'avalanche est mesurée : 1450 m de long, 350 m de large, et environ 65 000 m^3 de neige mobilisée. La surface du dépôt laisse percevoir de grandes quantités de blocs rocheux hétérométriques, épars, et s'étend jusqu'aux premières pentes du versant opposé. A la fin du printemps, alors que le tapis neigeux a disparu, le site fait l'objet de nouvelles investigations et révèle alors de nombreuses marques d'érosion, de transport et de dépôt d'un matériel largement hétérométrique, qui sont cartographiées (fig. 46). Il s'agit principalement de marques d'impact créées par des « blocs laboureurs », et de blocs de gros calibre déplacés (grand axe > 50 cm). Les marques d'impact en particulier indiquent très nettement un mouvement du nord vers le sud (fig. 46B) ; certaines sont longues de 2 m et profondes de quelques dizaines de centimètres (photo 22), mais, dans la plupart des cas, les blocs responsables de cette érosion locale ne se trouvent pas à proximité, ce qui suggère la puissance de l'avalanche capable de reprendre en charge des blocs ayant touché le sol. Des éléments rocheux à l'émoussé quasi parfait, provenant du lit du cours d'eau ont également été observés à 20 m de distance et 10 m au-dessus de celui-ci (photo 23). La couverture végétale porte elle aussi les marques du passage de l'avalanche : les bouleaux nains présentent tous un port incliné vers le sud ; ceux se trouvant sur la rive gauche du cours d'eau ont été largement mutilés par l'avalanche chargée de projectiles (photo 24). L'analyse des marques de l'avalanche d'octobre 1995, exceptionnelle par son volume autant que par son impact morphologique (cinq ans après l'avalanche, les marques d'impact sont toujours visibles et la végétation souffre toujours) permet de reconstituer un phénomène (fig. 47) qui n'a pas été directement observé.

Photo 21 - Le versant avalancheux de Botn í Dýrafjörður, exposé au sud, est entaillé par une dépression à l'amont puis par un étroit chenal d'écoulement où s'accumule la neige (Cliché du 6 juin 1999).

Photo 22 - Cette dépression de 2 mètres de large, 5 mètres de long et 50 centimètres de profondeur a été créée par l'impact d'un bloc transporté par l'avalanche d'octobre 1995. Elle est située sur la rive gauche. La règle-repère mesure 2 mètres de long (Cliché du 6 juin 1999).

Photo 23 - Bloc à l'émoussé parfait situé sur la rive gauche, provenant du fond de la rivière, à 10 m de distance et 12 m plus haut que le cours d'eau situé dans la gorge, déplacé lors de l'avalanche d'octobre 1995. La règle-repère mesure 60 cm (Cliché du 6 juin 1999).

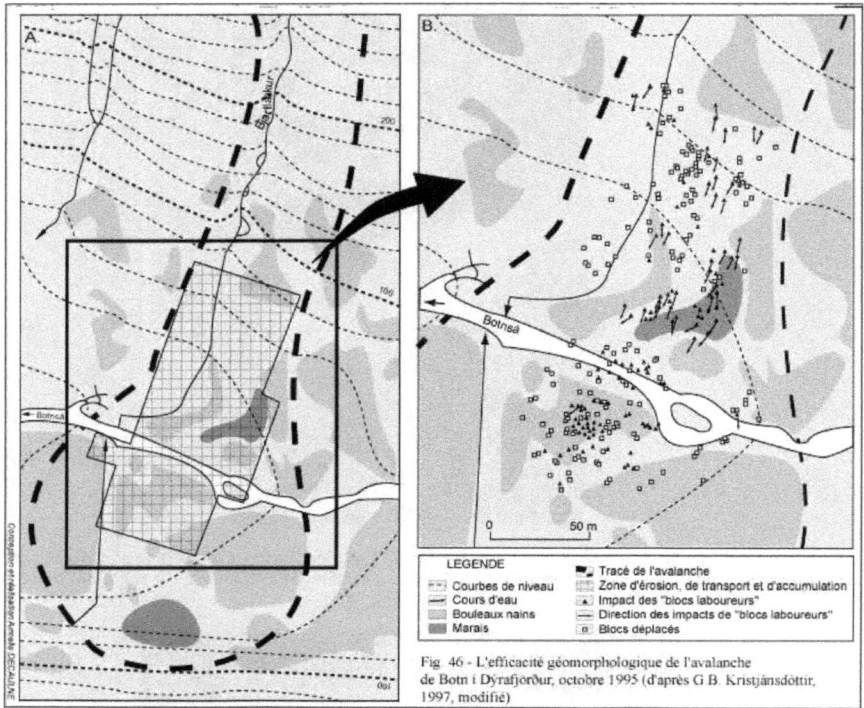

Fig. 46 - L'efficacité géomorphologique de l'avalanche de Botn í Dýrafjörður, octobre 1995 (d'après
G.B. Kristjánsdóttir, 1997, modifié).

Photo 24 - Ces bouleaux nains,
qui atteignent une hauteur d'un
mètre, ont été inclinés et
amputés par le passage de
l'avalanche en octobre 1995. Le
bloc de couleur rouge et les
blocs gris près de lui, situés à
droite, ont été transportés par
l'avalanche d'octobre 1995
(Cliché du 25 juillet 1999).

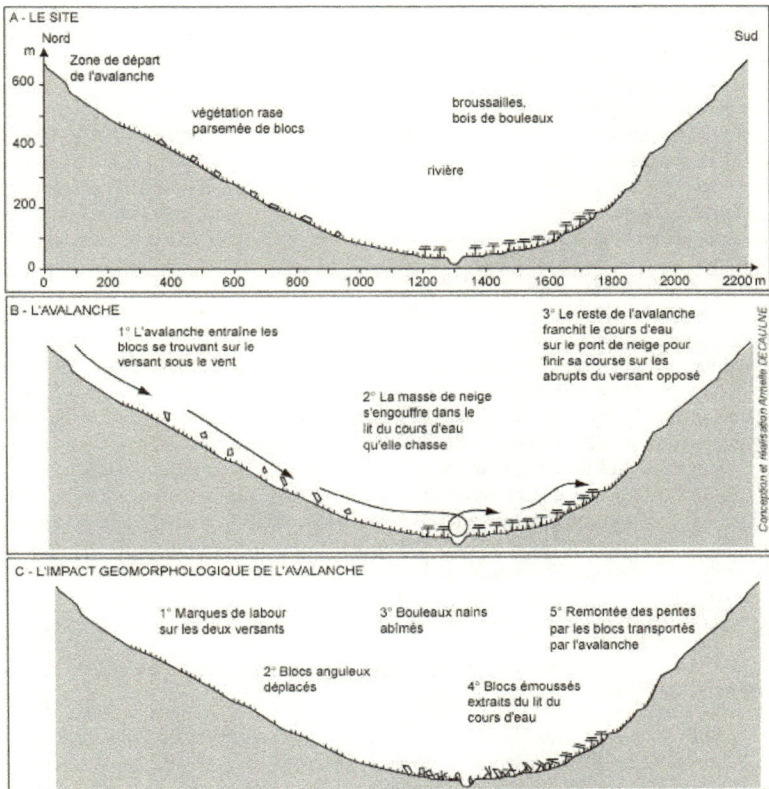

A - LE SITE

Nord

m

Sud

600

Zone de départ
de l'avalanche

400

végétation rase
parsemée de blocs

broussailles,
bois de bouleaux

200

rivière

0

0   200   400   600   800   1000   1200   1400   1600   1800   2000   2200 m

B - L'AVALANCHE

1° L'avalanche entraîne les
blocs se trouvant sur le
versant sous le vent

3° Le reste de l'avalanche
franchit le cours d'eau
sur le pont de neige pour
finir sa course sur les
abrupts du versant opposé

2° La masse de neige
s'engouffre dans le
lit du cours d'eau
qu'elle chasse

Conception et réalisation Armelle DECAULNE

C - L'IMPACT GEOMORPHOLOGIQUE DE L'AVALANCHE

1° Marques de labour
sur les deux versants

3° Bouleaux nains
abîmés

5° Remontée des pentes
par les blocs transportés
par l'avalanche

2° Blocs anguleux
déplacés

4° Blocs émoussés
extraits du lit du
cours d'eau

Fig. 47 - Reconstitution de l'épisode avalancheux de Botn í Dýrafjörður (octobre 1995)
et description de son impact géomorphologique

2. - Essai d'évaluation de l'efficacité géomorphologique sur le long terme

2.1. - L'édification des cônes de débris

2.1.1. - La répétition des avalanches de *slush*

La répétition des avalanches de *slush*, à la fois sur le court terme et sur le long terme, est responsable de l'édification de cônes de débris, comme ceux que l'on observe sur le site de Bíldudalur. Les avalanches de *slush*, très denses, s'écoulent au contact du sol et prennent en charge une grande quantité des débris se trouvant dans le couloir à

85

l'amont. Ces débris sont ensuite redistribués sur le cône, où plusieurs couches de débris peuvent se superposer. A Bíldudalur, cette édification apparaît en particulier sur le cône de débris qui se développe à l'aval de la ravine Gilsbakkagil, où les différents taux de recouvrement végétal indiquent des dépôts d'âge différents (fig. 48) en particulier dans la partie centrale du cône, juste à l'aval du couloir avalancheux. Le taux de recouvrement végétal sur blocs et entre blocs est ainsi très irrégulier de l'amont vers l'aval, où les apports récents de matériel par les coulées de *slush* de 1997 et 1998 sont identifiés par des taux de recouvrement sur blocs variant de 0 à 10 %. Les blocs charriés dans ces coulées de *slush* sont de petite dimension, la classe 1 étant faiblement représentée. Les classes 2 et 3 dominent (cailloux dont le grand axe varie entre 10 et 50 cm), ce qui est tout à fait conforme à la fracturation des parois rocheuses basaltiques dominant le cône, très dense à cet endroit puisque l'on compte en moyenne une diaclase tous les 45 cm en moyenne.

La figure 49 représente les différentes parties de ce cône, correspondant à des dynamiques d'âges différents, où l'on comprend très bien l'édification progressive du cône par la répétition des épisodes avalancheux et des épisodes de *slush*, dont la trajectoire semble variable et ne suit pas toujours le chenal central. Les *debris flows* sont également actifs sur le cône, et leur contribution à la construction du cône de débris semble incontestable, notamment de part et d'autre du chenal bordé de levées parallèles que les dynamiques avalancheuses ne parviennent pas à détruire complètement.

On notera que ces apports de matériel se font par à-coups, à la faveur d'un événement géomorphologique extrême de fréquence très irrégulière : la photographie aérienne de 1988 ne laisse voir de Gilsbakkagil à Bíldudalur qu'un cône à la surface entièrement végétalisée parsemée de blocs, alors que les photos prises au sol en 1998 montrent des matériaux abondants au débouché du couloir et de part et d'autre du ruisseau, qui apparaissent également sur le profil en long effectué sur le cône (fig. 48).

2.1.2. - Les enseignements des profils en profondeur dans les cônes de débris : l'exemple du site de Flateyri

Les successions de dépôts avalancheux responsables de l'édification des cônes de débris et telles qu'on les devine en surface sur le cône Gilsbakkagil à Bíldudalur (liées à la répétition des avalanches de *slush*), ont été reconstituées sur le site de Flateyri grâce à la mise à nu d'une colonne sédimentaire de plus de cinq mètres d'épaisseur. Le versant dominant le site de Flateyri présente une morphologie similaire à celle de Bíldudalur : un large couloir, Skollahvilft, entaille la paroi rocheuse et débouche sur un cône, coalescent avec son voisin, juste à l'ouest, au débouché de la ravine Innra-Bæjargil, de plus petite dimension. A la faveur des travaux de construction d'un mur déflecteur paravalanches, les deux cônes de débris ont été largement éventrés en 1997 (photo 25), livrant ainsi un profil des débris composant le cône en profondeur.

L'étude de cette succession sédimentaire, fondamentale dans l'analyse des processus responsables de la construction du cône, a été réalisée par LH. Blikra et Þ. Sæmundsson (1998), selon une méthode déjà utilisée dans les accumulations de bas de versant en Norvège par l'un des auteurs (L.H. Blikra, 1994 ; L.H. Blikra et W. Nemec, 1997). La figure 50 représente la succession sédimentologique de Flateyri. La technique de reconnaissance des faciès repose sur l'observation du profil, dans la mesure où chaque dynamique (*debris flow*, avalanche) commande les caractéristiques de la mise en place du dépôt, permettant l'interprétation de la succession sédimentologique :

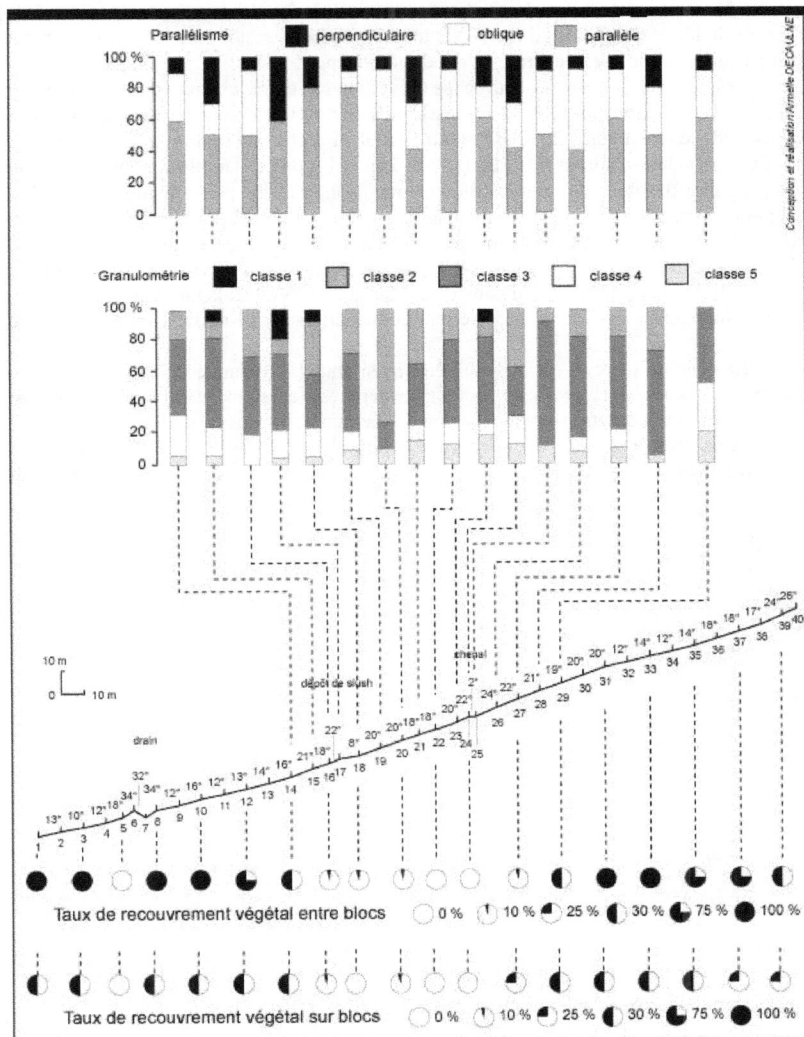

Fig. 48 - Transect topo-sédimentologique G4, Bildudalur

87

- les dépôts de *debris flows* contiennent un matériel très hétérométrique, riche en fines, constituant un dépôt à texture plutôt fermée. Le sol se développe sur le dépôt et le fossilise, le rendant facilement identifiable lors de la mise à jour de la coupe.
- les dépôts avalancheux peuvent contenir du matériel très grossier, souvent épars à la surface du cône, entre lesquels se développe un sol. Le dépôt s'identifie alors à la présence de blocs de grandes dimensions incorporés dans un sol dont le développement n'est pas interrompu par une strate de dépôt homogène.

Les lits de sol ou de tourbe se développant entre chaque unité permettent d'obtenir des datations au C^{14} : la succession de Flateyri prouve ainsi l'importance des dépôts avalancheux depuis 3230 B.P. (sub Boréal). En effet, la section montre une forte activité avalancheuse autour de 2200 B.P. et depuis 1700 B.P. De plus, la présence d'un grand nombre de blocs de grandes dimensions épars dans la partie haute de la coupe indique une grande récurrence des avalanches durant le dernier millénaire. Si d'autres processus que les avalanches ont été reconnus dans cette coupe (*debris flows*, ruissellement diffus), les avalanches (dont les avalanches de *slush*) sont responsables à elles seules d'une aggradation du cône d'environ 3 mètres en trois millénaires, prouvant de façon incontestable l'importance de leur contribution dans l'édification des cônes de débris.

Le cône de Flateyri est le seul à être ainsi étudié en Islande du nord-ouest. A la lumière de ces résultats prometteurs, nos recherches devraient se poursuivre dans ce domaine, en collaboration avec Þorsteinn Sæmundsson (géologue à Náttúrustofa Norðurlands Vestra, Centre de Recherches Naturelles d'Islande du Nord-ouest) à la faveur d'autres travaux d'aménagements prévus mais non arrêtés en Islande du nord-ouest.

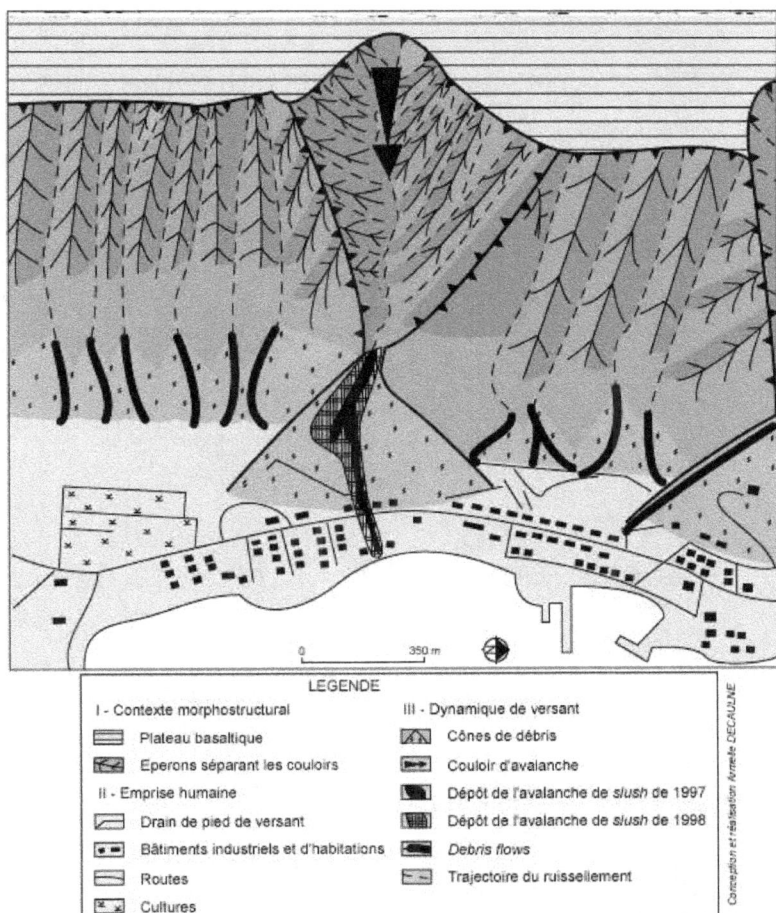

LEGENDE

I - Contexte morphostructural

▤ Plateau basaltique

▧ Eperons séparant les couloirs

II - Emprise humaine

▱ Drain de pied de versant

▪▪ Bâtiments industriels et d'habitations

▭ Routes

✕ Cultures

III - Dynamique de versant

◿ Cônes de débris

▬ Couloir d'avalanche

▨ Dépôt de l'avalanche de *slush* de 1997

▨ Dépôt de l'avalanche de *slush* de 1998

▨ *Debris flows*

⬌ Trajectoire du ruissellement

0   350 m

Fig. 49 - Carte géomorphologique de Bildudalur
(fond d'après la photo aérienne K8143, du 11.08.88 et les photographies au sol)

89

Fig. 50 - La colonne sédimentaire du cône Skollahvilft, à Flateyri ; l'étirement des strates indique une plus grande concentration de matériel fin (d'après L.H. Blikra et Þ. Sæmundsson, 1998, complété avec les notes de terrain de Þ. Sæmundsson, avril 1998, modifié).

Photo 25 - Les cônes de Flateyri éventrés au moment des travaux d'aménagement du versant. La colonne sédimentaire a été réalisée à l'endroit marqué d'une croix (Cliché du 14 juillet 1997).

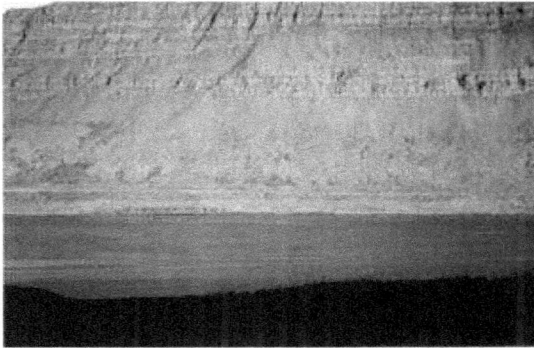

Photo 26 - Langues avalancheuses à blocs à l'aval des couloirs avalancheux qui entaillent la corniche rocheuse, sur la rive est du fjord Álftafjörður, en face du site de Súðavík (Cliché du 28 septembre 1999).

2.2. - Les langues avalancheuses à blocs

2.1.1. - Travaux antérieurs

Les langues avalancheuses à blocs (*avalanche boulders tongues*) sont des accumulations de blocs mises en place et entretenues par la répétition des avalanches chargées (A. Rapp, 1959, p. 35 : « *accumulation of rock debris eroded and deposited by snow avalanches* ») ; la pente sur laquelle cette forme se développe est fortement concave. Les *avalanche boulder tongues* ont été identifiées par A. Rapp comme caractéristiques de la dynamique avalancheuse (A. Rapp, 1959, 1960), en Laponie

91

suédoise. Ces formes ont été reconnues dans d'autres zones avalancheuses, comme sur les versants des Montagnes Rocheuses au Canada, et notamment autour du Lac Louise (J. Gardner, 1970) et dans le Parc National Jasper (B.H. Luckman, 1971, 1977 et 1978a) où elles constituent la preuve la plus évidente de l'activité morphogénique des avalanches.

A. Rapp (1959) distingue deux types d'« *avalanche boulder tongues* », langues avalancheuses à blocs ou cônes d'avalanches[8] : le type *road-bank* (type « banquette »[2]) et le type *fan* (type « cône »[2]). Le premier type correspond à une accumulation épaisse de débris aux flancs en pente forte et au sommet plan, pouvant être assimilé à un bourrelet dont la section en travers présente souvent une asymétrie marquée, édifié par des avalanches très chargées. Le second s'apparente à un cône alluvial dont le relief s'élève très peu au-dessus du substrat, construit par des avalanches de forte magnitude à grande capacité d'érosion et de transport. Dans les deux cas, la concavité de la pente est très marquée. Les langues avalancheuses à blocs sont révélatrices de l'activité géomorphologique des avalanches, de leur capacité érosive mais aussi de transport, d'accumulation et de réorganisation des dépôts des avalanches, dans la mesure où toutes les avalanches n'atteignent pas la base du versant et que seules les plus importantes sont susceptibles d'y apporter du matériel, de le remanier et de redistribuer le matériel « en route ». Comme le souligne B. Francou (1988), la forme des *avalanche boulder tongues* « doit être contrôlée par la puissance des avalanches, leur charge, leur fréquence, l'inclinaison du "plancher" sur lequel il s'édifie et la reprise en charge de la base du dépôt par l'érosion fluviatile lorsque le système est ouvert » (p. 282).

2.1.2. - Les langues avalancheuses à blocs en Islande du nord-ouest

En Islande du nord-ouest, les versants des fjords présentent fréquemment des accumulations de blocs s'apparentant aux formes décrites par A. Rapp et d'autres auteurs dans les secteurs montagneux (photo 26), bien qu'elles soient moins impressionnantes que celles que ces derniers décrivent. Nous avons mené une étude plus précise de quelques-unes de ces formes, grâce aux levés de cinq profils transversaux de cinq *avalanche boulder tongues* sur le terrain et au profil en long des versants dressé à partir des cartes topographiques au 1/10000 et 1/5000 dont l'équidistance des courbes est de 5 mètres.

Les figures 51 et 52 exposent les résultats. Les profils transversaux des langues à blocs avalancheux laissent supposer que les deux types - banquette et cône - sont présents sur notre terrain d'étude. En effet, les profils ABT1, ABT2 et ABT3 s'apparentent au type cône, car leur surface est très plane, identifiable uniquement par la présence de nombreux blocs hétérométriques et anguleux, tandis que les profils ABT4 et ABT5 rappellent le type « banquette » : ce sont des bourrelets de blocs hétérométriques et anguleux au sommet relativement plan, similaire au type cône, mais dont la surface est surélevée par rapport à la pente du versant.

Dans son article de synthèse, B.H. Luckman (1978a, p. 270) propose un diagnostic des caractéristiques permettant d'identifier les langues avalancheuses à blocs sans les confondre avec d'autres types d'accumulations de débris telles que les cônes

---

[8] « Cône d'avalanche » est la traduction française du terme *avalanche boulder tongue* utilisée par B. Francou (1988). Nous lui préférons la traduction plus littérale « langues avalancheuses à blocs » car il se prête mieux aux formes observées en Islande du nord-ouest.

d'éboulis, les cônes alluviaux ou les accumulations résultant d'un éboulement. Plusieurs caractéristiques distinctes permettent de reconnaître leur origine avalancheuse, sans que celles-ci soient cependant toutes présentes sur chaque site. Nous appliquons ce diagnostic aux formes étudiées en Islande du nord-ouest.

Fig. 51 - Profils des langues à blocs

- Localisation : les langues avalancheuses à blocs sont associées le plus souvent à des couloirs avalancheux à l'amont. Si la plupart de ces couloirs s'apparentent à des couloirs torrentiels, aucun écoulement n'est visible sur la langue avalancheuse à blocs. Cette localisation est effectivement celle de nombreuses formes interprétées comme étant des langues avalancheuses à blocs en Islande du nord-ouest (photo 26), et dans les seuls cas des *avalanche boulder tongues* ABT1 et ABT2 un petit ruisseau évacuant les eaux de fonte comme les eaux de pluie fonctionne sur leur bordure.

- Blocs en équilibre précaire (*balanced and perched boulders*) : la fonte de la neige de l'avalanche chargée permet le dépôt des débris à la surface du versant de façon tout à fait désordonnée, chaotique, à l'origine de ce que B. Francou (1988, p. 283, et B. Francou et B. Hétu, 1989) nomme le faciès « hirsute »[9] ou anarchique (fig. 53). Ce faciès est présent sur les langues avalancheuses à blocs étudiées, en particulier sur les dépôts ABT3, ABT4 et ABT5 où la progression est très difficile tant les débris sont instables.

- Surface érodée à l'amont (*stripped upper surface*) : les parties médiane et supérieure des *avalanche boulder tongues* présentent des surfaces adoucies résultant de l'activité érosive des avalanches qui lisse les dépôts. L'apex est souvent dépourvu de couverture de gros blocs et peut porter des griffures et cicatrices d'érosion causées par le passage de l'avalanche chargée. De telles marques n'ont pas été observées en Islande du nord-ouest.

- Gradient de tri longitudinal (*sorting gradient*) : les avalanches, balayant la surface de la langue de blocs avalancheux, prennent en charge le matériel le plus grossier et il en résulte un gradient de tri longitudinal visible. Le granoclassement n'a pas été mesuré sur les cinq langues à blocs avalancheux étudiées en Islande du nord-ouest, mais il n'apparaît pas à l'œil nu de façon évidente : des blocs de grandes dimensions, absents à l'apex, sont visibles dans la partie médiane comme dans la partie distale, et les blocs sont très largement hétérométriques : des graviers dont les dimensions sont 1,8x1,2x1 cm côtoient des cailloux de 10x7x4 et des blocs de 40x30x24 cm. De la même façon, on ne distingue pas d'orientation préférentielle des blocs ; il n'y a donc pas d'organisation dans leur mise en place. La taille des débris, si elle est très variable à l'intérieur d'une même langue avalancheuse à blocs, l'est également de l'une à l'autre, ce qui illustre le rôle que joue la densité de la fracturation de la corniche rocheuse dans la taille des débris libérés.

- Queues de débris (*avalanche debris tails*) : ces microformes sont également appelées bourrelets d'avalanches ou « coups de gouge » (B. Francou et B. Hétu, 1989) et se présentent comme une queue de débris linéaire située à l'aval d'un bloc de tête de

---

[9] L'auteur précise cependant que le faciès hirsute n'est pas le résultat exclusif des avalanches chargées : des chutes de blocs et de débris purement gravitaires sur la neige conduiront au même type de dépôt après la fonte du tapis neigeux. Ceci a été observé en Islande du nord-ouest où des blocs repères situés dans les zones de transit des avalanches ont été nettoyés dans l'espoir de mesurer la masse des débris déposés sur ces blocs l'été suivant, selon une méthode proposée par B.H. Luckman (1978b). Mais cette tentative a échoué dans la mesure où les couloirs étudiés étaient enneigés au cours des missions de terrain suivantes : seuls quelques blocs laissaient voir un nouveau dépôt abandonné après la fonte des neiges. L'origine avalancheuse de ces dépôts n'a pu être démontrée. Cependant, plus l'on s'éloigne de l'apex, plus le dépôt de ce type est attribuable aux avalanches chargées.

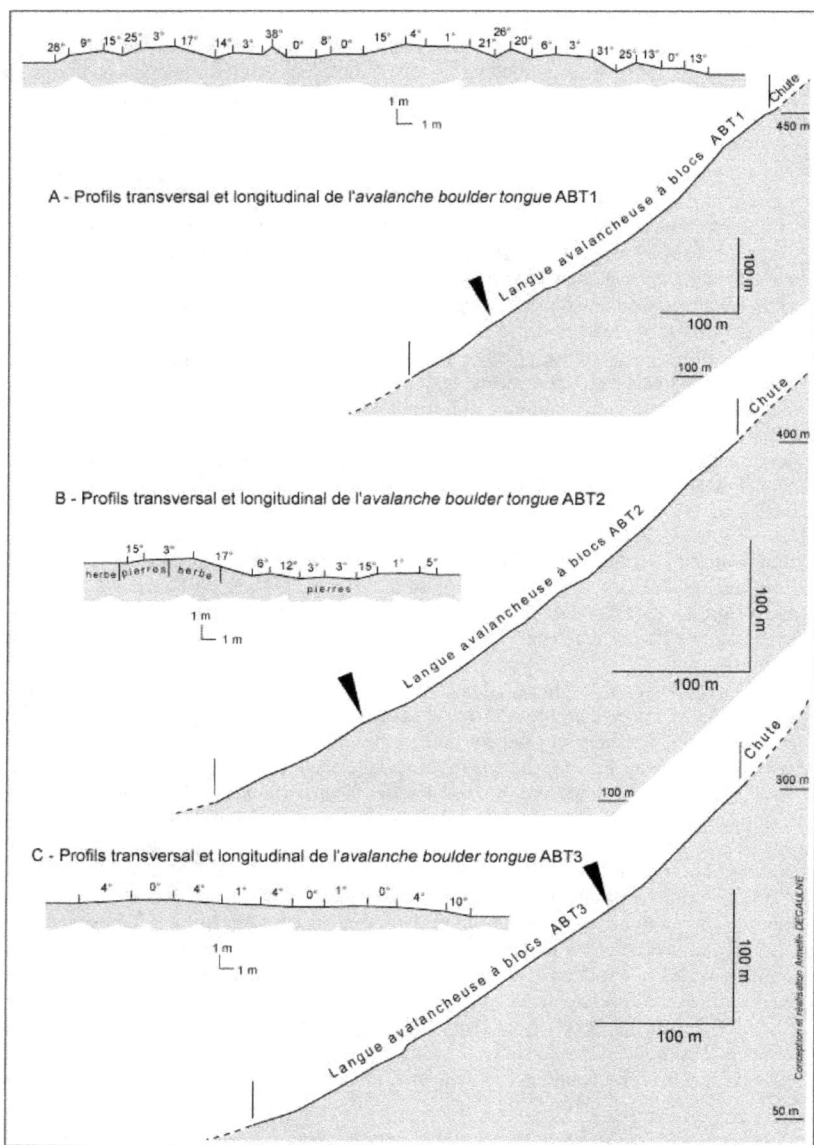

A - Profils transversal et longitudinal de l'*avalanche boulder tongue* ABT1

B - Profils transversal et longitudinal de l'*avalanche boulder tongue* ABT2

C - Profils transversal et longitudinal de l'*avalanche boulder tongue* ABT3

Fig. 51 - Profils transversaux et longitudinaux des *avalanches boulder tongues* ABT1, ABT2 et ABT3

94

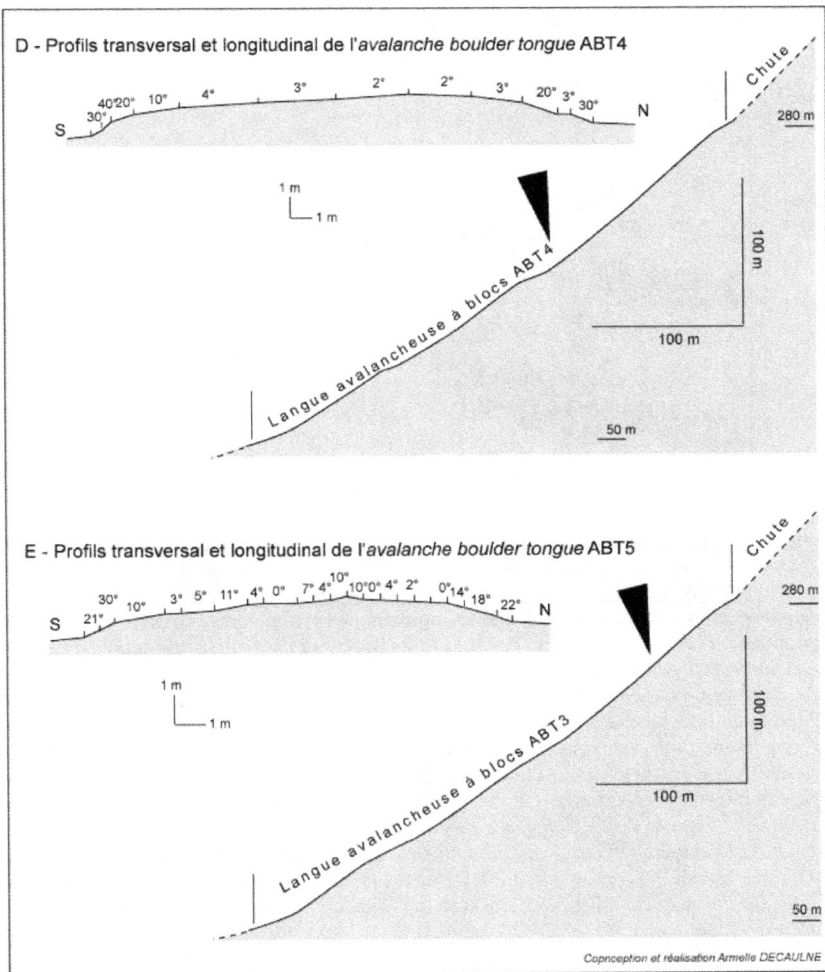

D - Profils transversal et longitudinal de l'*avalanche boulder tongue* ABT4

E - Profils transversal et longitudinal de l'*avalanche boulder tongue* ABT5

Copnception et réalisation Armelle DECAULNE

Fig. 52 - Profils transversaux et longitudinaus des *avalanche boulder tongues* ABT4 et ABT5

95

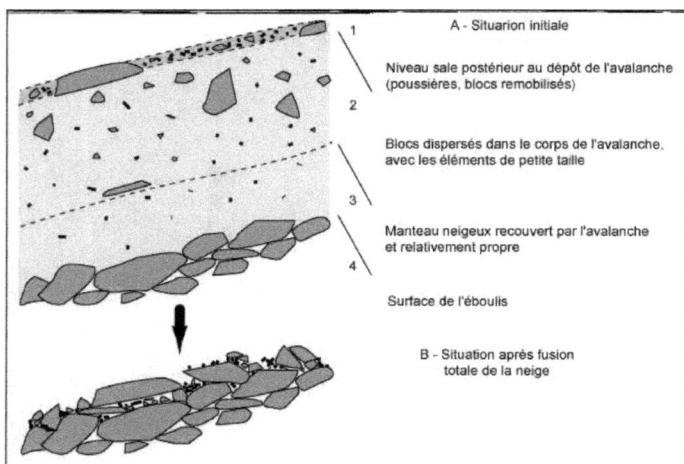

Fig. 53 - L'origine du faciès "hirsute" (d'après B. Francou, 1988, modifié).

plus grande dimension. L'examen des *avalanche boulder tongues* d'Islande du nord-ouest n'a pas révélé la présence de telles formes.

- Profil en long concave (*concave long profile*) : la dynamique avalancheuse suppose un lissage du versant et une accumulation à la base, conférant un profil concave prononcé. C'est ce qui apparaît sur les profils dressés à partir de cartes topographiques des versants d'Islande du nord-ouest.

- Pente (*slope angles*) : La pente moyenne d'une langue avalancheuse à blocs est plus raide que celle des cônes alluviaux et plus douce que celle des talus d'éboulis. Dans la zone du parc Jasper, au Canada, B.H. Luckman donne des valeurs de pente variant entre 16° et 26°, et indique que les petites *avalanche boulder tongues* ont des pentes moyennes plus raides que les grandes, la valeur de la pente étant contrôlée par celle de la zone de dépôt. Dans la zone du lac Louise, au Canada également, J. Gardner (*in* B.H. Luckman, 1978a) avance des valeurs de pente plus faibles, variant entre 10° et 15°. En Islande du nord-ouest, où les avalanches chargées atteignent très rarement la base du versant, les valeurs des pentes des langues avalancheuses à blocs sont plus fortes, s'échelonnant de 26° à 48°, épousant la pente des versants des fjords.

- Profil transversal asymétrique (*asymetric cross profile*) : le profil transversal asymétrique des langues avalancheuses à blocs est semble-t-il très répandu pour le type « banquette », résultant de l'accumulation plus importante des débris d'un côté de l'*avalanche boulder tongue*. A. Rapp (1959, 1960) considère que cette dissymétrie est liée à la distribution de la neige par les vents dominants : la face de la langue au vent perd sa couverture neigeuse et est exposée à une efficacité érosive de l'avalanche supérieure. B.H. Luckman attribue cette dissymétrie à la déviation de l'avalanche vers le fond de la vallée. L'asymétrie de profil transversal observée en Laponie suédoise comme au Canada n'apparaît pas en Islande du nord-ouest sur les quelques langues à blocs avalancheux étudiées ici.

Le diagnostic des *avalanche boulder tongues* en Islande du nord-ouest, résumé dans le tableau 6, apparaît concluant, même si toutes les caractéristiques ne s'y retrouvent pas, peut-être du fait de leur faible longueur et de la faible fourniture en débris.

En effet, les langues à blocs avalancheux ne mesurent jamais plus de 300-350 mètres de long, et peuvent parfois ne pas atteindre la centaine de mètres (ABT4 et ABT5). De plus, leur âge est très variable, et nous est indiqué de façon relative par le taux de recouvrement végétal sur blocs. Nous pouvons alors établir cette chronologie relative à partir de l'observation des cinq *avalanche boulder tongues* d'Islande du nord-ouest :

- Stade A : le plus ancien, avec une couverture végétale sur blocs de 100 %, composée de mousses et lichens de différentes espèces (lichens crustacés et foliacés). La couverture végétale entre blocs atteint également 100 %. La mousse forme un tapis épais mais discontinu, recouvrant totalement les plus petits éléments (seuls sont visibles les blocs dont le grand axe dépasse 15 cm). Les langues avalancheuses à blocs ABT4 et ABT5 font partie de cette catégorie (photo 27).

- Stade B : intermédiaire, avec une couverture végétale sur blocs variant de 30 à 50 %, où les lichens crustacés et foliacés dominent largement (*Rhizocarpon geographicum* n'est guère mesurable car le thalle est détérioré), et une couverture végétale entre blocs atteignant 70-80 % où les mousses sont minoritaires par rapport à des plantes pionnières telles *Dryas octopetala, Saxifraga caespitosa, Silene acaulis*, alors que *Alchemilla vulgaris et alpina, Thelypteris phegopteris*, et *Vaccinum sp.* occupent les petites dépressions bordant les *avalanche boulder tongues*. L'état de détérioration des lichens *Rhizocarpon geographicum* nous permet d'attribuer à la langue avalancheuse à blocs un âge supérieur à 70-80 ans, déduit de la taille du thalle du lichen tel qu'il a pu être mesuré sur le terrain (en moyenne supérieur à 30 mm) et de la courbe lichénométrique que nos relevés de terrain ont permis de dessiner (*cf.* partie 2, chapitre 7). Les langues avalancheuses à blocs ABT1 et la partie nord de ABT2 font partie de ce groupe dont la formation ne peut être plus récente que 80 ans (photo 28), même si quelques blocs frais apparaissent épars à sa surface.

- Stade C : récent, les blocs formant les cônes d'avalanches sont tous frais, et dans le cas de *l'avalanche boulder tongue* ABT2 - partie sud, recouvrent une formation plus ancienne correspondant au stade B (photo 29). Le taux de recouvrement végétal entre blocs et sur blocs est nul. La langue à blocs avalancheux ABT3 fait également partie de ce groupe.

Ainsi, en Islande du nord-ouest, nous observons trois générations de langues à blocs avalancheux, selon leur taux de recouvrement végétal. Ceci implique que la construction de ces formes n'est pas continue et qu'elle se fait par à-coups : si ces *avalanche boulder tongues* étaient alimentées en blocs régulièrement chaque hiver, il ne serait pas possible de distinguer des stades de mise en place par une chronologie relative. Nous pouvons en déduire que la récurrence des avalanches chargées, responsables de l'édification des cônes d'avalanches, est faible, mais que certains épisodes peuvent atteindre une grande intensité, amenant lors d'un seul événement avalancheux une quantité importante de débris.

Tableau 6 - Application du diagnostic des langues à blocs avalancheux
de B.H. Luckman (1978) aux formes reconnues en Islande du nord-ouest

	ABT1	ABT2	ABT3	ABT4	ABT5
Localisation à l'aval d'une chute	x	x	~	~	~
Blocs perchés	x	x	x	x	x
Surface érodée à l'amont	~	~	~	~	~
Gradient de tri	~	~	~	~	~
Queues de débris	~	~	~	~	~
Profil logitudinal concave	x	x	x	x	x
Valeur max/mini de la pente	28/56	24/37	34/42	29/41	29/41
Profil transversal asymétrique	~	~	~	~	~

x : a été reconnu sur le terrain   ~ : n'a pas été reconnu sur le terrain

Photo 27 - La couverture végétale sur les langues avalancheuses à blocs du versant de la montagne Kubbi atteint 100 %. Mousses et lichens constituant l'essentiel de la végétation colonisatrice (Cliché du 5 juillet 2000).

Photo 28 - Sur cette langue avalancheuse à blocs du versant Kirkjubólshlíð, où la couverture végétale sur blocs n'atteint pas 25 % malgré la présence de quelques lichens blanchâtres, on reconnaît la pionnière *Saxifraga caespitosa* qui pousse entre les blocs (Cliché du 1ᵉʳ juillet 2000).

Photo 29 - Superposition de deux générations de langues avalancheuses à blocs sur le versant Kirkjubólshlíð : au centre, sur la rupture de pente formée par l'ancienne route ainsi qu'au premier plan, des dépôts de blocs frais sans couverture végétale (flèches rouges) couvrent une formation plus ancienne recouverte d'un dense tapis végétal (flèche bleue, à gauche). Vue du 2 juillet 2000.

Conclusion du chapitre 3

Au regard des résultats présentés, l'impact géomorphologique des avalanches apparaît très différemment selon les échelles de temps où l'on se place en Islande du nord-ouest.

En effet, sur le court terme, les avalanches ne sont responsables que d'un apport limité de matériel, très ponctuel. Les blocs avalancheux éparpillés sans tri au pied des versants en sont la marque la plus visible dans le paysage, sans qu'il soit possible de quantifier l'apport de chaque avalanche. Les avalanches de printemps, sales parce qu'elles prennent en charge une partie du matériel présent dans les couloirs qui entaillent la paroi rocheuse sommitale partiellement déneigée, sont également responsables d'un transfert de matériel non négligeable sur les pentes, même si celui-ci mériterait d'être mieux quantifié lors de prochains travaux. Les avalanches peuvent

99

cependant être géomorphologiquement très efficaces à la faveur d'un épisode avalancheux « catastrophique ». Le rôle des avalanches est toutefois souligné par la présence de sites d'accumulation en plusieurs points des transects topo-sédimentologiques des principaux cônes de débris, qui exclue le rôle unique de la gravité, mais dont la concavité peu marquée rappelle que l'apport de matériel sur le versant n'est pas le fait exclusif des avalanches.

Sur le long terme, le rôle géomorphologique des avalanches est plus marqué. En effet, si les épisodes avalanches ont un impact géomorphologique discret sur le court terme, leur répétition permet l'édification de formes massives durables, comme les cônes de débris au débouché des principaux couloirs avalancheux, mais également des *avalanche boulder tongues*. Trois millénaires d'activité avalancheuse permettent une aggradation de matériel de près de 3 mètres, illustrant leur rôle indéniable sur une longue période, même si le rôle d'autres processus de versant a été identifié dans la construction des cônes de débris, comme a pu le montrer l'analyse d'une colonne sédimentaire. Des langues avalancheuses à blocs ont été reconnues sur le terrain d'étude, en particulier autour d'Ísafjörður, toutefois moins massives que celles reconnues par A. Rapp en Laponie (1959). Leur âge ne peut être établi avec certitude, et seule une chronologie relative peut-être proposée par l'analyse du taux de recouvrement végétal, identifiant trois générations. Le fait que des blocs frais se superposent à *des avalanche boulder tongues* totalement couvertes de végétations suppose que les avalanches actuelles continuent à les construire, mais de façon irrégulière. Il serait intéressant de quantifier cet apport, qui s'effectue par à-coups, ce qui n'a pu être réalisé dans le cadre de cette étude.

Chapitre 4

La fréquence des avalanches : approche historique

```
1. - Les enseignements des Annales islandaises
2. - Une fréquence variable selon la magnitude de l'avalanche
```

Photo 30 - La montagne Kubbi, le quartier Holtahverfi, Tungudalur et Seljalandsdalur, dans le fond du fjord Skutulsfjörður, le 10 février 2000. Le manteau neigeux protégeant le plus souvent le versant lors du déclenchement des avalanches, les marques visibles de l'activité avalancheuse sont très discrètes. Dans ces conditions, seule l'approche historique permet d'estimer la fréquence des avalanches en Islande du nord-ouest.

Chapitre 4

La fréquence des avalanches : approche historique

« The best methods of determining runout distances are (1) long-term observations of avalanche deposits; (2) observations of damage to vegetation, ground, or structures; or (3) searches of the historical records as preserved in newspaper, old aerial photos, or other written material. Such information allows one to avoid using models of avalanche flows, which contain risky assumptions. »

David McCLUNG et Peter SCHAERER (1993, p. 115).

Comme nous l'avons vu dans le chapitre précédent, les indices de l'activité avalancheuse actuelle sont discrets. Pourtant, l'activité est effective presque tous les ans, sans obligatoirement laisser de traces visibles à la surface des versants. Seule une chronologie relative basée sur l'étude du taux de recouvrement végétal prouvant l'irrégularité de l'alimentation des *avalanche boulder tongues* par les apports avalancheux avait pu être proposée. Ainsi, l'utilisation de la lichénométrie comme méthode de datation permettant de connaître la fréquence des avalanches est difficile à appliquer, car nous manquons de surfaces d'étude. Dans ce contexte, une approche historique, basée sur l'analyse des Annales islandaises est adoptée, permettant également de distinguer plusieurs fréquences selon la magnitude des avalanches.

1. - Les enseignements des Annales islandaises

Les avalanches sont répertoriées en Islande depuis les débuts de la colonisation de l'île. Dans son livre récapitulatif, Ó. Jónsson (1957) dresse la liste exhaustive des avalanches connues dans le pays entre 1118 et 1957 ; ces travaux reposent sur l'étude des archives des villages et des articles de journaux à publication locale ou nationale. Le tableau 7 répertorie les avalanches connues depuis le début de la colonisation jusqu'à 1900. Par souci de comparaison, nous prenons en compte uniquement les avalanches touchant les sites étudiés plus précisément ici, à savoir Súðavík, Ísafjörður, Hnífsdalur, Bolungarvík, Súðureyri et Flateyri pour lesquels nous possédons les dates d'avalanches ainsi que des informations sur les dimensions de l'avalanche, la qualité de la neige mobilisée, etc. ... pendant la période actuelle, grâce aux rapports annuels rédigés par les chercheurs de l'Institut Météorologique Islandais depuis 1982 (déjà cités), que nous pouvons comparer avec les informations recueillies dans les différentes sources relatant les épisodes avalancheux depuis la colonisation de l'île, elles-mêmes répertoriées dans les différents articles des pionniers de la recherche sur les avalanches en Islande, Ólafur Jónsson et Sigurjón Rist (Ó. Jónsson, 1957 ; Ó. Jónsson et S. Rist, 1971 ; S. Rist, 1976). Le tableau 8 répertorie toutes les avalanches connues du XXème siècle dans ces mêmes sites. La comparaison de ces deux tableaux montre un nombre nettement plus grand d'avalanches durant la deuxième partie du XXème siècle. Il serait aisé de conclure à une recrudescence de l'activité avalancheuse durant cette période, mais cette conclusion serait erronée. En effet, il est plus logique de considérer que nous nous trouvons ici dans le cas de figure exposé par A. Rapp et R. Nyberg (1988), où le nombre important de mouvements de masse enregistrés depuis une période récente est attribué non pas à une augmentation de l'activité des processus de versant, mais à une augmentation de la population, qui occupe un espace plus vaste, et se trouve ainsi de plus en plus en contact avec ces dynamiques, ainsi qu'à un accroissement de la recherche menée sur l'étude de ces phénomènes : de plus en plus d'avalanches sont observées et enregistrées, sans qu'il soit possible d'affirmer que leur fréquence augmente.

Les cartes des figures 84 à 87 illustrent également l'importance du nombre d'avalanches répertoriées au cours du XXème siècle par rapport aux siècles précédents.

L'annexe 1 répertorie l'ensemble des avalanches connues dans les différents couloirs avalancheux des sites étudiés.

2. - Une fréquence variable selon la magnitude de l'avalanche

La période de retour des avalanches est l'intervalle de temps moyen dans lequel l'avalanche parcourt une certaine distance (*runout distance*). La fréquence de l'avalanche est déduite de cette période de retour. Ainsi, étudier la période de retour des avalanches revient à recenser les localisations des zones de dépôt des avalanches. Nous étudierons ici l'exemple du site d'Ísafjörður, et plus particulièrement l'histoire avalancheuse des quatre couloirs avalancheux situés au sud de la ville (photo 31).

2.1. - La période de retour des avalanches de faible et moyenne magnitude

2.1.1. - La fréquence des avalanches de faible magnitude

Les avalanches dont la distance de parcours est courte, qui sont de faible magnitude, n'atteignent pas la base du versant et ne causent aucun dégât. Le volume de neige mobilisé par ces avalanches est inférieur à 960 m^3 et leur longueur est généralement inférieur à 300 m. Elles ne sont pas répertoriées par la Division Avalanches de l'Institut Météorologique Islandais. De cette façon, par manque de données précises, il est assez difficile d'avancer des chiffres. Cependant, il est permis de penser que ces avalanches se produisent annuellement, plusieurs fois pendant la période hivernale, dès que la couverture neigeuse atteint une épaisseur suffisante pour déclencher une avalanche, les conditions externes (météorologie) ou internes (métamorphisme de la neige) de déclenchement étant réunies en plusieurs occasions durant la période hivernale. Ainsi, la série d'avalanches sales s'étant déclenchée durant le mois de mai 1999 (photos 18, 19 et 20) n'a pas été enregistrée dans les Annales, la plus importante de ces avalanches n'ayant pas atteint la base du versant ; ces avalanches ont pourtant eu un impact morphologique non négligeable puisqu'elles transportaient des particules fines et quelques éléments grossiers, mais difficiles à estimer.

Tableau 7 - Avalanches connues jusqu'à 1900 (d'après Ó. Jónsson et S. Rist, 1971)

Site	Date
Hnífsdalur	1673
	1883
Óshlíð	1817
	1834
	1880
Norðureyri	1725
(N Súðureyri)	18 dec. 1836
	1883

Tableau 8 - Avalanches connues de 1901 à 1971 (d'après Ó. Jónsson et S. Rist, 1971)

Site	Date
Ísafjörður	1916
	2 mar. 1941
	1947
	1953
Hnífsdalur	18 fev. 1910
	1916
Óshlíð	1928
Bolungarvík	1909
	1 mar. 1910
Norðureyri	1930
	1946
Flateyri	1919*
	1936
	1938-1940*
	1953*
	1955*
	1958*
	1960*
	1963-1965*
	1969*
Patreksfjörður	1943
	1958

* Avalanches non répertoriées dans les Annales relatées par des habitants après l'avalanche catastrophique de Flateyri en octobre 1995

105

Photo 31 - Vue des quatre couloirs avalancheux de Seljalandshlíð, débouchant sur des cônes de débris, à Ísafjörður, marqués par des flèches rouges. De gauche à droite, Karlsárgil, Gil, Hrafnagil et Steiniðjugil (Cliché du 1ᵉʳ juillet 1999).

2.1.2. - La fréquence des avalanches de moyenne magnitude

Nous nommerons « avalanches de moyenne magnitude » les avalanches enregistrées par les services de l'Institut Météorologique Islandais qui n'atteignent pas le point β, qui indique l'endroit du profil où la pente est de 10°, au-delà duquel on considère que toutes les avalanches décélèrent. Les études statistiques menées sur quatre couloirs avalancheux à Ísafjörður montrent qu'une part importante des avalanches connues est de magnitude moyenne. La fréquence de ces avalanches est difficile à estimer dans la mesure où cette appréciation repose sur le nombre d'avalanches connues, bien inférieur au nombre réel d'avalanches. Ainsi, la liste d'avalanches que nous possédons n'est pas exhaustive, d'autant plus que ces avalanches n'atteignent pas la base du versant et ne sont donc pas toutes prises en considération. Par ailleurs, quelle période doit être prise en compte dans la définition de la période de retour des avalanches ? Sur le site d'Ísafjörður, où l'histoire avalancheuse est bien connue, la plus ancienne avalanche répertoriée date de 1916, mais il semble y avoir une longue lacune de 1916 à 1941, puis, de 1941 aux années 1990, les avalanches répertoriées sont anormalement rares : est-ce dû à une réelle absence d'activité avalancheuse ou plutôt une lacune de recensement des avalanches ? Elles sont au contraire très nombreuses dans les années 1990. Il ne peut donc s'agir d'une estimation définitive. Comme le soulignent D. McClung et P. Schaerer (1993, p. 115, citation *cf. supra*), les observations permettant une appréciation correcte de la fréquence des avalanches en un point donné doivent être de longue durée, que nous ne possédons pas dans le cas de notre étude. Nous considérerons comme période de référence celle fournie par les dates extrêmes des avalanches sur chacun des couloirs. La période de référence sera donc variable d'un couloir à l'autre. Nous avons choisi de représenter les différentes zones de dépôt des avalanches sur les profils en long des couloirs avalancheux, dressés à partir de cartes topographiques dont les courbes de niveau ont une équidistance de 20 m, fournies par la Division Avalanches de l'Institut

106

Météorologique Islandais ; les angles des pentes ont été calculés par triangulation à partir de la carte. Ainsi, pour les différents couloirs étudiés, nous obtenons les résultats suivants :

- Couloir Karlsárgil, Ísafjörður (fig. 54) : le couloir mesure 1508 m, et le point β est localisé à 40 m d'altitude. L'histoire avalancheuse de ce couloir ne compte que 9 avalanches. 44 % des avalanches répertoriées sont de magnitude moyenne. 11 % des avalanches n'atteignent pas 140 m d'altitude, 11 % des avalanches s'arrêtent entre 140 et 80 m d'altitude, et 22 % des avalanches s'arrêtent entre 80 et 40 m d'altitude. La période considérée étant de 27 ans, nous obtenons une probabilité d'avalanches dans ces trois différentes zones variant entre 0,03 (une avalanche en 27 ans) et 0,07 (deux avalanches en 27 ans).

- Couloir Gil, Ísafjörður (fig. 55) : Le couloir mesure 1482 m ; le point β est localisé également vers 40 m d'altitude. L'histoire avalancheuse compte 11 événements sur une période de 84 ans. 36 % des avalanches sont de magnitude moyenne, leur zone de dépôt se situant entre 140 et 40 m d'altitude. Dans les deux zones de dépôt (140-80 m et 80-40 m), nous obtenons une probabilité moyenne annuelle d'avalanches de 0,02 (deux avalanches répertoriées sur 84 ans dans chacune de ces zones).

- Couloir Hrafnagil, Ísafjörður (fig. 56) : Le couloir est long de 1551 m ; le point β est localisé à 40 m d'altitude. 18 avalanches ont été enregistrées le long de ce couloir, entre l'hiver 1951-1952 et l'hiver 1998-1999. 39 % des événements peuvent être qualifiés d'amplitude moyenne, ceux-ci n'atteignant pas le point du versant où la pente est de 10°, les zones de dépôts étant situées dans la zone 80-40 m d'altitude. La fréquence moyenne annuelle des avalanches a été calculée à 0,38 (7 avalanches en 48 saisons hivernales).

- Couloir Steiniðjugil, Ísafjörður (fig. 57) : Le couloir mesure 1465 m, et son pont β est situé à 20 m. Sur ce couloir, 60 % des avalanches sont de magnitude moyenne, dont 20 % ont leur zone de dépôt localisée entre 80 et 40 m d'altitude et 40 % entre 40 et 20 m d'altitude. La fréquence moyenne annuelle des avalanches est respectivement de 0,05 et 0,11, car 3 et 6 avalanches ont atteint ces zones en 59 ans de recensement des avalanches.

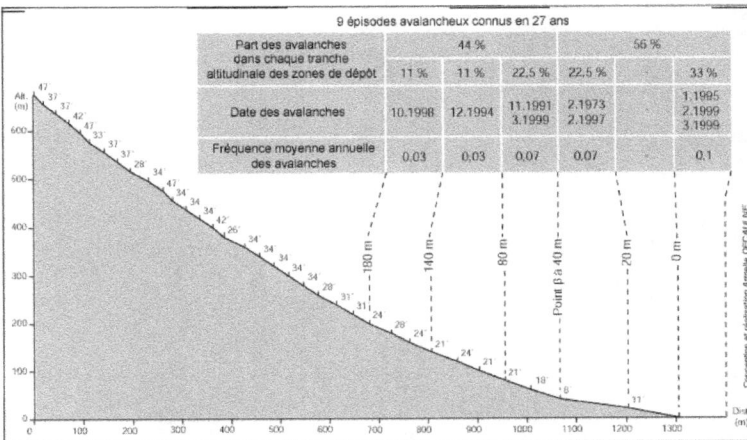

Fig. 54 - Couloir Karlsárgil, Ísafjörður : fréquence des avalanches selon leur magnitude

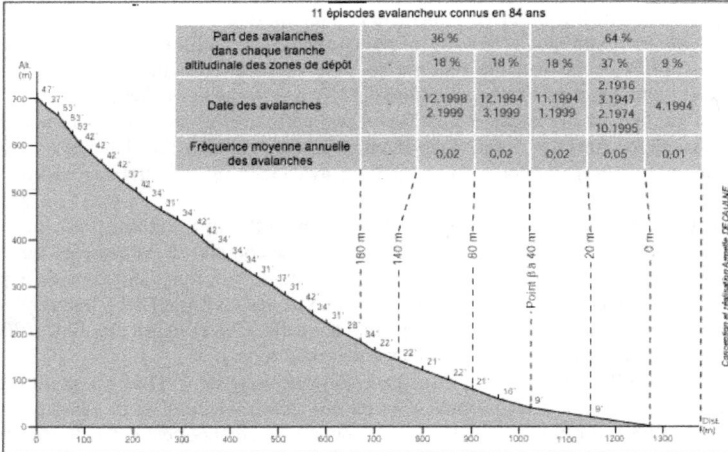

Fig. 55 - Couloir Gil, Ísafjörður : la féquence des avalanches selon leur magnitude

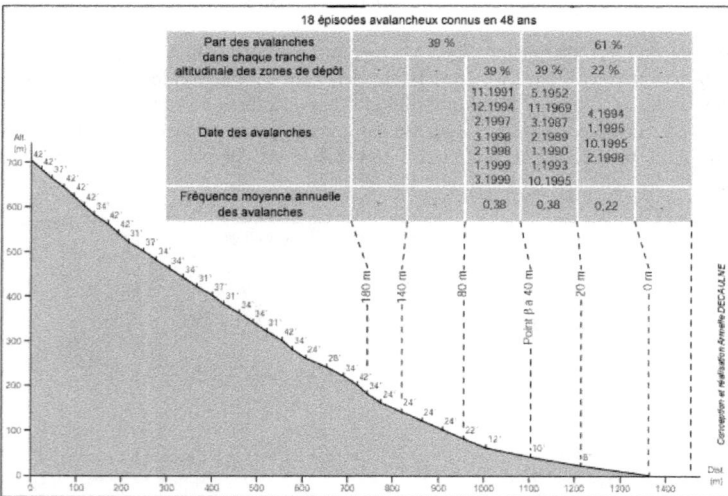

Fig. 56 - Couloir Hrafnagil, Ísafjörður : la fréquence des avalanches selon leur magnitude

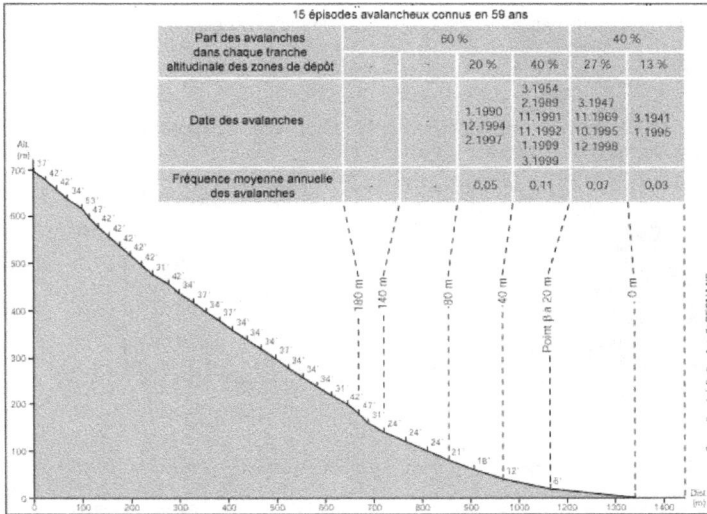

Fig. 57 - Couloir Steiniðjugil, Ísafjörður : fréquence des avalanches selon leur magnitude

2.2. - La période de retour des avalanches de forte magnitude

Les avalanches de forte magnitude sont celle dont la longueur leur permet de dépasser le point β, s'étendant ainsi à l'aval de 40 m d'altitude. Nous procédons ici de la même façon que celle décrite dans le paraphe précédent, représentant sur le profil en long du couloir l'altitude des zones d'arrêt des avalanches.

- Couloir Karlsárgil, Ísafjörður (fig. 54) : 5 des 9 avalanches enregistrées sur ce couloir en 27 ans sont de forte magnitude. 22,5 % d'entre elles stoppent entre 40 et 20 m d'altitude, où la probabilité moyenne d'avalanches atteignant la zone est de 0,07. 33 des avalanches enregistrées atteignent la mer, où la probabilité d'avalanche dépasse 0,1 (une avalanche tous les 10 ans en moyenne).

- Couloir Gil, Ísafjörður (fig. 55) : 64 % des avalanches connues s'étant déclenchées dans ce couloir sont de forte magnitude. La zone d'arrêt de 18 % d'entre elles est située entre 40 et 20 mètres d'altitude, entre 20 m et la mer pour 37 % des avalanches connues et 9 % atteignent la mer. Les probabilités d'avalanches sont alors respectivement 0,02 (2 avalanches en 84 ans), 0,05 (4 avalanches en 84 ans) et 0,01 (1 avalanche en 84 ans).

- Couloir Hrafnagil, Ísafjörður (fig. 56) : la majorité des avalanches se déclenchant le long de ce couloir sont de forte magnitude, puisque 61 % d'entre elles franchissent le point d'inflexion β. Toutefois, seules 22 % des avalanches ont leur zone de dépôt située entre 20 et 0 m d'altitude, où la fréquence moyenne annuelle est de 0,22. Celle ci est de 0,38 dans la zone 40-20 m d'altitude.

- Couloir Steiniðjugil, Ísafjörður (fig. 57) : 40 % des avalanches sont de forte magnitude, 27 % stoppant leur course entre 20 et 0 m d'altitude, et 13 % s'écoulant jusqu'à la mer. Leur fréquence moyenne annuelle a été respectivement estimée par calcul à 0,07 (4 avalanches en 59 ans) et 0,03 (2 avalanches recensées durant la même période).

Tableau 9 - Récapitulatif des fréquences d'avalanches et de la part des avalanches atteignant chaque zone d'arrêt.

Zones de dépôt	Karlsárgil		Gil		Hrafnagil		Steiniðjugil	
	fréq.	%	fréq.	%	fréq.	%	fréq.	%
180 - 140 m	0,03	11	–	–	–	–	–	–
140 - 80 m	0,03	11	0,02	18	–	–	–	–
80 - 40 m	0,07	22,5	0,02	18	0,38	39	0,05	20
40 - 20 m	0,07	22,5	0,02	18	0,38	39	0,11	40
20 - 0 m	–	–	0,05	37	0,22	22	0,07	27
< 0 m	0,1	33	0,01	9	–	–	0,03	13

Conclusion du chapitre 4

Nous avons présenté ici une approche statistique simple de la distance maximum de parcours des avalanches afin de déterminer la période de retour des avalanches dans les zones définies arbitrairement à l'intérieur de deux grands secteurs, situés à l'amont du point β (avalanche de magnitude moyenne) et à l'aval de ce même point (avalanches de forte magnitude). Nous nous apercevons, à la lumière des résultats obtenus grâce aux documents d'archives, que la plus grande proportion des avalanches enregistrées atteint la base du versant (tableau 9). Les avalanches atteignent la mer à l'aval de tous les couloirs, sauf Hrafnagil. Par ailleurs, ces couloirs ont un profil en long assez semblable, le point d'inflexion β étant situé autour de 40 m dans trois des quatre couloirs, l'exception de Steiniðjugil montrant un point β plus bas que sur les autres couloirs, localisé à 20 mètres d'altitude. Toutefois, nous ne devons attribuer qu'une valeur très subjective aux calculs de probabilité des zones de dépôt des avalanches : les périodes de recensement des avalanches sont différentes d'un couloir à l'autre, donc les résultats sont peu comparables ; de plus, le recensement des épisodes avalancheux n'est pas exhaustif ; enfin, la recherche est historique, donc soumise à une sorte de choix opéré dans la conservation par écrit des événements avalancheux, qui retient préférentiellement les événements ayant touché de près la population locale. Nous reviendrons plus en détail sur cet aspect dans la troisième partie consacrée au risque naturel et à l'appréciation du risque naturel par les populations locales. Par ailleurs, la portée de ces résultats est limitée par le faible nombre d'avalanches enregistrées : entre 9 et 18 avalanches sont répertoriées au cours du XXème siècle le long de ces couloirs, pourtant les mieux surveillés d'Islande du nord-ouest. Dans ces conditions, l'on comprendra que l'application de modèles mathématiques est hasardeuse. Pourtant, quelques études ont été réalisées, qui font suite à l'avalanche meurtrière de Flateyri du 26 octobre 1995, qui s'est déclenchée dans le couloir Skollahvilft, dont la distance de parcours est de 1925 m, et présentent des résultats très variables : la période de retour de cette avalanche est estimée de 80 à 310 ans selon la méthode de calcul utilisée (T.

Jóhannesson, 1998). Ainsi, T. Jóhannesson (1996) estime la période de retour de cette avalanche à environ 150 ans (108, 144 et 164 ans selon les calculs) en se fondant sur la longueur de parcours de 14 avalanches majeures recensées depuis ce même couloir et D. McClung (1996) à approximativement 140 ans; alors que C. Keylock (1996) l'estime à moins de 100 ans.

Conclusion de la première partie

Des dynamiques avalancheuses irrégulières dans l'espace et le temps ?

« Avalanches are not of great significance from a geological viewpoint [...] in Iceland »

Þorleifur EINARSSON (1991, p. 194).

Cette citation illustre le peu d'intérêt longtemps porté aux dynamiques avalancheuses en Islande. Pourtant, les observations effectuées sur le terrain et les résultats obtenus font apparaître la fréquence du phénomène avalancheux en Islande du nord-ouest.

Toutefois, les dynamiques avalancheuses sont irrégulières, à la fois dans l'espace et le temps. Ceci est principalement lié aux variations interannuelles des conditions hivernales, et en particulier à la grande variabilité des conditions de l'enneigement. Si les couloirs avalancheux sont dorénavant bien connus et que les avalanches peuvent s'y déclencher annuellement, celles qui sont susceptibles d'avoir un impact géomorphologique sont plus rares. Ces avalanches doivent en effet concerner l'ensemble de l'épaisseur du manteau neigeux et avoir lieu au début ou à la fin de la période hivernale, lorsque le manteau neigeux est peu épais ou qu'il a subi plusieurs métamorphoses. Nous observons alors ce que J.S. Gardner (1983c) et A. Rapp (1960b) quantifiaient dans les Rocheuses Canadiennes et en Laponie Suédoise : l'efficacité géomorphologique des avalanches est très variable à la fois en différents points d'un même couloir avalancheux, entre deux couloirs d'un même versant et en un même site d'une année à l'autre. A. Rapp insistait alors sur le fait que les impacts géomorphologiques forts sont liés à des événements extrêmes. Les épisodes à avalanches de *slush* sur le site de Bíldudalur, de même que l'avalanche chargée de Botn í Dýrafjörður ont durablement marqué le paysage, en transportant et déposant lors d'un seul événement une grande quantité de matériel.

Cependant, ces effets ne sont le fait que de conditions exceptionnelles. La grande majorité des hivers connaît une succession d'épisodes avalancheux dont l'impact géomorphologique est limité, voire nul, même si quelques formes suggèrent le rôle des avalanches dans l'élaboration des versants (fig. 58A). L'existence de phénomènes de grande ampleur irréguliers et peu fréquents ne doit pas occulter ce trait plus Fig. 58 - caractéristique des avalanches en Islande du nord-ouest : l'efficacité géomorphologique actuelle des avalanches est très limitée. Seules les avalanches pelliculaires de printemps pourraient avoir un impact géomorphologique fort, car le versant est alors partiellement déneigé, mais, nous l'avons vu, le taux d'accumulation calculé est très faible, correspondant aux taux les plus faibles calculés au Spitsberg (M.-

F. André, 1988) ou au Canada (J.S. Gardner, 1983c), le processus étant de plus discontinu dans le temps et dans l'espace.

A l'inverse, des formes plus massives, telles les *avalanche boulder tongues* et les cônes de débris, ont semble-t-il été construites par la répétition des épisodes avalancheux depuis plusieurs millénaires (fig. 58B). Il apparaît effectivement que les avalanches responsables de la mise en place des *avalanche boulder tongues* et des cônes de débris sont rares, avec un fonctionnement très irrégulier, transférant un volume de matériel important. M.-F. André (1991, 1993) identifie les avalanches de *slush* comme étant responsable de la construction des *avalanche boulder tongues* du Wijdefjord au Spitsberg ; la lichénométrie avait alors permis à l'auteur d'identifier une période de retour semi-millénaire des avalanches de *slush* responsable de leur mise en place. En Islande du nord-ouest, la fréquence des avalanches responsables de la mise en place des *avalanche boulder tongues* (il ne peut être attesté que les avalanches de *slush* soient exclusivement à l'origine de ces formes, la configuration de la paroi rocheuse sommitale étant inadaptée à l'accumulation d'eau de fonte, donc au déclenchement du *slush*) est supérieure, puisque nous avons établi une chronologie relative à l'aide du taux de recouvrement végétal faisant apparaître un intervalle de 80 ans environ entre le stade subactuel et le stade intermédiaire. En outre, la période de retour des avalanches de *slush* est bien supérieure à celle relevée au Spitsberg, car nous dénombrons jusqu'à 8 épisodes de *slush* sur le site de Bíldudalur, dans le même couloir entre 1920 et 1998.

L'activité avalancheuse en Islande du nord-ouest se comprend ainsi à deux échelles de temps : à court terme (moins d'un siècle, période postérieure au Petit Age Glaciaire), où l'activité avalancheuse actuelle agit par retouches successives sur les formes anciennes et en partie héritées, mises en place sur le long terme (plusieurs millénaires), dont l'espérance de vie est longue.

En revanche, les dynamiques avalancheuses semblent actuellement plus préoccupantes sur le plan humain que sur le point géomorphologique.

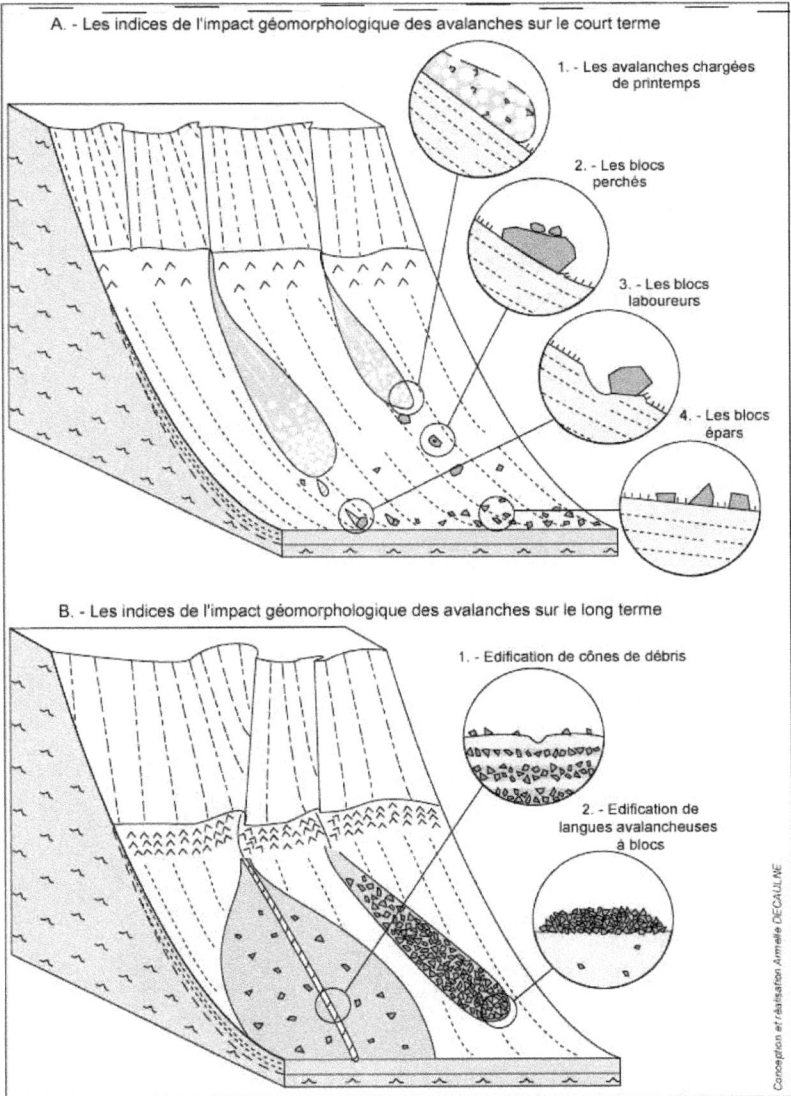

A. - Les indices de l'impact géomorphologique des avalanches sur le court terme

1. - Les avalanches chargées de printemps

2. - Les blocs perchés

3. - Les blocs laboureurs

4. - Les blocs épars

B. - Les indices de l'impact géomorphologique des avalanches sur le long terme

1. - Edification de cônes de débris

2. - Edification de langues avalancheuses à blocs

Conception et réalisation Armelle DECAULNE

Fig. 58 - L'impact géomorphologique des avalanches en Islande du nord-ouest

115

DEUXIEME PARTIE

LA DYNAMIQUE A *DEBRIS FLOWS* ET SON IMPACT GEOMORPHOLOGIQUE

Chapitre 5 : Un contexte morphoclimatique favorable aux *debris flows*
Chapitre 6 : Déroulement et impact géomorphologique des épisodes à
debris flows
Chapitre 7 : Estimation de la fréquence des *debris flows*

Photo 32 - Un d*ebris flow* sur le versant de Súðavík, déclenché le 11 juin 1999. Les formes typiques des *debris flows* apparaissent clairement : le chenal d'incision à l'amont qui se trouve bordé de levées latérales dans la partie médiane et se termine à l'aval par un lobe frontal, quelques fois digité (Cliché du 21 juillet 1999).

117

Introduction de la deuxième partie

« Debris flow = rapid mass movement of blocky, mixed debris rock and soil by flow of wet, lobate mass. »

Anders RAPP et Rolf NYBERG (1981, p. 183).

La terminologie française appliquée au phénomène des *debris flows* est très variée, et, de ce fait, l'idée que l'on se fait des *debris flows* est assez floue. J. Tricart (1961) utilisait les termes de « lave torrentielle », « coulée boueuse », « coulée de débris », et P. Bertran et J.P. Texier (1994) celui de « flot de débris » ; B. Francou (1988, p. 286) et B. Francou et B. Hétu (1989) préconisent l'utilisation du terme de « lave » ou mieux, « lave de ruissellement », en français. D'autres auteurs utilisent simplement, comme nous le faisons ici, le terme anglais. Toutefois, il n'est pas inutile de proposer ici une discussion afin de définir ce terme quelquefois utilisé à tort, rendant difficile la lecture de l'abondante littérature consacrée à ce processus de versant.

La plupart des auteurs utilisent le terme de « *debris flow* » pour identifier à la fois le processus et la forme qui en résulte (R. Neboit et Y. Lageat, 1987). Le *debris flow* correspond à une suite de processus se situant entre l'écoulement fluviatile et le glissement de terrain (D. Brunsden, 1979). J. Innes (1983) décrivait plus spécialement le *debris flow* comme l'écoulement sur une pente d'un mélange de débris incorporant une petite quantité d'eau. J.E. Costa (1984), après une revue complète des travaux antérieurs effectués sur les *debris flows*, décrit le *debris flow* comme étant une forme de mouvement de masse rapide d'un corps composé d'un mélange de débris, d'eau et d'air. Au-delà de la simple description du phénomène, des définitions plus précises ont été progressivement élaborées. Selon la granulométrie des débris constituant le corps en mouvement, et selon leur origine, d'autres termes peuvent être employés : *lahar* sur les matériaux volcaniques, *mudflow* lorsque les grains sont de petite dimension par exemple. Des classifications plus complètes ont été proposées : D. Harvey (1969, *in* J. Costa, 1983) basait sa classification du phénomène sur la nature du matériel, sur la cause de déclenchement et sur la morphologie des dépôts qui en résultent. D. Brunsden (1979, *in* J. Costa, 1983) classait les *debris flows* d'abord selon leur taille, ensuite selon la nature de la zone source.

Cependant, malgré le grand nombre d'articles de synthèses consacrées aux *debris flows*, le processus reste flou et l'ensemble des définitions ne paraît pas toujours satisfaisant. Comme A. Allix (1925, *in* C. Ancey et *al.*) le soulignait à propos des avalanches, « on a proposé plusieurs classifications, ce qui tend à prouver qu'aucune n'est satisfaisante ». En effet, encore aujourd'hui, les différents protagonistes s'intéressant aux *debris flows* ont des difficultés à s'entendre sur le contenu du terme « *debris flow* ». Après A. Rapp et R. Nyberg (1981), qui étudiaient le phénomène dans les milieux polaires et subpolaires, nous nous entendrons à abandonner toutes considérations sur la mécanique des fluides pour nous consacrer au déclenchement du processus et à l'étude des formes créées, qui est du ressort du géomorphologue. Nous retiendrons principalement l'existence d'une morphologie typique du *debris flow*, qui permettra de le reconnaître parmi les autres processus de versant, comme d'autres chercheurs l'ont fait par ailleurs (R. P. Sharp, 1942, A. Rapp, 1960b, I. Statham, 1976, R. Nyberg, 1985, M.-F. André, 1991 et 1993, D. Mercier, 1998) :

1. - La partie sommitale du *debris flow* se caractérise par la présence exclusive d'un chenal d'incision qui dissèque profondément le versant.

2. - La partie médiane se caractérise la présence simultanée de formes d'érosion et d'accumulation : le chenal est ici bordé de levées de débris parallèles.

3. - Les formes d'accumulation dominent dans la partie basse du *debris flow*, car les levées sont plus épaisses et plus larges, et bordent un chenal qui ne perturbe plus la surface du versant. L'extrémité du *debris flow* est caractérisée par la présence de lobes, qui peuvent être simples ou multiples, donnant à la coulée un aspect digité à l'aval.

Ces trois sections, qui révèlent les modelés créés lors d'un épisode à *debris flow*, sont illustrées par la photo 1.

Les difficultés d'entente sur le mot *debris flow* reposent non seulement sur les caractéristiques du matériel entraîné, mais aussi et surtout sur un problème d'échelle. En effet, le mot *debris flow* sera employé pour décrire des phénomènes déplaçant des volumes de matériel de moins de 1 m^3 à plus de 100 000 m^3. De plus, certaines coulées ont lieu sur des versants ouverts (*hillslope flows* de D. Brunsden, 1979) alors que d'autres poursuivent leur course en empruntant un fond de vallée (*valley-confined flows*). P. Pech (2000, p. 65) clarifie la situation : « les coulées de débris alpines, appelées *alpine debris flows* en anglais, sont des mouvements de terrain rapides qui affectent les versants des milieux montagnards et de haute latitude et qu'il ne faut pas confondre avec des écoulements torrentiels canalisés appelés laves torrentielles ». Nous n'aborderons pas les laves torrentielles ici, fréquentes par exemple au Darjeeling et en Chine, où elles peuvent parcourir des kilomètres, mais qui ne correspondent pas aux formes que nous avons pu observer en Islande du nord-ouest.

Nous tenterons tout d'abord de définir le contexte morphoclimatique favorable au déclenchement des *debris flows* (chapitre 5), d'en décrire le déroulement et l'impact géomorphologique observés sur le terrain en Islande du nord-ouest (chapitre 6), en appliquant à notre étude de nouveau une démarche naturaliste et historique, qui nous permettra de mieux comprendre à la fois les conditions de déclenchement des *debris flows* (certains d'entre eux ont été directement observés, depuis la mobilisation des débris à l'amont jusqu'à la phase de « cimentation » des formes), d'estimer leur impact géomorphologique et d'évaluer leur fréquence (chapitre 7).

Chapitre 5

Un contexte morphoclimatique favorable aux *debris flows*

1. - La pente
2. - Une masse de matériel mobilisable
3. - Des excès soudains d'humidité

Photo 33 - La fonte des plaques de neige déclenche des *debris flows* de petite dimension sur les pentes de débris qui tapissent les flancs du cirque Naustahvilft, à Ísafjörður (Cliché du 06 août 1999).

Chapitre 5

Un contexte morphoclimatique favorable aux *debris flows*

« *Prerequisite conditions for most debris flows include an abundant source of unconsolidated fine-grained rock and soil debris, steep slopes, a large but intermittent source of moisture, and sparse vegetation* »

John E. COSTA (1984, p. 269).

Cette phrase de J.E. Costa résume à elle seule les conditions nécessaires au déclenchement des coulées de débris : une pente, un stock de matériel mobilisable et un excès momentané d'humidité qui permettra la mobilisation du matériel. Dans ces conditions, contrairement aux avalanches, confinées à des espaces de montagne où les conditions climatiques permettent la persistance du tapis neigeux au cours de l'hiver, les *debris flows* s'accommoderont pour fonctionner d'une gamme de milieux bioclimatiques plus variés. Et c'est bien la multiplicité des conditions morphologiques et météorologiques à l'origine des *debris flows* qui en fait une dynamique de versant complexe. Nous analyserons successivement les trois conditions préalables[10] au déclenchement des *debris flows* pour ensuite essayer de dégager les traits particuliers aux *debris flows* islandais.

1. - La pente

1.1. - Généralités

La pente permet la mise en mouvement du matériel mobilisé et l'autorise à prendre de la vitesse. Ainsi, elle lui confère son caractère agressif, érosif sur un substrat souvent fragilisé par l'absence de couverture végétale protectrice.

Les *debris flows* se déclenchent toujours sur des pentes fortes. Leurs valeurs se situent le plus souvent autour de l'angle de repos, c'est-à-dire entre 30 et 35 °. En effet, la pente ne doit pas être trop forte, car le matériel ne ferait qu'y transiter, entraîné par le simple jeu de la gravité ; elle ne doit pas non plus être trop faible car le matériel, souvent grossier, ne se laisserait pas entraîner vers l'aval (tableau 10). Au Spitsberg, H.J. Åkerman (1984) relevait des angles de 29 à 38° sur les pentes d'éboulis touchées par la dynamique à *debris flow*, alors que J. Boelhouwers *et al.* (2000) mesuraient des pentes à 23° dans la zone de source des *debris flows* de l'île Marion (milieu

---

[10] Ces trois conditions, pente, fourniture en débris et excès d'humidité, sont abordées successivement sans hiérarchisation : le processus des *debris flows* ne fonctionne que lorsque les trois conditions sont réunies. Si l'une d'elles est absente alors la dynamique à *debris flow* n'a pas lieu.

subantarctique). En milieux subtropicaux et tropicaux, A. Rapp (1974) et W. Froehlich *et al.* (1989) ont mesuré des pentes variant entre 33-44° (Tanzanie) et 15-40° (Dar Jeeling). Dans la zone de dépôt des *debris flows*, les pentes sont rarement mentionnées dans les différentes recherches consacrées aux coulées de débris, mais T.C. Blair (1999) a mesuré des angles moyens sur les cônes alluviaux de la Vallée de la Mort en Californie allant de 4,3° à 7,1° (des valeurs de pente plus faibles -1,8° à 3,1°- sont associées à des cônes alluviaux dominés par des processus d'écoulement aréolaire). A travers ces brefs exemples, le seul aspect de la pente, azonal autant que le vent, montre à quel point les *debris flows* peuvent se rencontrer dans toutes les zones climatiques du globe (A. Decaulne, 2001a).

1.2. - Les pentes en Islande du nord-ouest

Les valeurs des pentes des zones de départ en Islande du nord-ouest sont variables, s'échelonnant entre 22° et 54°.

Les valeurs de pente dans la zone d'arrêt sont très variables également, car le *debris flow* dévale la pente jusqu'à ce que sa charge liquide, qui le met en mouvement, soit épuisée. Ainsi, la pente sur laquelle le *debris flow* s'arrête dépend de la dimension du *debris flow* : les petits *debris flows*, qui sont constituées d'un volume de matériel faible, ne parcourent pas la longueur du versant sur sa totalité, car sa teneur en eau liquide est rapidement évacuée. A l'inverse, les *debris flows* qui entraînent un volume de matériel important parcourent des distances plus longues et c'est la faiblesse de l'inclinaison du pied du versant plus que la perte de la teneur en eau qui conditionne l'arrêt de la coulée de débris. En effet, ceci a été observé directement à Ísafjörður lors des épisodes à *debris flow* de juin 1999 : alors que la coulée de débris avait fini sa course sur une surface presque plane, seule l'eau contenue dans le matériel, chargée de fines, continuait à s'écouler.

Les conditions de pente, telles qu'elles avaient été décrites dans le chapitre 1 consacré au contexte morphoclimatique propice à la dynamique avalancheuse (§ 2.2.1.), sont tout à fait favorables aux *debris flows* : nous avons dressé une carte schématique de l'occurrence des *debris flows* sur les pentes des versants autours d'Ísafjörður, basée à la fois sur les observations effectuées sur le terrain et l'analyse des photographies aériennes (fig. 59). Le tableau 11 répertorie les valeurs de pente maximales des zones de départ et les valeurs de pentes minimales des zones d'arrêt des *debris flows* en Islande du nord-ouest (ces dernières sont peu représentatives car le bas du versant est souvent anthropisé : la course finale des *debris flows* est ainsi fréquemment interrompue par des drains ou des surfaces aménagées telles que les routes). La photo 33 montre la faiblesse de l'inclinaison à l'aval, qui est de 9°, et la raideur de la zone de départ d'un *debris flow* déclenché le 11 juin 1999 à Súðavík.

Tableau 10 - Les valeurs des pentes des *debris flows* relatés dans la littérature

Localisation	Valeurs de pente	Référence
Dar Jeeling	15 - 40°	W. Froehlich *et al*. (1989)
Île Marion	22 - 24°	J. Boelhouwers *et al*. (2000)
Tanzanie	33 - 44°	A. Rapp (1974)
Laponie suédoise	12 - 30°	A. Rapp (1974)
Laponie suédoise	6 - 40°	A. Rapp et R. Nyberg (1981)
Spitsberg	19 - 38°	S. Larsson (1982)
Yukon	13 - 32°	A.J. Broscoe et S. Thomson (1969)
Yukon	15 - >30°	S.A. Harris et G. McDermid (1988)
Alpes françaises	20 - 35°	H. Van Steijn (1988)
Suisse	25 - 40°	J. Lewin et J. Warburton (1994)
Alpes italiennes	30 - 40°	M. Berti *et al*. (1999)

Tableau 11 - Valeurs maximales et minimales des pentes des *debris flows* sur trois sites d'Islande du nord-ouest

Localisation	Amont		Aval	
	Maximum	Minimum	Maximum	Minimum
Súðavík	54°	32°	14°	9°
Ísafjörður	45°	22°	12°	_
Bolungarvík	53°	29°	14°	_

Tableau 12 - La classification des *debris flows* selon J. Innes (1983)

	Volume de débris concerné
Grand *debris flow*	> 100 000 m³
Moyen *debris flow*	1 000 - 100 000 m³
Petit *debris flow*	1 - 1 000 m³
Micro *debris flow*	< 1 m³

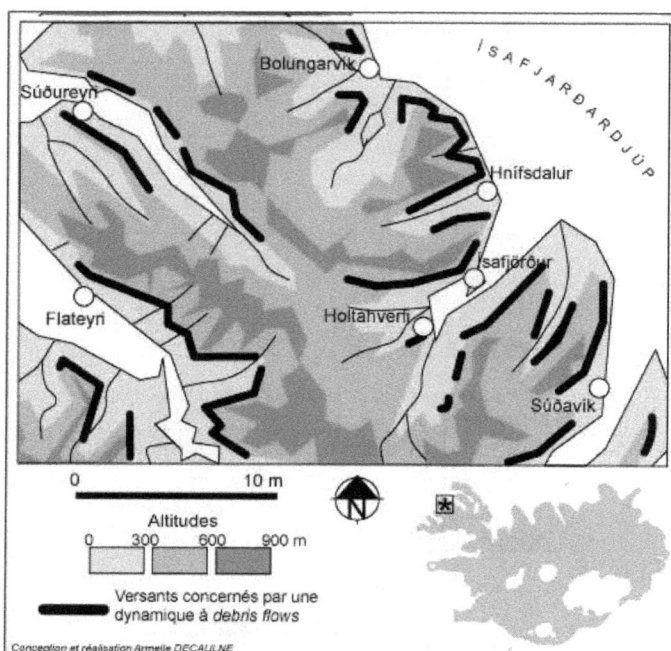

Fig. 59 - Carte de localisation des pentes concernées par la dynamique à *debris flows* autour d'Ísafjörður

Photo 34 - Sur cette vue du versant Kirkjubólshlíð, les *debris flows* trouvent leur origine dans les couloirs qui entaillent la corniche rocheuse sommitale (Cliché du 17 août 1999).

2. - Une masse de matériel mobilisable

2.1. - Généralités

Les coulées de débris sont constituées d'un matériel largement hétérométrique, puisque la masse de débris contient à la fois des fines, de la taille des argiles et des limons, et des blocs dont le volume peut atteindre plusieurs mètres cubes. Ce matériel a une origine très diverse. Le plus fréquemment, il s'agit de gélifracts en transit dans les couloirs des parois rocheuses dans les régions montagneuses des hautes, moyennes et basses latitudes (A. Rapp, 1960 et 1995 ; A. Jahn, 1960, 1961 et 1967 ; M.I. Ivenorova, 1964 ; Winder, 1965 ; T.C. Pierson, 1980 ; R. Nyberg, 1985 ; R. Neboit et Y. Lageat, 1987 ; C. Jonasson, 1988 ; H. Van Steijn, 1988 ; H. Van Steijn *et al.*, 1988 ; J.S. Gardner, 1989 ; J. Innes, 1989 ; S. Okuda, 1989 ; R. Neboit-Guilhot *et al.*, 1990 ; M.-F. André, 1990, 1991, 1993 ; A. Kotarba, 1992a et b ; S.A. Harris et C.A. Gustafsson, 1993; J. Lewin et J. Warburton, 1994 ; M. Becht, 1995 ; S.A. Harris et G. McDermid, 1998 ; M. Berti *et al.*, 1999). Toutefois, il peut aussi s'agir d'un matériel morainique hérité de périodes glaciaires et remobilisé, en particulier lorsqu'il s'agit de dépôts morainiques ; c'est le cas dans les montagnes des hautes et moyennes latitudes (M.I. Ivenorova, 1964; Winder, 1965 ; A.J. Broscoe et S. Thomson, 1969 ; A.M. Johnson et P.H. Rahn, 1970 ; A. Rapp, 1974 ; N. Clotet-Perarnau *et al.*, 1989 ; J.S. Gardner, 1989 ; J. Innes, 1989 ; A.J. Lewin et J. Warburton, 1994 ; M. Becht, 1995 ; M. Berti *et al.*, 1999). Plus rarement ont été signalés dans la littérature les cas d'un matériel fin abondant résultant d'une altération des roches, notamment des gneiss et des schistes, à la suite de pluies continues abondantes (W. Froehlich *et al.*, 1989), ou de sols (A. Rapp, 1974).

Le volume de la masse de débris mobilisée permet de déterminer la taille du *debris flow*. Ici apparaît une des difficultés de reconnaissance des *debris flows*, car sont associés à des coulées de débris toutes les laves de ruissellement présentant les formes caractéristiques (en particulier chenal central bordé de levées parallèles) et entraînant de 1 m^3 à plus de 100 000 m^3 de matériel, selon la classification proposée par J. Innes (1983) qui regroupe les *debris flows* selon leur taille (tableau 12). Avec de telles variations d'échelle, les processus sont difficilement comparables, et les exemples relatés dans la littérature sont quelquefois délicats à appréhender.

En Islande du nord-ouest, les volumes estimés des *debris flows* qui se sont déclenchés en juin 1999 varient de 10 m^3 à plus de 3500 m^3. Cela classe les laves de ruissellement islandaises parmi les petits et moyens *debris flows* La plus grande majorité des *debris flows* islandais atteignent la base du versant.

2.2. - L'origine du matériel mobilisé par les *debris flows* en Islande du nord-ouest

La source en débris qui constitueront la masse du *debris flow* est de deux types en Islande du nord-ouest : soit les débris sont mobilisés dans les couloirs qui entaillent la corniche, soit ils proviennent de l'épaisse couverture des débris située sur les replats intermédiaires des versants. Dans les deux cas, le matériel est libre et facilement emporté lorsque les conditions de saturation sont réunies.

2.2.1. - Le matériel provenant des couloirs de la corniche

L'ensemble des corniches rocheuses d'Islande du nord-ouest, dont certaines mesurent jusqu'à 200 mètres d'épaisseur, est entaillé de multiples couloirs (photo 34). Dans ces couloirs s'accumulent les débris provenant d'une intense gélifraction de leurs flancs, constituées par une superposition de coulées laviques d'épaisseurs diverses ; les débris sont largement hétérométriques et anguleux (fig. 60). En effet, le climat qui règne dans la région, avec ses multiples fluctuations autour du point de congélation, favorise le démantèlement mécanique des parois rocheuses. Les blocs débités sont de dimensions variées, celles-ci dépendant de la densité des réseaux de diaclases.

La fracturation des parois a été mesurée par l'espacement des diaclases en plusieurs points sur les parois dominant les versants d'Islande nord-occidentale. Les blocs ainsi libérés mesurent de 0,33 m à 0,77 m de large, et leur hauteur est pluridécimétrique à métrique (tableau 13). Ainsi, le matériel qui se trouve en transit dans les couloirs peut être de grande dimension, et incorpore de la matrice fine, également libérée lors des processus de gélifraction, mais également par érosion chimique (action des sécrétions acides des végétaux, du guano des oiseaux marins, de l'air ambiant salé).

Le matériel situé dans ces couloirs est soudainement déplacé par ce que A.M. Johnson et J.R. Rodine (1984) désignent sous le nom de *firehose effect*, et qui correspond à ce que les francophones appellent « effet chasse d'eau » (R. Neboit-Guilhot *et al.*, 1989) ou encore « effet de tuyau d'arrosage » (B. Francou, 1988) : « un courant d'eau se déplaçant à grande vitesse rencontre une masse de débris dans laquelle il dissipe son énergie en la dispersant dans la masse : cela peut être à le cas lorsque des ruisseaux gonflés rapidement dévalent les couloirs rocheux et convergent vers le même talweg recouvert de matériel rocheux » (B. Francou, 1988, p. 291).

Ce mode de départ du matériel semble très répandu. C'est de cette manière que se déclenchent les laves étudiées par B. Francou (1988) dans les Alpes (Combe de Laurichard) et plusieurs de celles recensées en Californie par A.M. Johnson et J.R. Rodine (1984) ou au Pays de Galles (K. Addison, 1987). C'est également en Islande du nord-ouest le cas des *debris flows* des sites de Súðavík, Holtahverfi, Ísafjörður (Skutulsfjörður rive est), Hnífsdalur, Bolungarvík, Flateyri, Bíldudalur et Patreksfjörður.

2.2.2. - Le matériel provenant des manteaux de débris non consolidés

Plusieurs versants en Islande du nord-ouest sont interrompus par un plateau intermédiaire limité par une double corniche rocheuse entaillée par de nombreux couloirs. Ces plateaux sont couverts d'une grande épaisseur de matériaux non consolidés (10-30 mètres d'épaisseur environ). C'est en particulier le cas des versants dominant les sites d'Ísafjörður (photos 35 et 36) et de Súðureyri (photo 37) Lors d'un excès soudain d'humidité (*cf. infra*) l'eau percole à l'intérieur du manteau de débris et ruisselle le long de la surface basaltique, déstabilise une partie du matériel du front du manteau de débris, provoque des glissements de terrain qui se transforment ensuite en *debris flow* (fig. 60b). Ce mode d'initiation des *debris flows* par glissement a été reconnu en Irlande du Nord (D.B. Prior et *al.*, 1970), au Pays de Galles par I. Statham (1976) et par S. Larsson (1982) au Spitsberg.

Les *debris flows* provenant de ces deux types de sources ont des volumes comparables. La durée de l'événement est cependant plus longue - plus de 36 heures - dans le cas des laves de ruissellement déclenchées sur des versants à replat intermédiaire car plusieurs glissements successifs donnent naissance à plusieurs vagues de coulées et le front du manteau de débris est plus long à retrouver son équilibre. Dans le cas des *debris flows* se déclenchant dans des couloirs de la paroi rocheuse, la purge du matériel est rapide - environ 12 heures - même si plusieurs « vagues » ou « bouffées » (les anglo-saxons utilisent le terme *pulse*) dévalent successivement la pente.

Tableau 13 - La fracturation des parois en Islande du nord-ouest

Sites	Nombre de diaclases (sur 10 m)	Largeur moyenne des blocs (en cm)
Ísafjörður		
Karlsárgil	36	27,7
Hnífsdalur		
Traðargil	25	40
Búðargil	54	18,5
Óshlíð	26	38,4
–	18	55,5
–	16	62,5
–	14	71,4
–	13	76,9
–	21	47,6
–	25	40
–	30	33,3
–	55	18,2
–	70	14,2
Bíldudalur	21	47,6

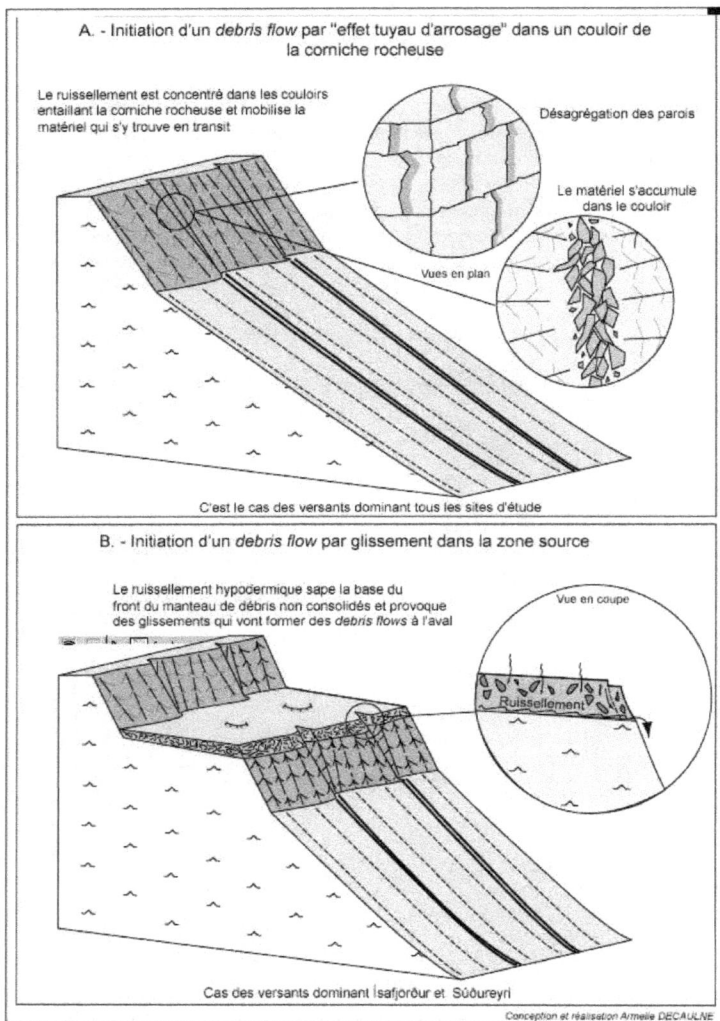

A. - Initiation d'un *debris flow* par "effet tuyau d'arrosage" dans un couloir de la corniche rocheuse

Le ruissellement est concentré dans les couloirs entaillant la corniche rocheuse et mobilise la matériel qui s'y trouve en transit

Désagrégation des parois

Le matériel s'accumule dans le couloir

Vues en plan

C'est le cas des versants dominant tous les sites d'étude

B. - Initiation d'un *debris flow* par glissement dans la zone source

Le ruissellement hypodermique sape la base du front du manteau de débris non consolidés et provoque des glissements qui vont former des *debris flows* à l'aval

Vue en coupe

Ruissellement

Cas des versants dominant Ísafjörður et Súðureyri

Conception et réalisation Armelle DECAULNE

Fig. 60 - L'origine du matériel des *debris flows* en Islande du nord-ouest et mode d'initiation des coulées de débris

130

Photo 35 - Le replat intermédiaire d'Ísafjörður est couvert de 30 à 70 mètres de débris hétérométriques (Cliché du 7 août 1999).

Photo 36 - Cette vue du front du replat de Gleiðarhjalli, à l'amont d'Ísafjörður, montre la zone-source des *debris flows* qui se sont déclenchés entre le 10 et le 12 juin 1999. Les glissements initiateurs sont bien visibles. Le personnage sur le plateau donne l'échelle (Cliché du 14 juin 1999).

Photo 37 - Le replat intermédiaire qui domine le village de Súðureyri est couvert de 30 à 70 mètres de débris hétérométriques, dont le front constitue la zone-source des *debris flows* (Cliché du 10 juillet 1998).

3. - Des excès soudains d'humidité

3.1. - Les travaux antérieurs

Tous les auteurs précédemment cités s'entendent en considérant l'excès soudain d'humidité comme étant le facteur déclenchant des coulées de débris. Les controverses reposent sur l'origine de cette eau liquide. Or, trois sources en eau peuvent être identifiées : les averses pluvieuses intenses, les pluies de longue durée et la fonte du manteau neigeux. Deux thèses se sont développées depuis plusieurs décennies, qui opposaient en particulier A. Jahn (1967 et 1976) à A. Rapp (1960b, 1964, 1974, 1985, 1986, 1987 et 1992). Le premier attribuait le déclenchement des coulées de débris dans les hautes latitudes à fonte du tapis neigeux. Le second mettait au contraire en avant le rôle des averses intenses dans le déclenchement des *debris flows*. Un grand nombre de chercheurs a ensuite conforté cette seconde thèse (F. Thiedig et A. Kresling, 1973 ; A. Rapp et L. Strömquist, 1976 ; L. Starkel, 1976 et 1996 ; N. Caine, 1980 ; S. Larsson, 1982 ; A.M. Johnson et J.R. Rodine, 1984 ; R. Nyberg, 1985 ; P. Pech, 1986, 1990 et 2000 ; R. Neboit et Y. Lageat, 1987 ; S.H. Cannon et S.D. Ellen, 1985 et 1988 ; S.H. Cannon, 1988 ; H. Van Steijn *et al.*, 1988 ; M.-F. André, 1990c, 1991, 1993, 1995 ; R. Neboit-Guilhot *et al.*, 1990 ; B.H. Luckman, 1992 ; J. Lewin et J. Warburton, 1994 ; M. Becht, 1995 ; M. Becht et D. Rieger, 1997 ; D. Mercier, 1997 ; H. Van Steijn et B. Hétu, 1997 ; R. Nyberg et A. Rapp, 1998 ; M. Berti *et al.*, 1999 ; C. Jonasson et R. Nyberg, 1999 ; A. Kotarba, 1999 ; H. Vedin *et al.*, 1999), certains considérant même l'hypothèse de la dynamique de fonte nivale dans la mise en place des *debris flows* comme extravagante (B. Francou, 1988, p.287). A côté de cette abondante littérature relatant des événements à *debris flows* déclenchés lors d'épisodes pluvieux intenses, le rôle de la fonte nivale a été rarement reconnu par quelques auteurs, outre A. Jahn au Spitsberg (J. Innes, 1983 ; S. Sauchyn *et al.*, 1983 ; J. E. Costa, 1984 ; F. Sandersen *et al.*, 1996 ; A. Decaulne, 2000 ; D. R. Kniveton *et al.*, 2000). Globalement, plus de 95 % de la littérature consacrée à l'étude des *debris flows* relate des événements liés à des averses intenses, ce qui démontre de façon indéniable l'importance de ce mode de déclenchement. A l'inverse, nous montrerons ici que les pluies de longue durée et la fonte soudaine du tapis neigeux sont aussi une cause non négligeable du déclenchement des coulées de débris, au même titre que les épisodes pluvieux brefs et de forte intensité. Néanmoins, le fait que la majorité des épisodes à déclenchement lié aux averses intenses semble suggérer que ce mode de déclenchement du processus est le plus répandu dans le monde, s'explique peut-être parce que la plus grande partie des observations de terrain se fait en période estivale, lorsque les terrains d'étude sont les plus accessibles et justement soumis à des caprices climatiques violents, mais cela n'exclut pas l'existence d'autres facteurs déclenchants. Notre but n'est pas ici d'alimenter un débat stérile sur le plan scientifique, mais au contraire de rendre compte de ce que nous avons eu l'opportunité d'observer sur notre terrain d'Islande du nord-ouest, en dehors de tout parti pris, d'autant plus que les différents modes de déclenchement donnent naissance à des modelés comparables (que nous développerons dans le chapitre 6).

3.2. - Les modes de déclenchement des *debris flows* en Islande du nord-ouest

Si elles ont toujours existé, les coulées de débris n'ont fait l'objet d'observations que depuis peu en Islande où elles sont répertoriées depuis 1930 environ ; les conditions météorologiques préalables à leur mise en place sont connues pour la plupart d'entre elles, malgré la rareté de données météorologiques précises. Ainsi, il est possible de reconnaître quels ont été les modes de déclenchement des coulées de débris sur les différents sites, grâce aux documents rédigés par Halldór G. Pétursson (1991b, 1992a et b, 1995, 1996b et c), du Bureau des Sciences Naturelles d'Akureyri, dans le nord du pays (tableau 14).

Les données météorologiques précises sont absentes pour la plupart des épisodes à *debris flows*, sauf pour les plus récents (tableau 15), du fait de l'éparpillement de l'implantation des stations de mesure : les données avancées sont ainsi difficiles à interpréter car elles correspondent souvent à des valeurs obtenues à plusieurs kilomètres de distance du site touché par des *debris flows* ; or l'on connaît la variabilité spatiale des précipitations. Toutefois, si l'on ne connaît ni les totaux pluviométriques ni les intensités horaires, nous pouvons classer les pluies en deux catégories grâce aux indications relevées dans les Annales : averses intenses et pluies de longue durée. En effet, les Annales précisent s'il s'agit de tempêtes, d'orages (associés à des précipitations intenses) ou s'il a beaucoup plu durant le mois, la semaine ou les jours qui ont précédé l'épisode à *debris flows* (nous associons ces informations à des précipitations de longue durée). Ce mode de déclenchement est légèrement majoritaire en Islande nord-occidentale car il concerne 53 % des causes de déclenchement des *debris flows* (tableau 14).

Tableau 14 - Les modes de déclenchement des *debris flows* connus (Sources : H.G. Pétursson, 1991, 1992a et b, 1993, 1995, 1996 a et b, H.G. Pétursson et Þ. Sæmundsson, 1999, Þ. Sæmundsson et H.G. Pétursson, 1999a)

Sites	Dates	Modes de déclenchement
Patreksfjörður	3-4 nov. 1965	Fonte nivale + pluie intense
	13 déc. 1975	Pluies de longue durée
	7 déc. 1991	Fonte nivale
Bíldudalur	15 jan. 1902	Pluies de longue durée
	21-22 déc. 1931	Pluies de longue durée
	17 fév. 1959	Fonte nivale + pluie
	24 aoû. 1968	Pluie de longue durée
	30-31 déc. 1971	Fonte nivale + pluie
	19 nov. 1976	Pluie
	22 oct. 1985	Pluies de longue durée et pluies intenses
	10 mai. 1990	Fonte nivale
Flateyri	21 jan. 1935	Pluies de longue durée
	2 oct. 1952	Pluies intenses
	3-4 nov. 1965	Fonte nivale + pluie
Súðureyri	21 jan. 1935	Pluies de longue durée
	20 jan. 1940	Pluies intenses
	5-7 sept. 1950	Pluies intenses
	25-26 oct. 1958	Pluies
	26 déc. 1981	Fonte nivale
	11 juin. 1999	Fonte nivale
Bolungarvík	2 oct. 1947	Pluie
	2 oct. 1952	Pluies intenses
Ísafjörður	3-4 juin. 1934	Fonte nivale
	13 aoû. 1936	Pluies intenses
	21-22 sept. 1942	Pluies
	24 oct. 1943	Pluies de longue durée
	18 oct. 1953	Pluies intenses
	13 avr. 1955	Pluie de longue durée
	19-20 nov. 1956	Pluies de longue durée
	25-26 oct. 1958	Pluie de longue durée
	18-19 nov. 1958	Fonte nivale + pluie
	18-20 oct. 1965	Fonte nivale + pluie
	3-4 nov. 1965	Fonte nivale + pluies intenses
	28-29 jan. 1972	Fonte nivale + pluie
	4 aoû. 1976	Pluies intenses
	27-28 aoû. 1977	Pluies intenses et de longue durée
	29 juin. 1983	Fonte nivale
	21-23 mai. 1987	Fonte nivale
	7 déc. 1991	Fonte nivale
	25-28 sept. 1996	Pluies de longue durée
	19 mai. 1998	Fonte nivale
	15 aoû. 1998	Pluie de longue durée
	10-12 juin. 1999	Fonte nivale
Súðavík	25-26 oct 1958	Pluie de longue durée
	18-19 nov. 1958	Fonte nivale + pluie
	20 oct. 1965	Fonte nivale + pluie
	10-12 juin 1999	Fonte nivale

3.2.1. - Les averses intenses et les averses de longue durée

Le tableau 16, qui regroupe les épisodes à *debris flows* déclenchés par des pluies, illustre la grande variabilité spatiale des précipitations : les pluies, qui touchent globalement plusieurs sites au cours du passage d'une dépression, déclenchent rarement des laves de ruissellement sur plusieurs versants en même temps. Nous n'observons qu'un seul événement pluvieux déclenchant simultanément des *debris flows* sur plusieurs versants. Il s'agissait d'une période de pluies de sept jours qui a provoqué la formation simultanée de coulées de débris à l'amont des villages de Flateyri et Súðureyri le 21 janvier 1935. Ces deux sites, distants de huit kilomètres à vol d'oiseau, se trouvent sur les rives de deux fjords orientés tous deux sud-est-nord-ouest et séparés par la montagne Eyrarfjall qui culmine à 717 mètres ; les rives d'un troisième fjord voisin et orienté de la même façon sont également touchées par des *debris flows*. Les Annales (H.G. Pétursson, 1996) indiquent que plusieurs autres coulées se sont déclenchées au cours de cet épisode pluvieux de longue durée dans les fjords de l'ouest mais n'en précisent pas les localisations ; nous supposons cependant qu'aucun des autres sites qui font l'objet de notre étude ne sont concernés, car ils auraient été signalés. Cette source ne fait pas état de la présence d'une couverture neigeuse, ce qui n'est pas rare en Islande du nord-ouest, même au mois de janvier, mais précise la trajectoire de la dépression qui circulait du 14 au 21 janvier 1935 vers le nord-est, amenant beaucoup de pluie sur les reliefs (fig. 61).

Les pluies de longue durée peuvent inclure des pointes d'intensité, mais les données météorologiques dont nous disposons ne nous permettent pas de les quantifier. Toutefois, d'après les données dont nous disposons, nous pouvons avancer que 52 % des pluies ayant déclenché des laves de ruissellement sont de longue durée alors que seuls 28 % des événements sont associés à des pluies intenses. 16 % des *debris flows* sont déclenchés par des pluies dont le type n'a pas pu être déterminé, et 8 % sont associés de façon certaine à des pluies mixtes (de longue durée et de forte intensité à la fois).

3.2.3. - La fonte nivale

La fonte du tapis neigeux est directement mise en cause dans le déclenchement de 47 % des *debris flows* recensés en Islande du nord-ouest, d'après ce que nous révèlent les Annales (H.G. Pétursson, 1991, 1992 a et b, 1993, 1995, 1996 a et b, H.G. Pétursson et Þ. Sæmundsson, 1999, Þ. Sæmundsson *et al.*, 1999). Dans 50 % des cas, la fonte de la neige est associée à des chutes de pluies (tableau 16). Ces *debris flows* se déclenchent toujours entre les mois d'octobre et d'avril, pendant la saison hivernale, qui enregistre les précipitations les plus abondantes (*cf.* Introduction), en suivant un scénario toujours identique : les températures s'élèvent brusquement dans un flux de secteur sud qui amène un nouvel épisode cyclonique pluvieux, la neige fond du fait de la hausse des températures et des précipitations liquides. Lorsque la fonte de la neige est seule responsable de l'initiation des coulées de débris, elle a surtout lieu au printemps, en mai ou juin, lorsque le tapis neigeux est encore présent au sol (36 % des cas), et plus rarement au cœur de l'hiver, en décembre, à l'occasion d'une brusque élévation des températures (14 % des cas). D'ailleurs, le graphique de la figure 62 illustre la répartition des épisodes à *debris flows* selon leur mode de déclenchement au cours de l'année : il montre l'importance de la fonte dans le déclenchement des *debris flows* au printemps et pendant la première partie de l'hiver, alors que les pluies sont majoritairement responsables du déclenchement des laves de ruissellement pendant l'été et l'automne. La deuxième partie de l'hiver connaît une très faible activité des coulées de débris.

L'étude des épisodes à *debris flows* déclenchés par la fonte nivale montre que plusieurs d'entre eux se sont déroulés simultanément sur différents versants, distants quelquefois de plusieurs dizaines de kilomètres, contrairement à ce que nous avons observé dans le cas des *debris flows* déclenchés par les pluies de longue durée ou les averses intenses. Cela tend à renforcer l'hypothèse de la très grande variation des totaux pluviométriques tombant sur différents versants au cours d'un même événement pluvieux, alors que les hausses brutales des températures toucheraient des zones plus vastes simultanément en générant une fonte soudaine du tapis neigeux (fig. 63).

3.3. - Valeurs-seuil d'humidité et temps de réponse des masses de débris : des questions essentielles difficiles à résoudre

3.3.1. - La question des valeurs-seuil

* La variabilité spatiale des précipitations liquides

Les questions des valeurs-seuil d'humidité dans les masses de débris mobilisables, responsables de leur mise en mouvement sont essentielles mais très difficiles à résoudre. En effet, comme nous l'avons déjà évoqué dans le paragraphe 3.2.1., la variation des totaux pluviométriques est extrême. La figure 6 illustre ceci : lors du passage de pluies cycloniques se déplaçant d'ouest en est du 13 au 15 août 1998, des totaux pluviométriques variant de 1 à 4 sont enregistrés à la base de différents versants dont l'exposition est changeante dans un rayon de 10 kilomètres (fig. 64). Ainsi, les données météorologiques sont difficiles d'utilisation, en particulier pour l'étude des événements « anciens », c'est-à-dire antérieurs à 1997, car le nombre de stations météorologiques était alors beaucoup plus faible et la station la plus proche pouvait se trouver à plusieurs kilomètres du versant concerné par une activité à debris flows. L'exactitude de la signification scientifique des informations dont nous disposons est donc discutable.

* La corrélation entre les valeurs-seuil et le déclenchement des debris flows

D'autre part, la corrélation entre un événement pluvieux d'une intensité donnée et déversant une quantité d'eau donnée et le déclenchement des debris flows n'est pas systématique. En effet, au cours de pluies affectant un versant, nous pouvons supposer que l'ensemble de celui-ci reçoit la même quantité de pluie et que celle-ci tombe à la même intensité sur toute sa surface, surtout lorsque le versant ne mesure que quelques centaines de mètres. Ainsi, les conditions de pente et de fourniture en débris étant réunies, tous les chenaux à debris flows devraient théoriquement fonctionner ensemble. Il s'avère pourtant que l'étude du versant dominant le site d'Ísafjörður nous démontre le contraire. En étudiant deux épisodes pluvieux pour lesquels nous disposons de données, et l'activité géomorphologique qui en a résulté, nous observons que deux chenaux n'ont pas fonctionné de concert, mais alternativement (fig. 64) : lorsque l'un fonctionnait, l'autre ne réagissait pas et inversement. Pourtant, l'un des debris flows (DF n° 3) s'est déclenché avec des pluies trois fois moins abondantes que celles qui avaient provoqué le départ de l'autre (DF n° 4). Nous pourrions objecter à ceci que l'intensité des pluies les moins abondantes étaient plus forte, mais alors pourquoi l'autre debris flow n'a-t-il pas fonctionné, dans la mesure où nous devons admettre que les pluies touchant la zone de départ des ces deux laves de ruissellement, distantes d'à peine 100 mètres, étaient similaires ? Peut-être les disponibilités en débris est-elle en cause, une zone-source ayant été purgée dans un cas et non dans l'autre ; mais ceci est peu vraisemblable car les deux chenaux prennent naissance sur le front du replat de Gleiðarhjalli, où les débris sont disponibles.

Tableaux 15 - Les *debris flows* déclenchés par des pluies intenses et des pluies de longue durée (Sources : H.G. Pétursson, 1991, 1992a et b, 1993, 1995, 1996 a et b, H.G. Pétursson et Þ. Sæmundsson, 1999, Þ. Sæmundsson et al., 1999)

Sites	Dates	Modes de déclenchement
Patreksfjörður	13 déc. 1975	Pluies de longue durée (12 h)
Bíldudalur	15 jan. 1902	Pluies de longue durée
	21-22 déc. 1931	Pluies de longue durée (3 j)
	24 aoû. 1968	Pluie de longue durée (2 j)
	19 nov. 1976	Pluie
	22 oct. 1985	Pluies de longue durée et pluies intenses
		(400 mm en 12 jours, 150 mm le 22 oct.)
Flateyri	21 jan. 1935	Pluies de longue durée (7 j)
	2 oct. 1952	Pluies intenses les 1-2 oct.
Súðureyri	21 jan. 1935	Pluies de longue durée (7 j)
	20 jan. 1940	Pluies intenses
	5-7 sept. 1950	Pluies intenses (72,4 mm le 6)
	25-26 oct. 1958	Pluies
Bolungarvík	2 oct. 1947	Pluie ?
	2 oct. 1952	Pluies intenses
Ísafjörður	13 aoû. 1936	Pluies intenses (24 mm à Bolungarvík)
	21-22 sept. 1942	Pluies (26,7 mm le 22 à Bolungarvík)
	24 oct. 1943	Pluies de longue durée
		(6 j., du 24 au 29, avec 60 mm à Horn le 25)
	13 avr. 1955	Pluies de longue durée
		(10 j., du 9 au 18, avec le 15 : 31,5 mm à Flateyri,
		28,8 mm à Súðureyri, et 24 mm à Galtarvíti)
	19-20 nov. 1956	Pluies de longue durée (7 j., du 15 au 21, avec
		15,6 mm à Æðey le 21, 22,5 mm à Kjörvogur le 19)
	25-26 oct. 1958	Pluies de longue durée
	4 aoû. 1976	Pluies intenses
	27-28 aoû. 1977	Pluies intenses et de longue durée (2 j., avec le
		28 : 65,2 mm à Galtarvíti, 59,4 mm à Æðey,
		81,9 mm à Hornsbjargsvíti
	25-28 sept. 1996	Pluies de longue durée (30,4 mm à Bolungarvík le 25)
	15 aoû. 1998	Pluie de longue durée
		(21,5 mm le 14 et 21,6 mm le 15)
Súðavík	25-26 oct 1958	Pluies de longue durée

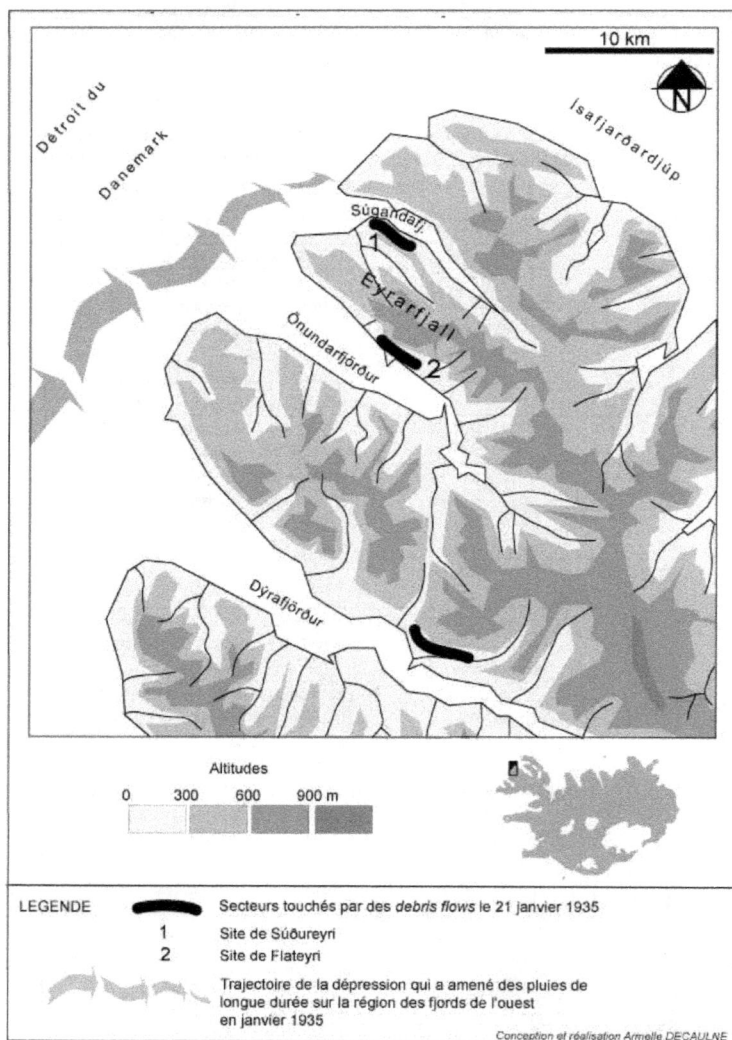

Fig. 61 - L'épisode à debris flows de janvier 1935, d'après les informations d'archives
recueillies dans H.G. Pétursson (1996)

Tableau 16 - Les *debris flows* déclenchés par la fonte nivale (Sources : H.G.
Pétursson, 1991, 1992a et b, 1993, 1995, 1996 a et b, H.G. Pétursson et
Þ. Sæmundsson, 1999, Þ. Sæmundsson et al., 1999)

Sites	Dates	Modes de déclenchement
Patreksfjörður	3-4 nov. 1965	Fonte nivale + pluie intense
	7 déc. 1991	Fonte nivale
Bildudalur	17 fév. 1959	Fonte nivale + pluie
	30-31 déc. 1971	Fonte nivale + pluie
	10 mai. 1990	Fonte nivale
Flateyri	3-4 nov. 1965	Fonte nivale + pluie
Súðureyri	26 déc. 1981	Fonte nivale
	11 juin. 1999	Fonte nivale
Ísafjörður	3-4 juin. 1934	Fonte nivale (chaleurs dès le début du mois, du 1 au 5, vents de S-SW)
	18 oct. 1953	Fonte nivale + pluie
	18-19 nov. 1958	Fonte nivale + pluie (Chutes de neige les 15-16, puis passage d'un temps de N à un temps de SW à partir du 17 avec des températures de 7-10°C)
	18-20 oct. 1965	Fonte nivale + pluie (du 16 au 25, temps de S-SW amenant des pluies et un réchauffement)
	3-4 nov. 1965	Pluies intenses + fonte nivale (hausse brutale des températures en 2 jours, avec passage d'un temps SE à un temps de SW accompagné de fortes pluies. Le 4 nov., 87 mm à Súðureyri, 24,8 mm à Galtarviti et 35,8 mm à Hornsbjargsviti)
	28-29 jan. 1972	Fonte nivale + pluie (passage d'une dépression creusée dans la nuit, amenant des pluies et un redoux. Tout le tapis neigeux disparaît)
	29 juin. 1983	Fonte nivale (réchauffement le 27)
	21-23 mai. 1987	Fonte nivale
	7 déc. 1991	Fonte nivale (8-9°C dans la journée)
	19 mai. 1998	Fonte nivale
	10-12 juin 1999	Fonte nivale (les températures atteingnent 18°C dès le 9, et 17°C les 10 et 11 juin)
Súðavík	18-19 nov. 1958	Fonte nivale + pluie
	20 oct. 1965	Fonte nivale + pluie
	10-12 juin 1999	Fonte nivale

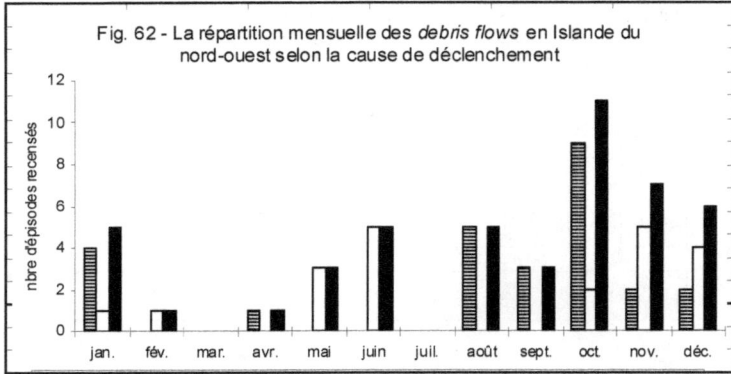

Fig. 62 - La répartition mensuelle des *debris flows* en Islande du nord-ouest selon la cause de déclenchement

* Quels totaux pluviométriques déclenchent des debris flows en Islande du nord-ouest ?

En analysant les données météorologiques des journées ayant vu le déclenchement de coulées de débris, en particulier sur le site d'Ísafjörður, il est possible de mieux définir les quantités d'eau minimales susceptibles de déstabiliser les masses de débris non consolidés qui se trouvent à l'amont, sur le plateau intermédiaire Gleiðarhjalli. Les Annales répertorient 10 épisodes à *debris flows* déclenchés par des pluies à Ísafjörður, dont 8 peuvent être analysés à partir de données pluviométriques (fig. 65). Ainsi, il apparaît que lorsque le seuil de 21 mm d'eau par 24 heures est dépassé, des *debris flows* peuvent se mettre en mouvement, même lorsque cette eau tombe sur un matériel non saturé (cas du *debris flow* de 1998). Cette valeur-seuil est très faible, mais les lacunes que nous avons sur l'intensité horaire de l'épisode pluvieux ne nous permettent que peu de conclusions. En effet, plusieurs exemples relatés dans la littérature avancent des valeurs-seuil similaires sur des tranches de temps très brèves, mais avec des totaux pluviométriques par 24 h sont souvent plus élevés (annexe 2). Ainsi, B. Francou (1988) a étudié des laves de ruissellement déclenchées par 16 mm d'eau tombés en 2 heures sur les dépôts de pente de la combe de Laurichard ; S.H. Cannon et S.L. Reneau (2000) ont observé la formation de coulées de débris sur les sols brûlés et couverts de cendres du Nouveau-Mexique après des pluies de 25 mm/h tombant en 15 minutes ; dans les Alpes centrales, M. Becht (1995) constate la formation de *debris flows* après la chute de 30 mm d'eau en 30 minutes. En baie de San Francisco, des pluies plus abondantes créent une activité à *debris flow* : 127 à 152 mm/24h (T.C. Smith et E.W. Hart, 1982, *In* S.H. Cannon, 1988), et A. Rapp (1960) cite 107 mm/24h en octobre 1959 en Laponie. Les faibles totaux pluviométriques islandais sont pourtant compétents du point de vue géomorphologique, car ils touchent des milieux fragilisés par l'absence ou la faiblesse du couvert végétal, qui favorise le ruissellement. Mais plus que le total pluviométrique causant le *debris flow*, il faut prendre en considération le caractère exceptionnel de la quantité d'eau libérée au cours de l'événement pluvieux par rapport aux normales de saison des régions étudiées. Ainsi,

140

A. Rapp (1974), A. Jahn (1976) et surtout S. Larsson (1982) rappellent que les 80 coulées de débris qui ont marqué les versants de la vallée Longyear au Spitsberg les 10

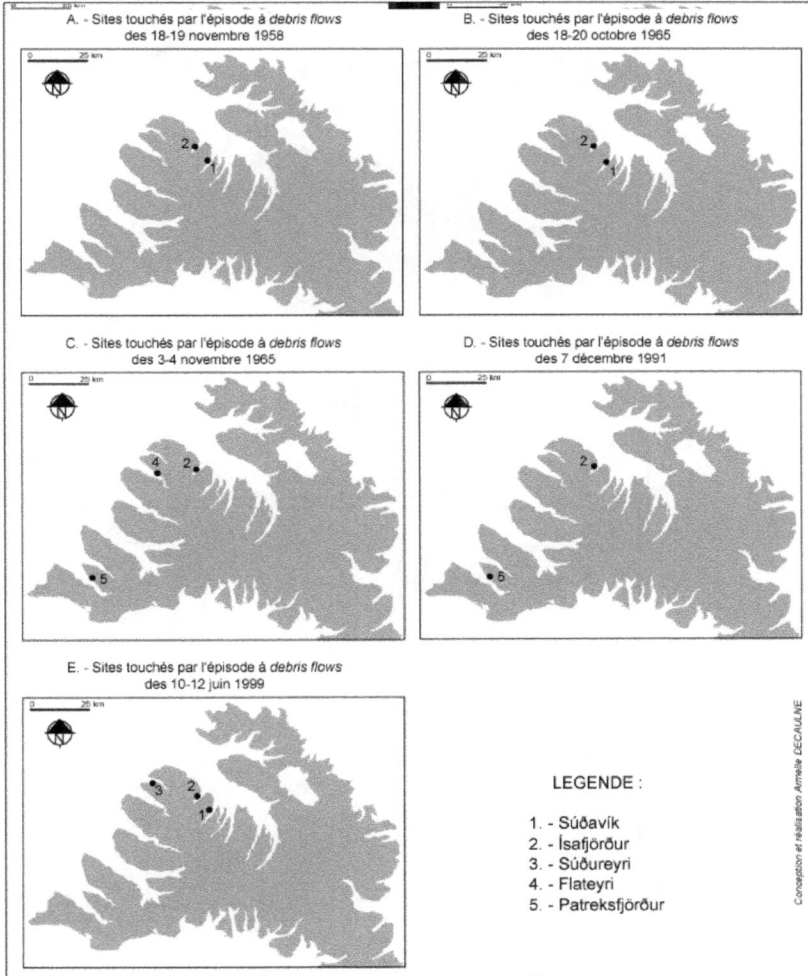

Fig. 63 - La simultanéité du déclenchement des *debris flows* par fonte nivale en Islande du nord ouest

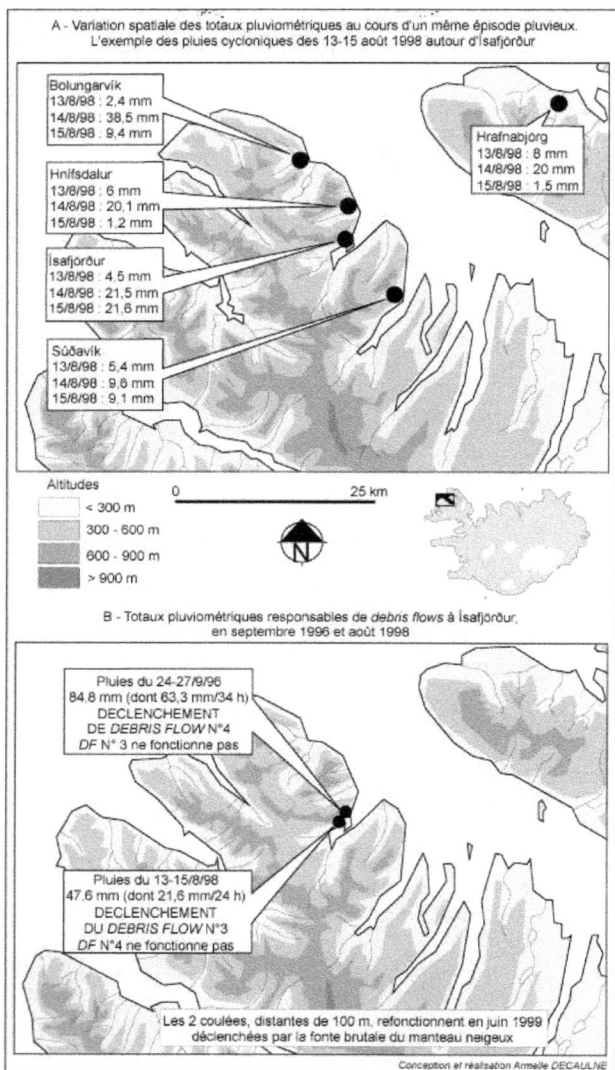

A - Variation spatiale des totaux pluviométriques au cours d'un même épisode pluvieux.
L'exemple des pluies cycloniques des 13-15 août 1998 autour d'Ísafjörður

Bolungarvík
13/8/98 : 2,4 mm
14/8/98 : 38,5 mm
15/8/98 : 9,4 mm

Hrafnabjörg
13/8/98 : 8 mm
14/8/98 : 20 mm
15/8/98 : 1,5 mm

Hnífsdalur
13/8/98 : 6 mm
14/8/98 : 20,1 mm
15/8/98 : 1,2 mm

Ísafjörður
13/8/98 : 4,5 mm
14/8/98 : 21,5 mm
15/8/98 : 21,6 mm

Súðavík
13/8/98 : 5,4 mm
14/8/98 : 9,6 mm
15/8/98 : 9,1 mm

Altitudes

	< 300 m
	300 - 600 m
	600 - 900 m
	> 900 m

0   25 km

B - Totaux pluviométriques responsables de *debris flows* à Ísafjörður,
en septembre 1996 et août 1998

Pluies du 24-27/9/96
84,8 mm (dont 63,3 mm/34 h)
DECLENCHEMENT
DE *DEBRIS FLOW* N°4
DF N° 3 ne fonctionne pas

Pluies du 13-15/8/98
47,6 mm (dont 21,6 mm/24 h)
DECLENCHEMENT
DU *DEBRIS FLOW* N°3
DF N°4 ne fonctionne pas

Les 2 coulées, distantes de 100 m, refonctionnent en juin 1999
déclenchées par la fonte brutale du manteau neigeux

Conception et réalisation Armelle DECAULNE

Fig. 64 - Variation spatiale des totaux pluviométriques autour d'Ísafjörður (A.)
et totaux pluviométriques responsables de *debris flows* à Ísafjörður (B.).

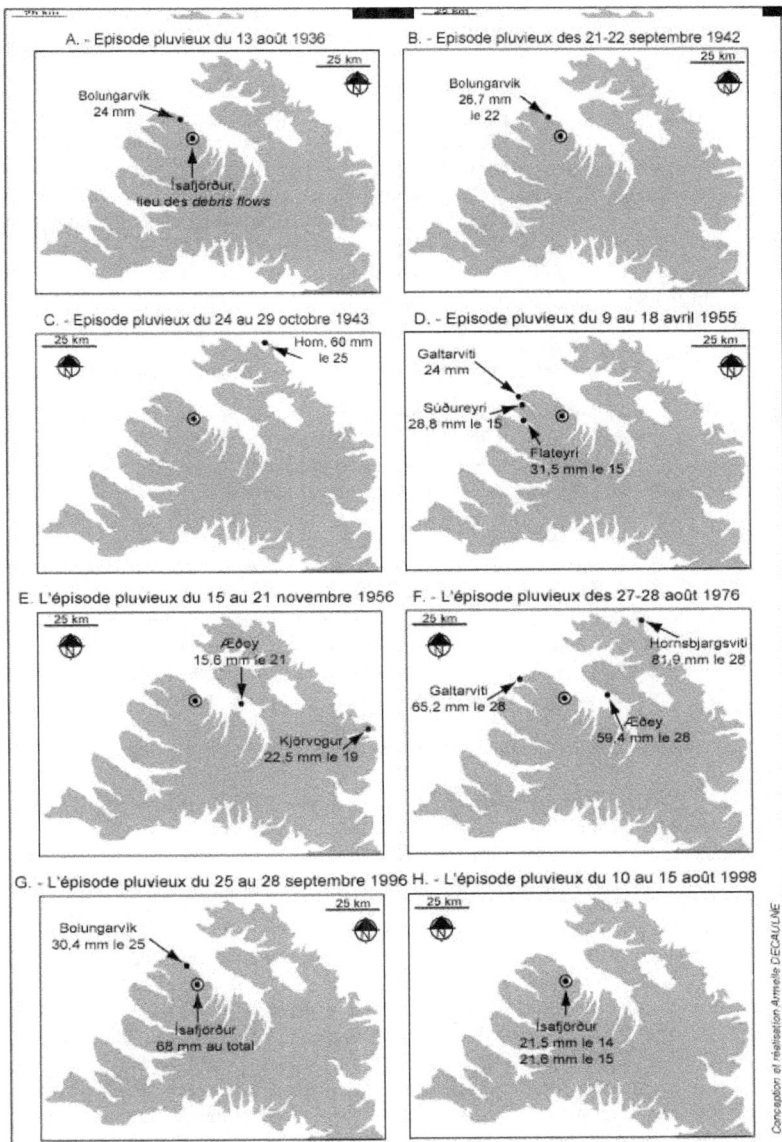

A. - Episode pluvieux du 13 août 1936

B. - Episode pluvieux des 21-22 septembre 1942

Bolungarvik
24 mm

Ísafjörður,
lieu des *debris flows*

Bolungarvik
26,7 mm
le 22

C. - Episode pluvieux du 24 au 29 octobre 1943

Horn, 60 mm
le 25

D. - Episode pluvieux du 9 au 18 avril 1955

Galtarviti
24 mm

Súðureyri
28,8 mm le 15

Flateyri
31,5 mm le 15

E. L'épisode pluvieux du 15 au 21 novembre 1956

Æðey
15,6 mm le 21

Kjörvogur
22,5 mm le 19

F. - L'épisode pluvieux des 27-28 août 1976

Hornsbjargsviti
81,9 mm le 28

Galtarviti
65,2 mm le 28

Æðey
59,4 mm le 28

G. - L'épisode pluvieux du 25 au 28 septembre 1996

Bolungarvik
30,4 mm le 25

Ísafjörður
68 mm au total

H. - L'épisode pluvieux du 10 au 15 août 1998

Ísafjörður
21,5 mm le 14
21,8 mm le 15

Fig. 65 - Etude des totaux pluviométriques responsables de *debris flows*
sur le site d'Ísafjörður et variabilité spatiale de la distribution pluvieuse

143

et 11 juillet 1972 se sont déclenché à la suite de pluies exceptionnellement abondante : 31 mm d'eau sont tombés pendant ses deux jours, et 70 mm ont été enregistrés pour le seul mois de juillet 1972, contre une moyenne mensuelle de 17 mm. En Islande du nord-ouest, le cas des *debris flows* des 27-28 août 1977 est également révélateur : la station de Galtarviti enregistre 65,2 mm de pluie le 22 août 1977, alors que la moyenne du mois d'août est de 63,7 mm ; de même, la station d'Æðey enregistre ce jour-là 59,4 mm, contre 43,4 en moyenne durant le mois, et la station de Hornsbjargsviti reçoit 83 % du total mensuel le même jour. Les averses de forte intensité horaire sont ainsi un « détonateur » idéale pour les *debris flows*, comme le soulignaient notamment N. Caine (1980) et R. Neboit et Y. Lageat (1987), et le rappelait D. Mercier (1998). Mais cela ne doit pas faire oublier l'existence d'autres sources en eau, plus difficilement quantifiables, comme la fonte de la neige ou la fonte rapide du pergélisol (S.A. Harris et *al.*, 1993).

3.3.2. - Les temps de réponse des masses de débris mobilisables

Dans la plupart des cas étudiés de par le monde, les *debris flows* ne se déclenchent pas immédiatement lorsque l'événement météorologique se produit. Un intervalle de temps est nécessaire pour que le ruissellement s'opère, que l'eau infiltre puis sature la masse de débris et que le processus de la lave de ruissellement se mette en place.

Ce laps de temps est variable selon la cause du déclenchement. En effet, il est plus rapide dans le cas des averses pluvieuses, qui amènent en très peu de temps des abats d'eau en grandes quantités, que dans le cas des pluies de longue durée ou de la fonte des neiges qui libèrent des quantités d'eau plus restreintes sur le très court terme mais dont l'accumulation dans le temps peut représenter un volume important.

Dans la littérature, peu d'auteurs font état du temps de réponse des masses de débris aux précipitations ou à la fonte nivale. Toutefois, quelques indications nous sont données par certains d'entre eux. Ainsi, les averses intenses entraînent la formation de *debris flows* dans les quelques heures qui suivent l'épisode pluvieux

(C.G. Winder, 1965, A. Jahn, 1976, A. Rapp et L. Strömquist, 1976, L. Starkel, 1996, A. Decaulne, cette étude), les totaux pluviométriques enregistrés variant entre 50 mm/h (R. Neboit et Y. Lageat, 1987, P. Pech, 1990) et 50-70 mm/h (C.B. Beaty, 1974). S.H. Cannon et S.E. Ellen (1988) indiquent que des *debris flows* se sont déclenchés en baie de San Francisco après 18h30 de pluies dont l'intensité horaire était de 10-20 mm/h dans les dernières heures de l'épisode pluvieux.

Dans le cas des averses de longue durée, des pluies modérées peuvent avoir lieu sur plusieurs jours avant le déclenchement des *debris flows* : ainsi, en Islande du nord-ouest, les laves de ruissellement peuvent ne se déclencher que 4 jours après le début des pluies (exemple des pluies du 15 au 21 novembre 1956 pendant lesquelles des *debris flows* se déclenchent les 19 et 20 novembre à Ísafjörður - tableau 15).

Lorsque le facteur déclencheur est la fonte nivale brutale, nous n'avons que très peu de données sur ce sujet dans la littérature internationale. Les exemples islandais (tableau 7) nous montrent que le temps de réponse entre le début de la fonte et la libération d'un *debris flow* est très variable : elle peut avoir lieu quelques heures après le début de la fonte ou quelques jours après. Ainsi, le 7 décembre 1991, le réchauffement se fait dans la journée et le thermomètre atteint 8-9°C ; le temps de réponse est alors très court puisque le *debris flow* se déclenche de façon quasi-simultanée. De même, dans la nuit du 28 au 29 janvier 1972, à la faveur du passage d'une dépression très creusée provoquant un brusque réchauffement et de fortes pluies sur le manteau neigeux, plusieurs *debris flows* se déclenchent presque immédiatement. Les 15 et 16 novembre 1958, il neigeait à Ísafjörður, et les vents passent subitement du nord au sud puis au sud-ouest dans la nuit du 16 au 17 novembre ; les températures atteignent très vite 7-10°C : les coulées de débris se déclenchent après 24 heures de températures élevées qui accélèrent la fonte nivale. Par contre, lors des *debris flows* du 29 juin 1983, le réchauffement est enregistré dès le 27 juin, et il faut attendre plus de 36 heures pour que les masses de débris soient déstabilisées par l'eau de fonte qui exerce une pression interstitielle de plus en plus forte. C'est en juin 1934 que les *debris flows* sont les plus lents à se former : la chaleur se fait sentir dès le début du mois, accompagnée de vents de secteur sud-ouest, alors que les reliefs sont encore enneigés et les premiers *debris flows* ne se déclenchent que dans la journée du 3 juin 1934, trois jours après le début du réchauffement.

Dans l'étude du déclenchement des *debris flows* par la fonte nivale brutale, une information essentielle, et qui nous manque actuellement, est la connaissance de l'épaisseur du manteau neigeux présent sur les reliefs lors de la libération de ces laves de ruissellement, qui nous permettrait de calculer la quantité d'eau libérée et de la comparer à celle provenant des pluies de forte intensité ou de longue durée.

Conclusion du chapitre 5

Nous le voyons, les *debris flows* islandais présentent la particularité, très rarement décrite dans la littérature internationale, d'un déclenchement multimodal, les masses de débris réagissant à la fois aux processus de ruissellement liés aux pluies intenses, aux pluies de longue durée et à la fonte nivale. Les conditions météorologiques, très perturbées par le passage fréquent des dépressions, qui caractérisent le climat islandais, sont favorables à cette dynamique, d'autant plus qu'elles favorisent également la production du matériel constituant les *debris flows*. La configuration des reliefs, en procurant des pentes fortes, favorise également la déstabilisation du matériel se situant en transit dans les couloirs de la paroi rocheuse sommitale.

Chapitre 6

Le déroulement et l'impact géomorphologique des épisodes à *debris flows*

1 - L'événement de juin 1999 : processus, formes, bilan
2 - L'impact géomorphologique des *debris flows* en Islande du nord-ouest

Photo 38 - Ce *debris flow*, déclenché dans la nuit du 10 au 11 juin 1999, est toujours en cours de formation, les bouffées de débris qui se succèdent dans le chenal continuant à édifier les levées latérales ; le matériel hétérométrique qui constitue les levées, enrobé de matériel fin, est très instable (Cliché du 11 juin 1999).

147

Chapitre 6

Le déroulement et l'impact géomorphologique des épisodes à *debris flows*

« *A wall of boulders, rocks of all sizes, and oozing mud suddenly appear around the bend in a canyon preceded by a thunderous roar. As the boulder-choked wall passes, the channel remains filled with a debris-laden torrent of mud and boulders clanking and grinding together. The debris flows across an alluvial fan, engulfing structures and cars in its path, covering roads, fields and pastures with a blanket of muck, and slowly coming to a stop as the debris spreads in a lobate form with steep terminal snout and margins. As the debris dries it sets like a poor grade of concrete, but while mobile it flows much like wet concrete, capable of filling houses without pushing in the walls.* »

A.M. Johnson et J.R. Rodine (1984, p. 257).

Le déroulement et l'impact géomorphologique des épisodes à *debris flows* sera apprécié dans ce chapitre à partir des observations que nous avons faites directement sur le terrain, en observant les événements de juin 1999. Il nous sera ainsi possible de décrire les processus de déclenchement des *debris flows* et les formes créées lors de cet épisode, puis de quantifier son impact géomorphologique à partir d'une estimation des volumes transportés lors de cet événement.

1. - L'événement de juin 1999 : processus, formes, bilan

Du 10 au 12 juin 1999, plusieurs *debris flows* se sont déclenchés en Islande du nord-ouest, en particulier dans un rayon de 12 kilomètres autour du site d'Ísafjörður, touchant tout particulièrement les sites d'Ísafjörður, de Súðureyri, de Hnífsdalur et les routes menant à Bolungarvík et Súðavík (fig. 66). Cet épisode a pu être étudié en détail, grâce aux observations directes que nous avons eu l'occasion d'effectuer sur le terrain sur les sites d'Ísafjörður et de Súðureyri (A. Decaulne, 2000 ; A. Decaulne *et al.*, 2005).

1.1. - Le processus

Quelques rares auteurs ont décrit le processus des *debris flows* tels qu'ils l'ont observé (A.J. Broscoe et S. Thomson, 1969 ; A. Decaulne *et al.*, 2005), mais ils retranscrivent le plus souvent le récit que des témoins locaux de l'événement leur ont fait (A. Rapp, 1974 ; S. Larsson, 1982). Les *debris flows* sont effectivement des phénomènes peu fréquents, rarement observés par les chercheurs eux-mêmes, qui ne peuvent souvent qu'observer *a posteriori* les formes qui en résultent.

1.1.1. - L'initiation du processus

L'événement de juin 1999 débute le 9 juin 1999, mais est « préparé » depuis le 24 mai 1999. En effet, alors que la plus grande partie des reliefs est déneigée, une tempête s'abat sur la région dans la nuit du 23 au 24 mai 1999, apportant de la neige en grande quantité sur les reliefs, mais seulement de la neige fondue en ville. Les températures restent stables entre cette date et le 8 juin, n'atteignant que très occasionnellement 9°C. Le 9 juin, les températures moyennes passent brusquement les 10°C, et atteignent 17°C dans l'après-midi, accélérant brutalement le processus de fonte nivale et augmentant le volume de l'eau de fonte à l'amont (fig. 67). La hausse des températures se poursuit jusque dans la soirée du 11 juin, permettant à l'eau de fonte de s'accumuler dans le manteau de débris qui couvre le replat Gleiðarhjalli sur une épaisseur moyenne de 30 mètres, qui repose sur un substrat basaltique imperméable faiblement incliné. Cependant, la saturation par l'excès d'eau de fonte du matériel situé à l'amont est déjà effective le 10 juin, car, vers 14 heures, se produit un premier « lâcher » de matériel : un éboulement, résultant de la déstabilisation du front du manteau de débris situé sur le plateau intermédiaire Gleiðarhjalli, libère de la matière fine et des blocs dont le plus gros a un volume dépassant les 3,7 m³ (photo 39) et l'eau du ruisseau voisin se trouble, prenant une couleur brune inhabituelle, indiquant une instabilité croissante du matériel situé à l'amont.

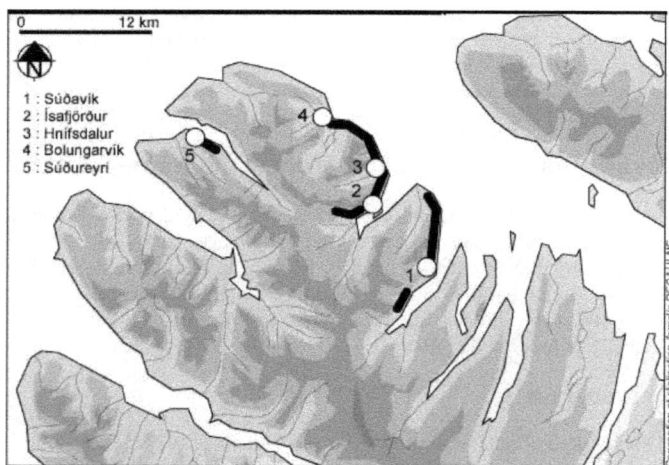

Fig. 66 - Localisation des versants touchés par les *debris flows* entre le 10 et le 12 juin 1999

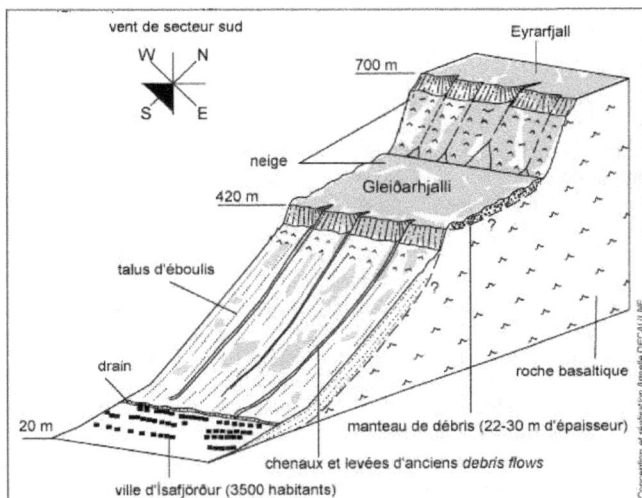

Fig. 67 - Situation schématique des conditions favorables au déclenchement
des *debris flows* au 9 juin 1999 sur le versant de Gleiðarhjalli

Photo 39 - Marques d'impact laissées par le
bloc tombé du front du manteau de débris
quelques heures avant la première vague des
coulées de débris, à Ísafjörður. Le bloc, tombé
dans le drain de bas de versant, mesure plus de
2 m de grand axe ; la règle-repère placée sur le
bloc mesure un mètre (Cliché du 10 juin 1999).

1.1.2. - L'événement

- La phase d'initiation

La libération des premiers debris flows débute le 10 juin dans la soirée (vers 22 heures), mais n'a pas eu de témoin. Il faut attendre le lendemain pour assister en direct à cette dynamique. Comme l'ont décrit A.M. Johnson et J.R. Rodine (1984) dans l'extrait cité plus haut, le debris flow est un processus d'abord très bruyant. En effet, ainsi que nous avons pu le constater à Ísafjörður, où les debris flows ont pris naissance dans les couloirs qui entaillent la corniche rocheuse surmontée du manteau de débris de Gleiðarhjalli, le bruit est bien le premier indicateur de déclenchement du processus. Lorsque le manteau de débris est sursaturé en eau de fonte et que la pression interstitielle est trop forte à l'intérieur de la masse de débris, le ruissellement, hypodermique sur le replat Gleiðarhjalli où il coulait sur le plancher basaltique, réapparaît au niveau du front du matériel non consolidé. Il se produit en premier lieu des chutes de blocs plus ou moins isolées, alors que l'eau s'écoulant dans les chenaux devient de plus en plus turbide, en différents points du versant, plusieurs debris flows se déclenchant de façon quasi-simultanée. Ces blocs faisaient partie intégrante du manteau de débris, et leur chute est due au sapement par le ruissellement de leur assise dans le matériel plus fin, à l'interface manteau de débris-corniche rocheuse (photo 40) ; leur chute provoque un glissement de type rotationel tel que cela a été identifié et photographié par A.M. Johnson lors des debris flows de Heath Canyon, dans le comté de San Bernardino, en Californie, le 20 mai 1969 (A.M. Johnson et J.R. Rodine, 1984). C'est ce glissement qui donne ensuite naissance à des debris flows à l'aval (fig. 68). Notons cependant que d'autres modes de déclenchement ont été reconnus à partir des formes étudiées et de la morphologie des versants sur lesquels les debris flows ont eu lieu, en particulier par l'effet « tuyau d'arrosage » mais, n'ayant pas été témoins de leur mise en place, nous ne pouvons les décrire.

- Le déroulement : la masse de débris

Quelques minutes, voire quelques secondes après ces chutes de blocs, qui rayonnent depuis leur point de libération en un éventail assez large, et qui peuvent atteindre la base du versant (photo 41), un bruit de tonnerre se fait entendre, provenant de la corniche rocheuse, puis une masse de débris apparaît, dont le front se comporte à la manière d'un rouleau compresseur. La masse de débris, qui peut mesurer jusqu'à quarante mètres de long et de un à cinq mètres de haut, aussi large que le chenal des précédents debris flows qu'elle suit (de deux à douze mètres de large) est entraînée par la masse de tête. Celle-ci s'enroule et se régénère perpétuellement, incorporant le matériel présent dans le chenal, donnant l'impression d'un rouleau compresseur, le mouvement d'enroulement permettant d'écarter des blocs et cailloux de tailles variables qui forment et nourrissent les levées latérales. Seule la partie frontale est active et incorpore une grande quantité de matériel solide (photos 42 et 43), tandis que le reste de la masse semble flotter tant l'écoulement est calme mais épais (photo 44). La vitesse de descente du debris flow, de 3 à 5 m.s^{-1}, est variable sur la pente, dépendant largement de la micro-topographie.

La libération des debris flows successifs est très aléatoire, et n'obéit à aucune régularité. Ainsi, le laps de temps entre deux « bouffées » est très variable, allant de quelques minutes à plus de 14h30 (tableau 17).

Photo 40 - Le matériel hétérométrique reposant sur le replat Gleiðarhjalli, à l'amont d'Ísafjörður, et constituant la masse des *debris flows* apparaît sur cette vue de la zone-source des *debris flows* de juin 1999. La résurgence du ruissellement hypodermique est visible est visible au-dessus du personnage (Cliché du 14 juin 1999).

- La phase finale

Lorsque la totalité de la masse de débris a parcouru la longueur du versant, un écoulement extrêmement turbide et turbulent se produit, évacuant une eau très chargée en matières en suspension (photo 45). L'eau s'éclaircit peu à peu, jusqu'à ce qu'une nouvelle masse de débris vienne alimenter le debris flow, comme on peut le voir sur la photo 3, où l'eau qui précède la masse de débris apparaît plus claire et fluide que cette dernière dans le chenal central du debris flow. Les dernières masses de débris incorporent un volume moindre de matériel, et ne parviennent pas toujours jusqu'à la base du versant, la teneur en eau ayant été rapidement évacuée du fait de la pente et de la plus petite quantité en matière solide. Ceci crée des obstructions dans le chenal, et pourra éventuellement empêcher l'écoulement de la masse de débris suivante ; si son volume est suffisant, cette dernière se trouvera déviée d'un côté ou de l'autre du chenal initial, selon la topographie locale. La dynamique se poursuit tant que l'excès en eau présent dans le manteau de débris n'est pas évacué, et se termine par la libération de masses de plus en plus faibles.

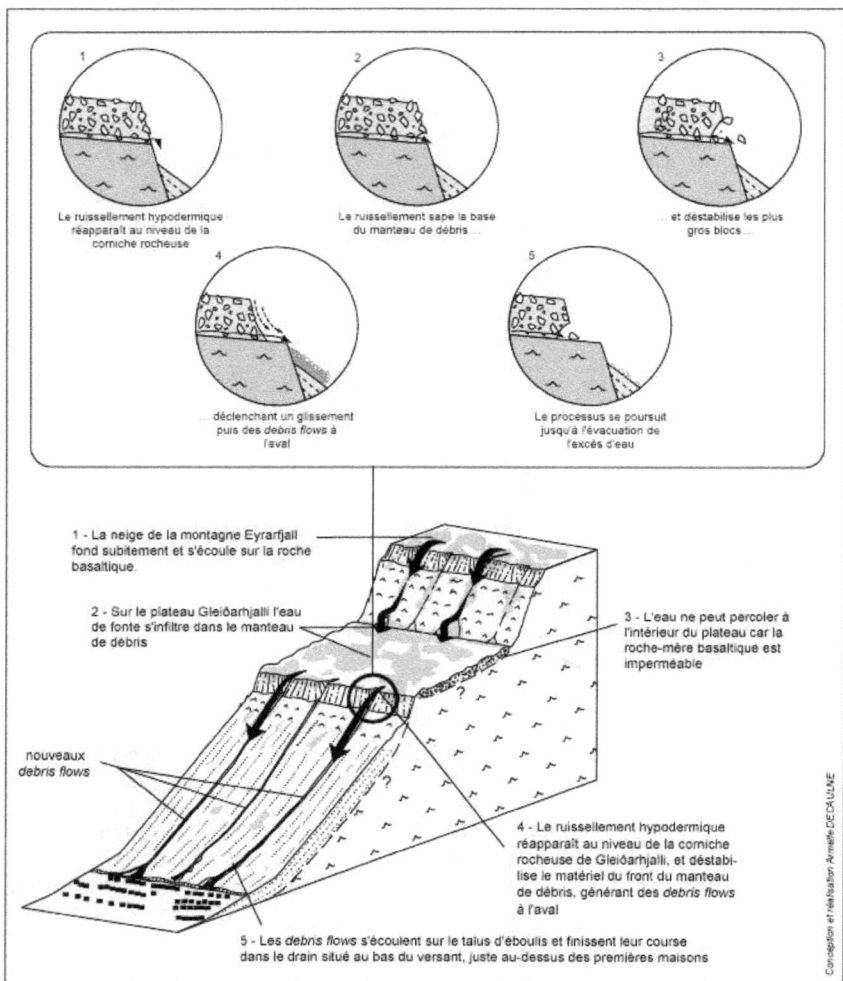

Fig. 68 - Le déclenchement des *debris flows* entre le 10 et le 12 juin 1999 sur le versant de Gleiðarhjalli

Photo 41 - Ce bloc de 2,20 m de haut est tombé le 11 juin 1999, quelques secondes avant la descente d'une vague de débris, à Ísafjörður (Cliché du 13 septembre 1999).

Photo 42 - La descente d'une vague de débris secondaire le 11 juin 1999 se distingue par sa plus forte turbidité et la quantité de débris qu'elle transporte (partie supérieure), entretenant un bruit de tonnerre. Les nouvelles levées se superposent aux précédentes, dont les blocs gris sont partiellement recouverts de végétation (Cliché du 11 juin 1999)

Photo 43 - Cette vue présente la descente d'une coulée, qui occupe toute la largeur du chenal, le 11 juin 1999. Le drain, au bas du versant, est déjà plein à l'aval de la coulée. L'ensemble de la coulée a un aspect pâteux, par rapport à celle de la coulée précédente, plus liquide. On remarque la turbidité de l'eau du fjord en bordure de celui-ci, au second plan (Cliché du 11 juin 1999).

Photo 44 - Surface pâteuse d'un *debris flow* qui vient d'atteindre le bas du versant (Cliché du 11 juin 1999).

Photo 45 - L'écoulement qui fait suite à la descente de la vague de débris est turbulent et très chargé. Ici, il s'agit d'un chenal sur le versant qui domine Súðureyri, le 11 juin 1999. La turbidité du ruissellement s'observe aussi dans la retenue d'eau, à gauche en haut (Cliché du 11 juin 1999)

Tableau 17 - Récapitulatif de l'activité des *debris flows* lors de l'épisode des 10-12 juin 1999

date	debris flow n° 1		debris flow n° 4	
	nbre de masses de débris	horaire du déclenchement	nbre de masses de débris	horaire du déclenchement
jeu. 10 juin 1999	1	23h30	1	22h00
vend. 11 juin 1999	1	14h00	1	09h35
	1	16h30	1	12h00
	2	18h20		
	4 à 7	21h00 - 23h00		
sam. 12 juin 1999	1	02h00	1	06h00
	1	02h30	1	12h00
	1	03h00		
	1	06h00		

1.2. - Les formes

Le versant de Gleiðarhjalli, comme tous les autres versants d'Islande nord-occidentale, présente d'importantes accumulations détritiques, à l'aval des parois rocheuses. Les formes d'accumulation des débris les plus grossiers correspondent à des chutes de pierres, à des éboulis et à des éboulements. Entre ces formes s'inscrivent les modelés créés par les événements de ruissellement hyper-concentré, les *debris flows*, à l'aval des couloirs qui échancrent les parois rocheuses.

Lors des événements de 1999, des investigations précises menées sur le terrain ont permis de caractériser l'impact géomorphologique de cette « crise » géomorphologique, notamment à partir de la mesure des coulées de débris avant et après l'épisode à *debris flows* et de l'établissement de coupes transversales sur les dépôts des *debris flows*. Les *debris flows*, qui sont au nombre de six sur ce versant qui domine la ville d'Ísafjörður (fig. 69) ont ainsi pu être caractérisés.

Des profils transversaux des *debris flows* ont été dressés immédiatement après l'événement de juin 1999, laissant apparaître les secteurs d'érosion et d'accumulation selon la position du transect sur le profil en long de chacun des *debris flows*. Ainsi, à partir des trois *debris flows* étudiés, nous repérons aisément les trois sections caractéristiques de la dynamique à *debris flows* (fig. 70) :

- la partie supérieure correspond à une **zone d'incision** intense, sur les trois *debris flows* : les chenaux sont profonds de 2 mètres (*debris flow* n° 3) à plus de 4 mètres (*debris flow* n° 1). Seuls quelques rares blocs se sont déposés sur la pente pendant le transit des masses de débris, mais beaucoup, également de grande dimension, tapissent le fond du chenal.

- la partie moyenne correspond à la **section intermédiaire** des *debris flows*, se composant à la fois de **formes d'érosion et de formes d'accumulation**. Ce sont d'ailleurs ces dernières qui permettent de distinguer le mieux les *debris flows* des autres processus de mouvements de masse, comme nous l'avons dit précédemment. Les dimensions de ces levées sont très variables selon l'ampleur de la coulée. Ainsi, nous observons dans la partie centrale des levées dont la largeur varie entre deux (*debris flow* n° 3) et sept mètres (*debris flow* n° 4). Plus les levées sont larges plus le matériel qui les compose est grossier. Parfois, la superposition de plusieurs générations de coulées est visible, les dépôts des coulées de juin 1999 chevauchant les levées des coulées précédentes (photo 42). Des mesures du grand axe des blocs constituant les levées des *debris flows* de 1999 montrent la disparité de la taille du matériel, qui demeure cependant de grande dimension (tableau 18). Plus l'inclinaison de la pente diminue, plus le *debris flow* s'étale et les formes s'élargissent : les levées sont le plus souvent dissymétriques, et les formes d'érosion sont moins marquées (fig. 70, aval des *debris flows* n° 1 et 4).

- à l'aval se situe la **zone d'accumulation pure**, la lave de ruissellement n'érodant plus mais coulant à la surface du versant sans même perturber le tapis végétal, et en se digitant le plus souvent. Cette section est seulement amorcée par les *debris flows* les plus importants ayant touché Ísafjörður, ceux-ci ayant souvent terminé leur course dans le drain anthropique avant d'avoir atteint le développement complet de ce stade. C'est le cas des *debris flows* n° 1 et 4. Par contre, le *debris flow* n° 3 a développé deux longs lobes terminaux (photo 46) avant de s'épancher en un petit cône. Il en va de même du *debris flow* de Súðavík, représenté sur la photo 32. C'est dans ce secteur qu'ont été prélevés des échantillons de matière fine, afin d'effectuer des analyses sédimentologiques nous renseignant sur la composition de la matrice qui permet la mise en mouvement de la masse de débris. Les courbes sédimentologiques présentées dans la figure 71 confirment ce qui a été dit précédemment, à savoir que la fraction grossière domine dans les dépôts des sept *debris flows* analysés, comme le montrent les coefficients de dissymétrie Skewness (SK) positifs des courbes. Cependant, le matériel fin (limons) reste important pour chacun des échantillons, représentant jusqu'à 35 % du matériel (échantillon n° 3). Ceci montre que les *debris flows* ont une structure de blocs supportée par de la matrice fine, qui en assure le mouvement. L'indice de mauvais classement de Trask (So), de même que l'indice Qdphi de Krumbein révèlent un assez mauvais classement. Celui-ci tend à s'améliorer lorsque le prélèvement est effectué dans l'axe du chenal du *debris flow* (cas des échantillons n° 4, 5, 6 et 7) ou sur la face interne des levées (échantillons n° 1 et 2), où l'écoulement turbide s'est poursuivi après les « bouffées » de débris, amenant du matériel fin qui reste préférentiellement concentré dans le chenal. Le classement diminue lorsque l'on s'en éloigne, en particulier lorsqu'il a été fait dans le cœur même des levées, comme c'est le cas de l'échantillon n° 3, où le matériel grossier domine largement.

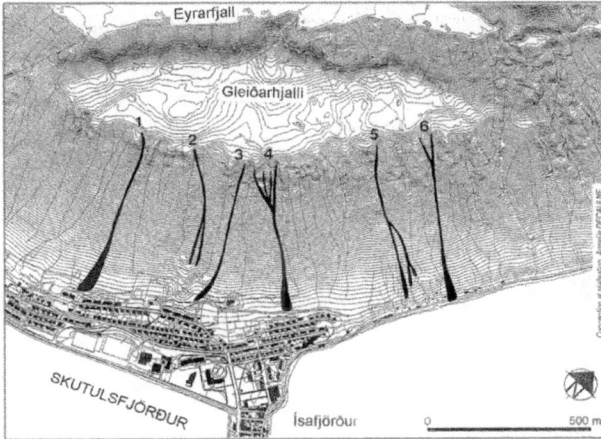

Fig. 69 - Carte des *debris flows* 1999 à Ísafjörður

Photo 46 - Lobes terminaux du *debris flow* n° 3, qui s'est libéré le 11 juin 1999 et qui débouchent sur un petit cône de débris fins. La règle-repère jaune mesure 2 m (Cliché du 22 juin 2000).

Tableau 18 - Pourcentage de représentation de la longueur du grand axe des blocs mesurés
sur les levées des *debris flows* n° 1, 4 et 6

classes	*debris flow* n°1	*debris flow* n° 4	*debris flow* n° 6
10 à 25	29,1	–	30
25 à 50	37,5	11,2	–
50 à 100	29,1	55,5	50
> 100	4,3	33,3	20

Les n° des *debris flows* se réfèrent à la carte de la figure 4

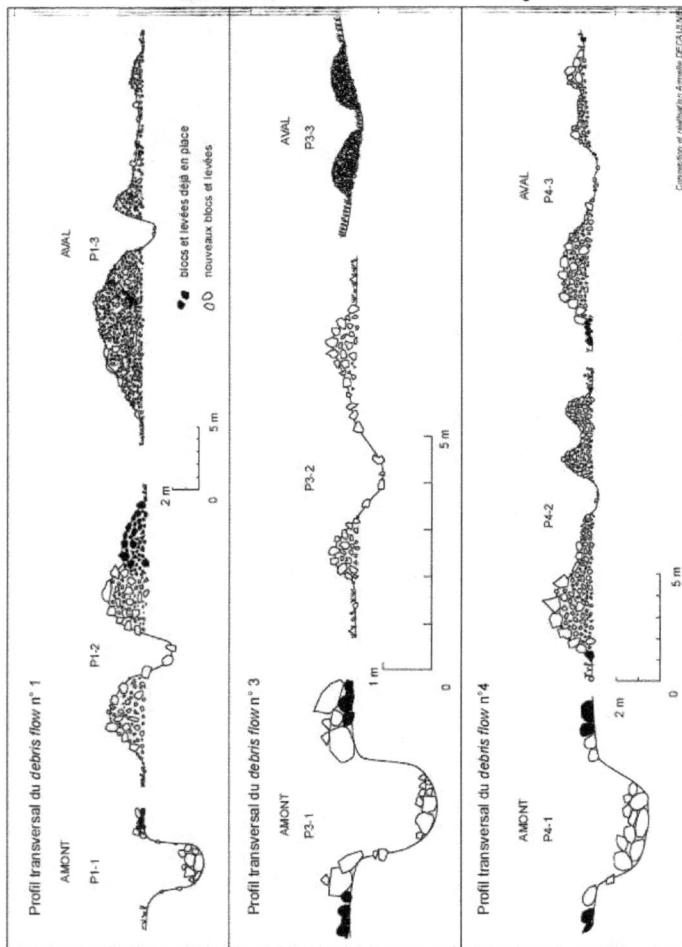

Fig. 70 - Profils transversaux des *debris flows* n° 1-3-4, soulignant les formes d'érosion et d'accumulation

160

Tableau 19 - Estimation du volume de matériel transporté par les *debris flows* en juin 1999

N° des *debris flows*	Volume estimé (en m³)
Ísafjörður	
1	3500
2	110
3	130
4	1500
5	1500
6	1700
Súðureyri	
1	120
Súðavík	
1	1000

1.3. - Bilan

1.3.1. - L'estimation du volume des débris transportés et du taux de dénudation

Durant les événements à *debris flows* des 10-12 juin 1999, une quantité significative de matériel, incluant des blocs, des graviers et de la matière fine, a été transportée depuis le plateau Gleiðarhjalli vers le bas du versant, comme l'ont suggéré les profils transversaux et les modifications visibles des dimensions des chenaux des *debris flows* antérieurs. Les caractères morphométriques des dépôts, mesurés sur le terrain, permettent d'estimer le volume transporté par les différents *debris flows* lors de cet épisode (tableau 19). Ainsi, la quantité de matériel déplacé lors de cette « crise » morphologique varie de 110 à 3500 m³, selon les *debris flows*, incluant des blocs de plus de 1 m³. Cela classe les coulées de débris d'Islande du nord-ouest parmi les petits et moyens *debris flows*, selon la classification de J. Innes (1983) présentée dans le tableau 12.

Avec un bassin versant de 4,5 km², et un volume total de matériel estimé à 5000 m³, le taux de dénudation dans la zone de Gleiðarhjalli peut être calculé : il correspond à 1,1 mm pour le seul événement de juin 1999. Ce taux de dénudation est équivalent à celui calculé par S. Larsson (1982) dans la vallée de Longyear, au Spitsberg, lors du déclenchement des *debris flows* de juillet 1972, déclenché par des pluies de forte intensité tombées sur un espace à permafrost peu profond. Si l'on considère que dix événements au moins de cette dimension se sont déroulés sur le versant de Gleiðarhjalli, le taux de dénudation sur le XXème siècle a atteint 10 mm.

1.3.2. - L'estimation de la quantité de matières en suspension

Si le calcul du volume du matériel transporté au cours d'un événement à coulées de débris est relativement aisé à effectuer à partir des dépôts, il n'en va pas de même pour la mesure des matières en suspension (MES). En effet, cette mesure suppose de plonger un récipient d'une capacité donnée (50cl) dans le chenal où s'écoule l'eau qui draine le versant ; le contenu du récipient - eau et MES - est immédiatement filtré pour ne conserver que la matière solide, chaque échantillon étant soigneusement conservé jusqu'au laboratoire où il est séché à l'étuve puis pesé. Le prélèvement ne pose aucun problème lorsque l'activité géomorphologique est au repos, mais devient plus hasardeux lors du passage des masses de débris.

Des prélèvements réguliers ont été effectués dans les principaux chenaux des différents terrains d'étude tout au long de la mission 1999, d'avril à octobre, couvrant

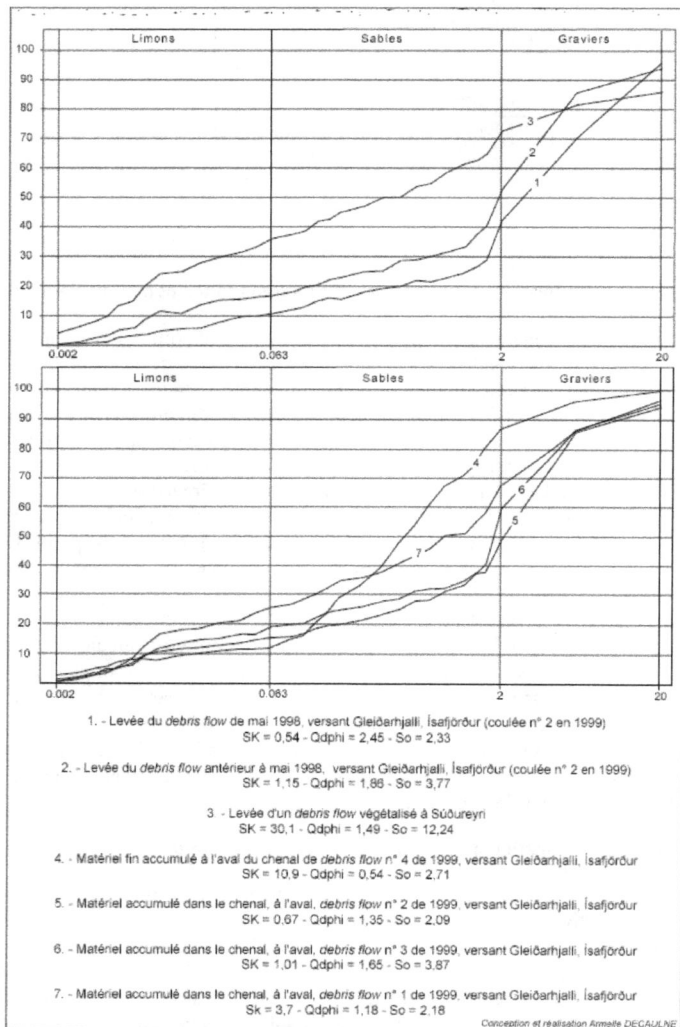

1. - Levée du *debris flow* de mai 1998, versant Gleiðarhjalli, Ísafjörður (coulée n° 2 en 1999)
SK = 0,54 - Qdphi = 2,45 - So = 2,33

2. - Levée du *debris flow* antérieur à mai 1998, versant Gleiðarhjalli, Ísafjörður (coulée n° 2 en 1999)
SK = 1,15 - Qdphi = 1,86 - So = 3,77

3 - Levée d'un *debris flow* végétalisé à Súðureyri
SK = 30,1 - Qdphi = 1,49 - So = 12,24

4. - Matériel fin accumulé à l'aval du chenal de *debris flow* n° 4 de 1999, versant Gleiðarhjalli, Ísafjörður
SK = 10,9 - Qdphi = 0,54 - So = 2,71

5. - Matériel accumulé dans le chenal, à l'aval, *debris flow* n° 2 de 1999, versant Gleiðarhjalli, Ísafjörður
SK = 0,67 - Qdphi = 1,35 - So = 2,09

6. - Matériel accumulé dans le chenal, à l'aval, *debris flow* n° 3 de 1999, versant Gleiðarhjalli, Ísafjörður
SK = 1,01 - Qdphi = 1,65 - So = 3,87

7. - Matériel accumulé dans le chenal, à l'aval, *debris flow* n° 1 de 1999, versant Gleiðarhjalli, Ísafjörður
Sk = 3,7 - Qdphi = 1,18 - So = 2.18

Conception et réalisation Armelle DECAULNE

Fig. 71 - Courbes sédimentologiques du matériel des *debris flows*.

162

ainsi l'ensemble de la période où l'écoulement est effectif, puisque le premier prélèvement a été effectué avant la fonte et le dernier alors que les versants étaient de nouveau enneigés. Ainsi, il est possible de reconnaître sur le graphique représentant la quantité de MES (fig. 72) le calendrier du ruissellement actif. La charge des ruisseaux est très faible pendant la fin de l'hiver, alors que la fonte s'amorce. Par contre, les MES sont d'autant plus importantes que la période précédant le prélèvement était pluvieuse (le 19 juin avec 0,8 g/l après 2 jours de pluie et le 16 juillet avec 5,44 g/l alors qu'il pleut depuis 7 jours consécutifs). La période des *debris flows* s'individualise particulièrement, avec un pic entre le 10 et le 12 juin 1999, à cause d'une fonte neigeuse brusquement accélérée en fin de saison printanière. Le 10 juin, vers 15h, après un premier lâcher de débris à proximité du chenal n° 4, l'écoulement dans le chenal s'était teinté : les MES ne représentaient alors que 0,97 g/l. Le premier prélèvement du 11 juin a été effectué dans le chenal du *debris flow* n° 4 une demi-heure après la descente de la deuxième masse de débris, à 10h, alors que l'écoulement, très turbide (photo 47), transportait 46,1 g/l de MES. Déjà, le chenal était difficilement accessible, tant les levées, chargées de blocs frais amenés par les premières masses de débris, étaient instables. Le deuxième prélèvement du 11 juin a été effectué sur le versant dominant le village de Súðureyri : cette lave de ruissellement étant de petite dimension (environ 100 m³, les plus gros blocs mesurant moins de 60 cm de grand axe), les levées sont demeurées basses, et il a été possible de s'approcher dans des conditions de sécurité satisfaisantes immédiatement après le passage de l'unique masse de débris, alors que l'eau qui ruisselait était extrêmement turbide (fig. 72). Les MES atteignaient alors une concentration de 249,3 g/l.

Les écoulements dévalant les versants entre le 10 et le 12 juin étaient donc très chargés. A Ísafjörður, toute l'eau provenant du versant est captée à l'aval par un drain, qui débouche ensuite sur le fjord, où la teneur en matière en suspension apparaît nettement grâce à la différence de teinte entre l'eau « pure » du fjord et celle, très brune, qui est évacuée par le drain de bas de versant (photo 48).

2. L'impact géomorphologique des *debris flows* en Islande du nord-ouest

2.1. - L'élargissement et l'approfondissement des *debris flows* antérieurs

Grâce à des mesures effectuées sur les *debris flows* antérieurement à l'épisode de juin 1999, il est possible de comparer les valeurs alors obtenues avec celles qui ont été recueillies à la suite de cette crise géomorphologique (tableau 20). Il apparaît ainsi que la largeur totale des *debris flows* a augmenté de façon significative, du fait de l'engraissement des levées et de l'élargissement des chenaux, alors que sa longueur varie peu, la course des *debris flows* étant entravée à l'aval par le chenal anthropique. Cet élargissement a eu lieu sur toute la longueur des *debris flows*, mais est plus important à l'aval, où la valeur de la pente diminue : il passe alors de 12 à 70 mètres dans le cas du *debris flow* n° 1 ; à l'amont, l'élargissement est moins significatif, car il s'agit surtout de zones d'érosion, plus encaissées dans la pente, mais la descente des *debris flows* de 1999 a tout de même raboté les parois de ces chenaux d'incision, gagnant de part et d'autre quelques centimètres à quelques mètres. De même, la profondeur du chenal s'est accrue, en particulier dans le secteur situé à l'amont. Ces formes d'accumulation et d'érosion apparaissent mieux sur les profils transversaux.

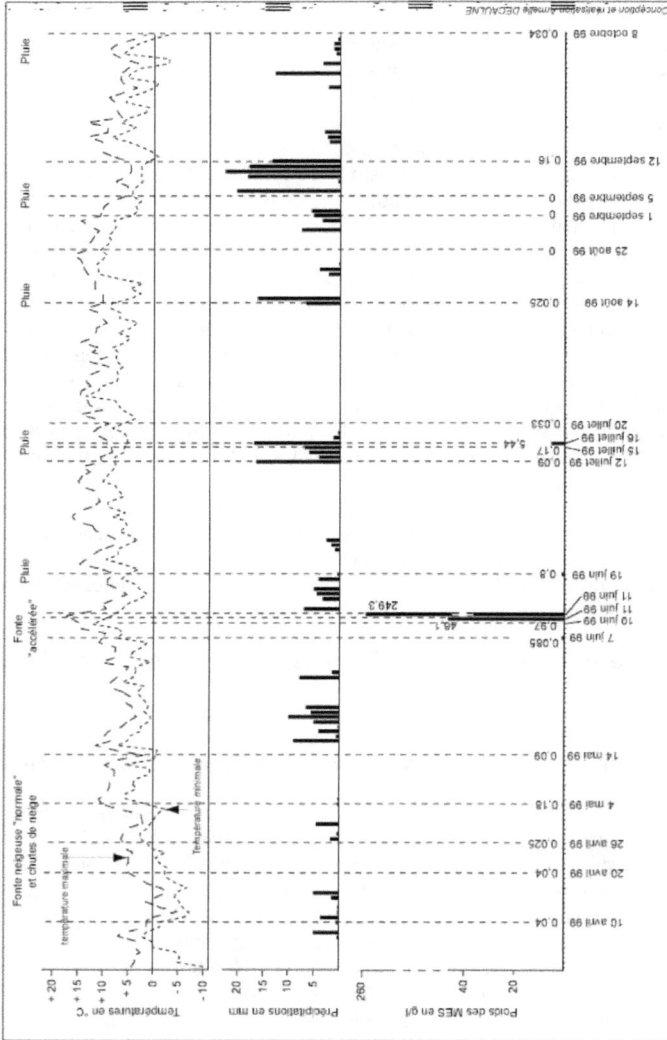

Fig. 72 - Les quantités de MES dans le chenal de la coulée de débris n° 4, avec en parallèle les données climatiques (températures et précipitations)

Photo 47 - L'écoulement turbide dans le chenal du *debris flow* n° 5, le 11 juin 1999. La pelleteuse mécanique dégage le drain de bas de versant déjà rempli, à Ísafjörður (Cliché du 11 juin 1999)

Photo 48 - L'eau provenant du versant, très chargée, se distingue de l'eau « pure » du fjord, à Ísafjörður, lors des *debris flows* du 11 juin 1999 (Cliché du 11 juin 1999)

Tableau 20 - Les dimensions des *debris flows* avant et après l'événement de juin 1999

A - Avant l'événement de juin 1999

N°	longueur totale du *debris flow* (en m)	largeur totale du *debris flow* (en m)	largeur du chenal (en m)	profondeur du chenal (en m)
1	350	5 à 12	1 à 4	0,5 à 3,5
2	300	1 à 3	0,4 à 1	0,1 à 1,5
3	370	1 à 4	1	0,1 à 1,5
4	380	4 à 10	1 à 3	0,7 à 3,5
5				
6	420	6 à 16	0,5 à 6	2 à 3,5

B - Après l'événement de juin 1999

N°	longueur totale du *debris flow* (en m)	largeur totale du *debris flow* (en m)	largeur du chenal (en m)	profondeur du chenal (en m)
1	380	6 à 70	4 à 8	1,5 à 5
2	350	2 à 4	0,5 à 1	0,2 à 1
3	390	1 à 5,5	0,5 à 2	0,2 à 1,5
4	380	6 à 30	3 à 5	1,5 à 4
5				
6	420	6 à 16	3 à 6	2 à 4

Tableau 21 - La densité des *debris flows* sur les sites étudiés

Sites	Longueur du versant (en m)	Nombre de *debris flows*	Densité des *debris flows* au kilomètre
Súðavík	850	9	11
Ísafjörður			
Holtahverfi	650	10	15
Gleiðarhjalli	1500	40	27
Hnifsdalur			
Súður	650	20	31
Norður	400	12	30
Bolungarvík			
Emir	300	11	37
Traðarhyrna	300	7	23
Súðureyri	1300	27	21
Flateyri	700	6	9
Bildudalur	1200	13	11
Patreksfjörður	2250	14	6

2.2. - L'omniprésence des *debris flows* sur les versants nord-occidentaux islandais

Les *debris flows* occupent une place importante sur tous les versants d'Islande du nord-ouest : tous les sites étudiés sont concernés. La densité des *debris flows* est très forte sur chacun d'eux, puisqu'elle varie entre 6 et 37 par site (tableau 21), ce qui correspond à une densité moyenne de 17 coulées de débris par kilomètre de versant, la plupart atteignant la base du versant (fig. 73).

Les *debris flows* de juin 1999 à Ísafjörður ont suivi des trajectoires définies par le passage de *debris flows* antérieurs, au moins dans la partie située à l'amont ; à Súðureyri, Hnífsdalur et Súðavík, et sur les routes de Hnífsdalur à Bolungarvík et d'Ísafjörður à Súðavík. La création de formes n'est visible qu'à l'aval : certains *debris flows* ont alors construit leurs levées propres et développé des lobes neufs, alors que d'autres, notamment parmi les plus importants en volume, ont tracé de nouveaux modelés à l'aval, par la divagation du chenal principal. En effet, les formes d'accumulation se développent largement quand la valeur de la pente diminue et atteint 15-20° ; la pente diminuant, la vitesse de descente des masses de débris diminue également et le chenal est obstrué par les débris abandonnés, et dévie les masses de débris suivantes, qui construisent alors leurs propres levées et chenaux. Cela a été directement observé à Ísafjörður en juin 1999 sur le *debris flow* n°1, à 60 mètres d'altitude, mais également à partir des modelés des *debris flows* n° 5 et 6, entre 200 et 300 mètres d'altitude. La figure 74 illustre ces migrations de *debris flows* sur les pentes, leur donnant un très large rayon d'action, qui sera important du point de vue de la prise en compte des laves de ruissellement dans l'analyse du risque naturel (Partie 3, chapitre 9).

2.3. - Une longue espérance de vie des formes de *debris flows*

Plusieurs générations de *debris flows* sont visibles sur les versants des sites étudiés. En effet, grâce à l'utilisation du taux de recouvrement végétal, il est possible de reconnaître une chronologie relative de mise en place de ces laves de ruissellement. En supposant que le stade de colonisation végétal est d'autant plus développé que le laps de temps s'étant écoulé entre le moment de la mise en place des formes et le moment de leur observation est long, nous distinguerons quatre périodes de *debris flows* (tableau 22 et fig. 74) :
- stade E : Les *debris flows* sont frais, et aucune trace de végétation n'est visible sur les blocs qui édifient les levées, ceux-ci étant encore enrobés de la matrice qui a contribué à leur mise en mouvement (photo 49).
- Stade D : Les *debris flows* sont en place depuis plusieurs mois, les pluies et la fonte des neiges ont lavé leur enrobage de matière fine (photo 50). Le chenal, surtout dans la partie située à l'aval, est le plus souvent partiellement colonisé par des graminées (dont *Poa sp.*) à l'aval, du fait de l'abondance des matériaux fins et de l'humidité permanente. Cependant, un an après leur mise en place, des plantes pionnières telles *Taraxacum sp.*, *Rumex acetosa* et R. *acetosella*, *Alchemilla alpina*, peuvent profiter des plages de terre fine pour se développer sur les levées des plus petits *debris flows*, plus riches en

matrice, alors que les levées des *debris flows* les plus importants sont constituées de gros blocs qui interdisent cette colonisation (photo 51).

- Stade C : Les blocs des levées portent une couverture lichénique éparse (photo 52), principalement représentée par *Rhizocarpon geographicum*, de taille variée, selon le temps d'exposition du matériel du *debris flow* ; *Rhizocarpon geographicum* apparaissant après 6-12 ans d'exposition sur les surfaces rocheuses d'Islande du nord-ouest (A. Decaulne, 2000 et *cf. infra*, chapitre 7), les coulées de débris qui correspondent à ce stade ont été mises en place depuis plus de 10 ans. La végétation

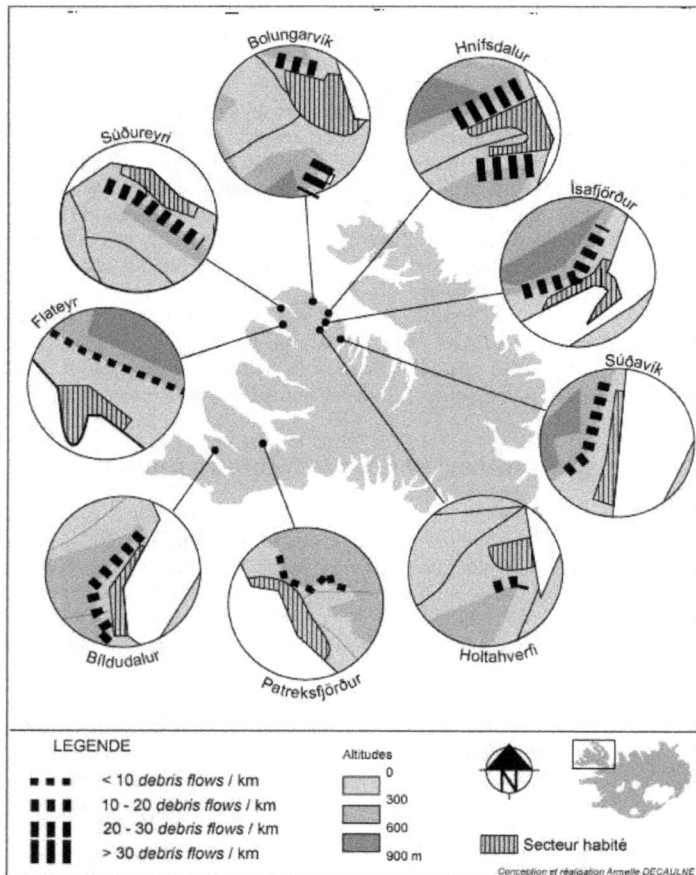

Fig. 73 - La densité kilométrique des *debris flows* sur les versants des sites étudiés (Comptage effectué à partir de l'observation des photos aériennes K8082, 8101, 8095, 8101, 8108, 8125, 8140, 8306 et 8310, et des observations de terrain).

168

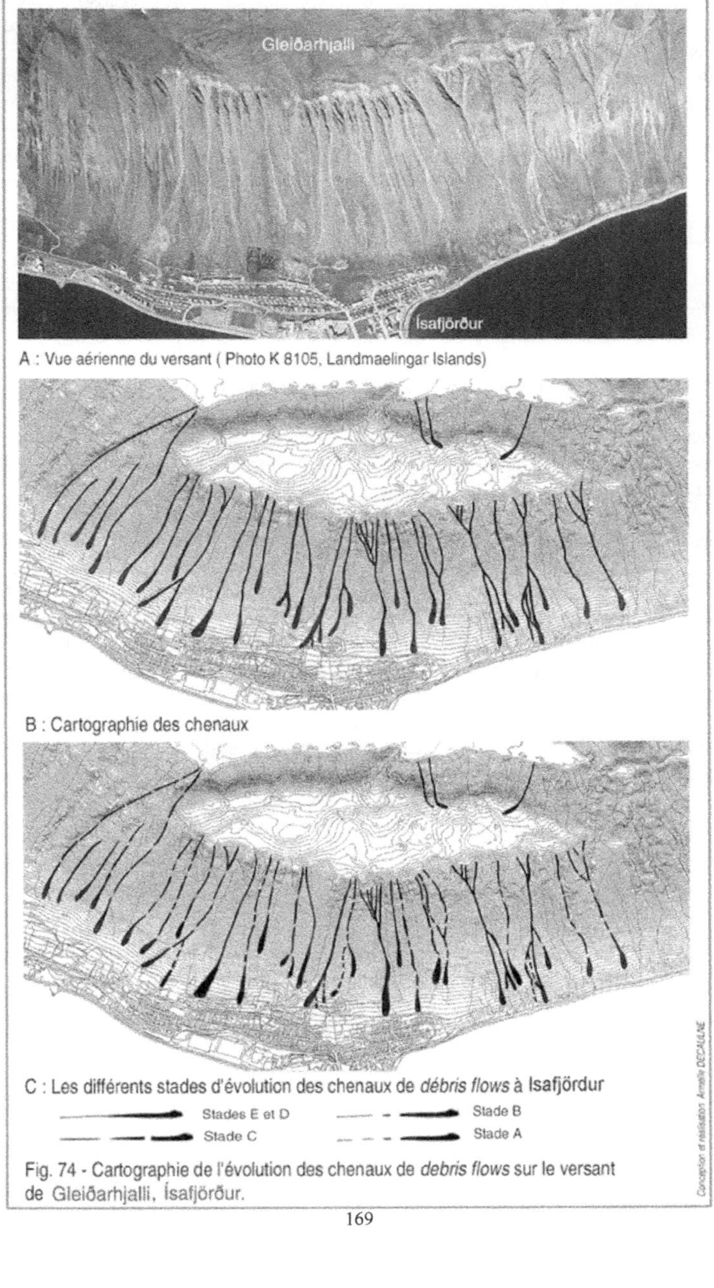
Gleiðarhjalli
Ísafjörður
A : Vue aérienne du versant (Photo K 8105, Landmaelingar Islands)
B : Cartographie des chenaux
C : Les différents stades d'évolution des chenaux de *débris flows* à Isafjördur
Stades E et D
Stade B
Stade C
Stade A
Conception et réalisation Armelle DECAULNE

Fig. 74 - Cartographie de l'évolution des chenaux de *debris flows* sur le versant de Gleiðarhjalli, Ísafjörður.

présente dans le chenal se diversifie (graminées et phanérogames) et les mousses (dont *Rhacomitrium lanuginosum*) occupent une grande partie de l'espace inférieur des coulées.

- Stade B : Les blocs des levées portent une couverture lichénique dense et diversifée, les lichens foliacés côtoyant les lichens crustacés, parmi lesquels *Rhizocarpon geographicum* voit son espace vital fortement concurrencé par les autres espèces lichéniques, de couleur noire, rouille ou blanche. Les coulées atteignant ce stade sont exposées depuis plusieurs dizaines d'années. Le chenal est totalement occupé par des mousses et graminées (photo 52).

- Stade A : Les levées sont couverte à 100 % d'une épaisse végétation variée, et les blocs les constituant sont pratiquement invisibles, sous un tapis de mousse (*Rhacomitrium lanuginosum*), de *Taraxacum sp.*, *Hieracum alpinum*, *Pilosella islandica*, *Leontodon autumnalis*, *Alchemilla vulgaris* et *A. alpina*, *Ranunculus repens*, *Epilobium hornemanni* et *E. alsinifolium*, *Rumex acetosa* et *R. acetosella*, *Cerastium alpinum* et *C. arcticum*, *Bistorta vivapara* (photo 52), alors que *Vaccinium myrtillus* et *V. uliginosum* apparaissent dans les cas d'évolution la plus poussée. Les prêles apparaissent surtout dans la partie interne des levées et dans les chenaux, toujours humides (photo 18 : végétation dans chenaux). Ces coulées doivent approcher ou même dépasser la centaine d'année d'exposition, sans qu'il soit possible de mieux déterminer leur ancienneté.

Ainsi, les *debris flows* ont une longue espérance de vie (séculaire et plus) en Islande du nord-ouest, même sur les versants avalancheux, où ils peuvent avoir atteint le stade A (exemple de Súðavík). Cette longévité excède celle accordée aux *debris flows* par B.H. Luckman (1992) qui n'attribuait pas à ces formes une espérance de vie supérieure à 20 ans en moyenne dans les Highlands d'Ecosse où la dynamique avalancheuse semble plus active que dans la région nord-ouest islandaise. En revanche, l'espérance de vie des formes observées en Islande reste apparemment bien en deçà de celle, qui peut atteindre deux millénaires, des coulées de débris de Laponie suédoise (A. Rapp et R. Nyberg, 1981). Il est vrai que dans ce secteur, l'activité avalancheuse susceptible d'effacer les *debris flows* est apparemment réduite et les zones-sources des débris très largement taries.

Tableau 22 - Chronologie relative des *debris flows* selon le méthode du taux de recouvrement végétal

Stade	Age	Taux de recouvrement végétal des levées	Espèces observées
E	frais	Sur blocs : nul Entre blocs : nul	–
D	plusieurs mois	Sur blocs : nul Entre blocs : rare	Levées : *Taraxacum sp.*, *Rumex sp.*, *Alchemilla sp.* Chenal : graminées, *Taraxacum sp.*, *Rumex sp.*, *Alchemilla sp.*
C	> 10 ans	Entre blocs : 20 % Sur blocs : 10 %	Levées : lichen *Rhizocarpon geographicum* (thalles de 2 à 12 mm de diamètre), *Taraxacum sp.*, *Rumex sp.*, *Alchemilla sp.* Chenal : graminées, *Taraxacum sp.*, *Rumex sp.*, *Alchemilla sp.*
B	> 30 ans	Entre blocs : 70 % Sur blocs : 70 %	Levées : lichen *Rhizocarpon geographicum* (thalles de 13 à 25 mm de diamètre), lichens rouille, blanc et noirs, *Taraxacum sp.*, *Rumex sp.*, *Alchemilla sp.* Chenal : mousses (*Rhacomitrium lanuginosum*), graminées, *Taraxacum sp.*, *Rumex sp.*, *Alchemilla sp.*
A	± 100 ans	Entre blocs : 100 % Sur blocs : 100 %	Levées : *Taraxacum sp.*, *Hieracum alpinum*, *Pilosella islandica*, *Leontodon autumnalis*, *Alchemilla vulgaris* et *A. alpina*, *Ranunculus repens*, *Epilobium hornemani* et *E. alsinifolium*, *Rumex acetosa* et *acetosella*, *Cerastium alpinum* et *C. arcticum*, *Bistorta vivipara...* Chenal : graminées, *Taraxacum sp.*, *Rumex sp.*, *Alchemilla sp.*, *Equisetum sp.*, *Vaccinium myrtillus* et *V. uliginosum...*

Photo 49 - Les blocs des levées de ce *debris flow* du 11 juin 1999 sont totalement enrobés de matrice, et correspondent au stade E (Cliché du 14 juin 1999)

Photo 50 - Cette vue de détail de la levée du *debris flow* n° 1 présente du matériel correspondant au stade D : le matériel a perdu la matrice fine qui l'enrobait au moment de sa mise en place, le 11 juin 1999 (Cliché du 3 juillet 2000)

Photo 51 - Les levées du *debris flow* n° 3, mises en place le 11 juin 1999, sont colonisées par des touffes de *Taraxacum sp.* une année après leur construction, du fait de leur forte teneur en matériel fin, propice au développement des végétaux. Les levées n'ont pourtant atteint que le stade D (Cliché du 22 juin 2000)

Photo 52 : Les stades C (à gauche) et B/A (à droite) sont atteint par les levées de ces coulées. Plus à l'aval, les levées et lobes digités des *debris flows* anciens sont totalement recouverts de végétation. Le chenal de gauche a fonctionné à nouveau en 1999 : on le voit sur la photo 49 (Cliché du 23 mai 1998)

Conclusion du chapitre 6

Un épisode à *debris flow* est en lui-même efficace sur le plan géomorphologique, en transférant sur la pente une quantité importante de débris en un laps de temps très bref. L'impact géomorphologique des *debris flows* est alors effectif sur les versants d'Islande nord-occidentale, où les modelés de *debris flows* sont omniprésents. Si l'on considère leur capacité de transport de matériel, d'érosion et de création de formes nouvelles, les six *debris flows* étudiés sur le versant de Gleiðarhjalli, à Ísafjörður, ont un impact géomorphologique fort, ayant déplacé en moins de 48 heures un total de 5000 m^3 de matériel, creusé les chenaux de quelques mètres par endroits, et créé des formes d'accumulation impressionnantes à l'aval, qui atteignent 70 mètres de large dans le cas du *debris flow* n° 1.Leur impact morphologique est visible dans le paysage, comme on le voit en comparant les photos 53 et 54. Mais plus que le volume des *debris flows*, c'est leur fréquence qui importe, dès lors que l'on veut estimer leur impact géomorphologique sur le long terme.

Photo 53 - Vue d'Ísafjörður, dominée par le versant et le replat Gleiðarhjalli, le 9 juin 1999, 24 heures avant le déclenchement des *debris flows* par la fonte brutale de la neige.

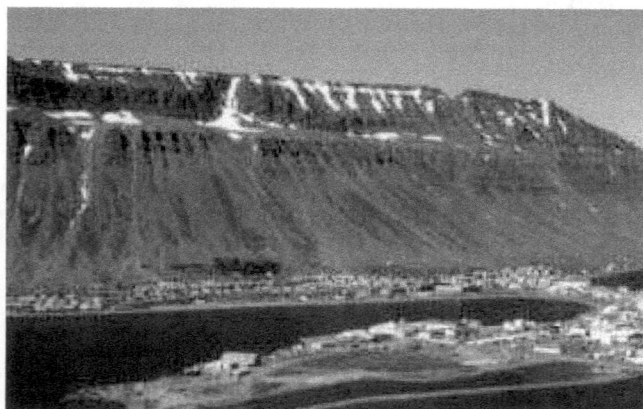

Photo 54 - Vue d'Ísafjörður, trois semaines après le déclenchement des *debris flows*, le 1er juillet 1999 ; les coulées de débris suivent d'anciens chenaux, et leur couleur claire les rend très visibles dans le paysage.

Chapitre 7

La datation et la fréquence des *debris flows*, approche historique et naturaliste

Photo 55 - Le versant de Gleiðarhjalli est strié de multiples chenaux de *debris flows*, dont les variations du taux de recouvrement végétal permettent de reconnaître plusieurs générations de *debris flows*. Ici, les *debris flows* dominent la voie de circulation joignant Ísafjörður à Hnífsdalur, coupée à maintes reprises par les coulées de débris. En juin 1999, la coulée n° 6 (à droite) a fini sa course sur la route (Cliché du 2 juillet 2000)

175

Chapitre 7

La datation et la fréquence des *debris flows*, approche historique et naturaliste

« Debris-flow activity within a given area can be defined in terms of magnitude and frequency. When for such an area ranges of event magnitudes can be related to the corresponding frequencies, the regional characteristics of debris flow activity will be obtained. »

Henk van STEIJN (1996, p. 257).

L'estimation de la fréquence des *debris flows*, ou de leur période de retour, est au cœur de la réflexion des géomorphologues étudiant les dynamiques des versants des régions des hautes latitudes et de montagne. Elle repose sur la datation des dépôts des *debris flows* (H.van Steijn, 1996). Beaucoup de ces recherches se déroulant dans des espaces où l'occupation humaine est faiblement développée (Laponie, Spitsberg, haute montagne alpine...), l'approche historique n'offre souvent que des résultats limités. Notre secteur d'étude se trouvant dans la région d'Islande la plus anciennement peuplée, nous estimons que l'utilisation des Annales ne peut être négligée, étant une source d'enseignements particulièrement riche pour l'estimation de la fréquence de processus de forte magnitude, que l'on dit rares mais efficaces du point de vue géomorphologique (A. Rapp, 1974, 1985, 1986, 1987 ; A. Rapp et Strömquist, 1976). L'approche naturaliste apportera des précisions supplémentaires (A. Rapp et R. Nyberg, 1981 ; M. Sauchyn *et al.*, 1983 ; J.L. Innes, 1983b, 1984a et 1985f ; H. Strunk, 1991), permettant d'affiner l'estimation de la fréquence des *debris flows* en tenant compte de leurs dimensions (J.L Innes, 1985a ; H. van Steijn, 1996).

1. - L'approche historique

1.1. - Les sources

L'approche historique repose sur les écrits relatant les épisodes à *debris flows*, c'est-à-dire principalement les journaux locaux ou régionaux, plus rarement nationaux. Nous l'avions évoqué dans le chapitre 5, les *debris flows* sont dénombrés de façon assez précise depuis 1934 environ en Islande du nord-ouest, et en particulier autour d'Ísafjörður, qui est la ville la plus importante de la région des fjords de l'ouest. Ceux-ci ont été répertoriés dans l'ouvrage d'Ó. Jónsson (1957), remis à jour en 1992 (Ó. Jónsson et H.G. Pétursson), puis dans les Annales rédigées par H.G. Pétursson (1991, 1992 a et b, 1995, 1996 a et b), H.G. Pétursson et Þ. Sæmundsson (1999). Toutefois, ne sont répertoriés ici que les événements qui ont été signalés par la population des sites concernés, soit parce qu'un ou des habitants ont été directement impliqués dans la coulée (leur maison ayant été touchée par exemple), soit parce qu'ils en ont été le témoin direct (l'attention peut être attirée par le bruit de tonnerre qui accompagne les descentes des masses de débris) ou indirect (la circulation routière est perturbée par les voies barrées par une ou plusieurs coulées, ou des champs cultivés sont partiellement recouverts par les dépôts de *debris flows*). Ainsi, il s'agit le plus souvent des événements majeurs, qui ont des distances de parcours très longues et qui déplacent un volume de débris important. Cette approche est donc partielle, car elle ne prend pas en considération l'ensemble des épisodes à *debris flows*.

1.2. - Les résultats : datations et estimation de la fréquence des *debris flows*

1.2.1. - Les résultats site par site

Les résultats obtenus sont très variables d'un site à l'autre. Ainsi, de 2 à 21 cas de *debris flows* sont répertoriés sur les différents sites. Ceci est cohérent avec la densité kilométrique des *debris flows* (fig. 73 et tableau 21) : les versants qui portent une faible densité de *debris flows* ont logiquement moins de chenaux, et ils ont connu peu d'événements. C'est le cas de Súðavík, Flateyri et Patreksfjörður. Nous voyons une exception à ceci : le cas de Bolungarvík-Ernir, qui a une densité de *debris flows* de 37/km et où seulement deux événements sont répertoriés. Ceci est certainement dû au fait que ce site n'est pas habité mais a vu l'installation récente (depuis les années 1970-80) d'écuries et d'une centrale électrique. A l'inverse, les sites qui cumulent un habitat ancien et une forte densité de chenaux de coulées de débris (Ísafjörður, Bíldudalur, Súðavík) nous fournissent un historique plus fiable. Les résultats sont présentés dans le tableau 23.

Le calcul de la période de retour moyenne est aisé sur la période 1900-1999 : elle varie de moins de 5 ans à Ísafjörður à 50 ans à Bolungarvík (tableau 23). Mais ces chiffres moyens peuvent être affinés en considérant pour chaque versant la période de retour minimale et la période de retour maximale des *debris flows*. Au minimum, la période de retour des coulées de débris est de quelques semaines à Ísafjörður (2 semaines) et Súðavík (3 semaines), et de 13 ans à Flateyri. Au maximum, la fréquence des *debris flows* est de 16 ans à Patreksfjörður et va jusqu'à 35 ans à Súðureyri.

Ainsi, la fréquence des *debris flows* est très variable selon les sites. Elle l'est encore plus selon les chenaux des *debris flows* sur un même site.

1.2.2. - Les résultats par chenaux : l'exemple du site d'Ísafjörður

Lorsque l'on analyse les résultats obtenus par le biais de la recherche historique pour chacun des chenaux de lave de ruissellement sur le versant d'Ísafjörður, la fréquence que l'on obtient est très variable. En effet, tous n'ont pas fonctionné avec une fréquence similaire (figure 75). Ainsi, les chenaux les plus actifs sont situés au nord de la ville : il s'agit des *debris flows* n° 12, 13, et 14. Le chenal n° 6 a fonctionné au moins[11] cinq fois et le n° 9 trois fois dans le courant du XXème siècle. Tous les autres

---

[11] Il s'agit ici de l'enregistrement historique des coulées de débris, non de leur fréquence réelle : des *debris flows* ont pu fonctionner sans que leur activité ait été prise en compte, simplement parce qu'aucun habitant n'en a rapporté l'existence ou que son activité n'a pas été remarquée, et ne figure ainsi dans aucun registre.

ont fonctionné au moins deux fois, à l'exception des chenaux n° 1, 2, 7, 10 et 11 qui ne sont cités dans les Annales islandaises qu'une seule fois. L'activité de ceux-ci (n° 1, 2, 7, 10, 11) n'ayant été recensée qu'une seule fois, il n'est pas possible d'estimer leur fréquence de fonctionnement. La période de retour moyenne des autres *debris flows* va de 20 à plus de 50 ans ; la fréquence minimale varie de 22 à 56 ans ; la fréquence maximale varie quant à elle de 56 ans à 3 mois.

Tableau 23 - La fréquence des événements à *debris flows* en Islande du nord-ouest, selon les sources historiques (Ó, Jónsson, 1957, Ó, Jónsson et H.G. Pétursson, 1992, H.G. Pétursson, 1992 a et b, 1995, 1996 a et b, H.G. Pétursson et Þ. Sæmundsson, 1999)

Date des *debris flows* affectant les différents sites						
Ísafjörður	Bíldudalur	Súðureyri	Súðavík	Patreksfjörður	Flateyri	Bolungarvík-Emir
8-9.01.1797		8-9.01.1797				
11.01.1899		11.07.1899				
20-21.08.1900	15.01.1902	20-21.09.1900				
3-4.06.1934	21-22.12.1931				21.01.1935	
13.08.1936		21.01.1935				
21-22.09.1942		20.01.1940				
24.10.1943						2.10.1947
automne 1951		5-7.09.1950			2.10.1952	2.10.1952
18.10.1953						
13.04.1955						
19-20.11.1956						
25-26.10.1958		25-26.10.1958	25-26.10.1958			
18-19.11.1958	17.02.1959		18-19.11.1958			
18-20.10.1965			20.10.1965			
3-4.11.1965	24.08.1968			3-4.11.1965	3-4.11.1965	
28-29.01.1972	30-31.12.1971					
4.08.1976	19.11.1976				13.12.1975	
27-28.08.1977						
29.06.1983	22.10.1985	26.12.1981				
21-23.05.1987						
7.12.1991	10.05.1990				7.12.1991	
25-28.09.1996						
19.05.1998						
15.08.1998						
10-12.06.1999		11.06.1999	10-12.06.1999			
Fréquence moyenne des *debris flows* sur la période 1900-1999 (en années)						
4,8	12,5	14,3	25	33,3	33,3	50
Période de retour minimale des *debris flows* sur la période 1900-1999 (en années)						
2 semaines	3	5	3 semaines	10	13	5
Période de retour maximale des *debris flows* sur la période 1900-1999 (en années)						
34	29	35	34	16	17	5

Par ailleurs, les Annales font état d'événements à *debris flows* ne figurant pas dans le tableau 2 car ils ne précisaient pas les chenaux concernés par les coulées de débris (tableau 25), mais seulement le nom de la montagne Eyrarfjall, qui domine Ísafjörður et s'étend vers le nord au-delà du replat Gleiðarhjalli. Même lorsqu'il s'agit de ce dernier, le chenal n'est pas toujours connu. Les Annales précisent cependant dans quelques cas le nombre de coulées et le fait que la route rejoignant le village de Hnífsdalur ait été coupée (les chenaux n° 12, 13, 14, 15 et 16 pourraient avoir été concernés). La fréquence des *debris flows* pourrait ainsi en être augmentée, mais l'absence de précisions ne nous permet pas d'intégrer ces données dans la recherche historique.

Tableau 24 - La fréquence des *debris flows* selon les chenaux sur le versant dominant le site d'Ísafjörður, durant les 100 dernières années
(H.G. Pétursson, 1992 a et b, 1995, 1996 a et b, H.G. Pétursson et Þ. Sæmundsson, 1999)

N° du chenal	Dates des coulées de débris	Fréquence (années)			N° du chenal	Dates des coulées de débris	Fréquence (années)		
		moy.	min.	max.			moy.	min.	max.
1	Nov. 1965	–	–	–	10	Sept. 1996	–	–	–
2	Aoû. 1977	–	–	–	11	Sept. 1996	–	–	–
3	Nov. 1965	50	31	–	12	Avr. 1955	25	22	10
	Sept. 1996					Nov. 1965			
4	Oct. 1943	50	56	–		Aoû. 1977			
	Juin. 1999					Juin. 1999			
5	Oct. 1943	50	34	–	13	Avr. 1955	33,3	22	10
	Aoû. 1977					Aoû. 1977			
6	Automne 1951	20	37	3 mois		Mai. 1987			
	Oct. 1965				14	Avr. 1955	25	22	10
	Mai. 1998					Aoû. 1977			
	Aoû. 1998					Mai. 1987			
	Juin. 1999					Juin. 1999			
7	Juin. 1999	–	–	–	15	Avr. 1955	50	22	22
8	Juin. 1943	50	44	–		Aoû. 1977		22	
	Mai. 1987				16	Avr. 1955	50	–	22
9	Nov. 1965	33,3	31	3		Aoû. 1977			
	Sept. 1996								
	Juin. 1999								

Tableau 25 - Les événements à *debris flows* relatés de façon imprécise dans la littérature (H.G. Pétursson, 1992 a et b, 1995, 1996 a et b, H.G. Pétursson et Þ. Sæmundsson, 1999)

Date	Secteur concerné	Nombre de coulées	Date	Secteur concerné	Nombre de coulées
Jan. 1797	Eyrarfjall	–	Nov. 1956	Eyrarfjall	6
Juil. 1899	Gleiðarhjalli	–		route de Hnífsdalur	
Sept. 1900	Eyrarfjall		Nov. 1958	Eyrarfjall	–
Août. 1936	Eyrarfjall	–		route de Hnífsdalur	
	route de Hnífsdalur		Jan. 1972	Eyrarfjall	–
Sept. 1942	Eyrarfjall	–		route de Hnífsdalur	
	route de Hnífsdalur		Août. 1976	Eyrarfjall	2
Oct. 1953	Eyrarfjall	3		route de Hnífsdalur	
	route de Hnífsdalur		Août. 1977	Eyrarfjall	38
Avr. 1955	Eyrarfjall	12	Déc. 1991	Eyrarfjall	–
	route de Hnífsdalur			route de Hnífsdalur	

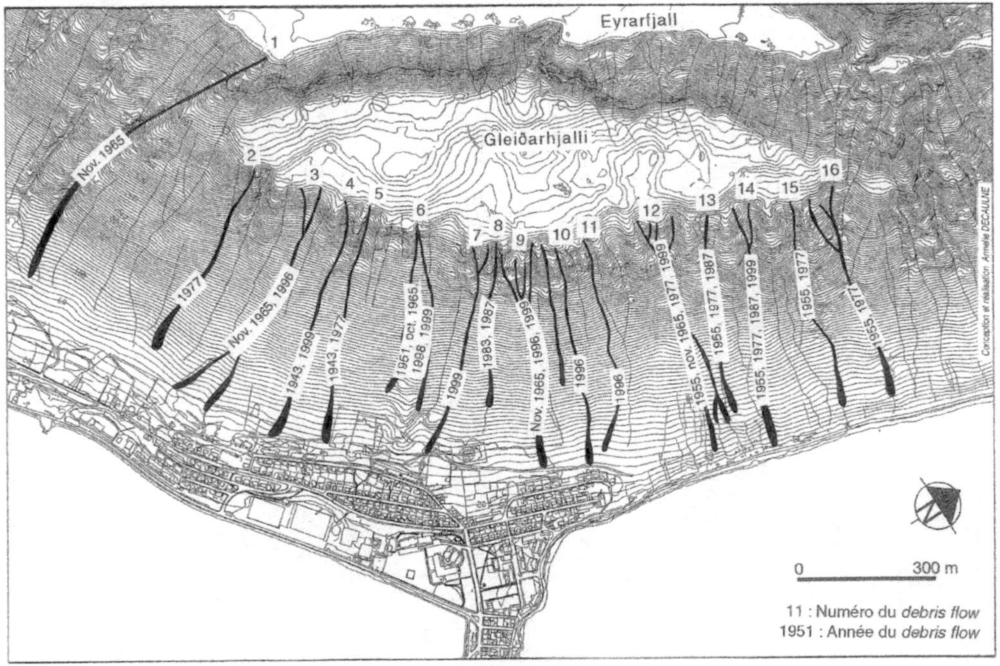

Fig.75 : Fréquence des *debris flows* sur le site d'Ísafjörður, selon les sources historiques (H.G. Pétursson, 1991, 1992, 1995, 1996, H.G. Pétursson et P. Sæmundsson, 1999, et p. Sæmundsson et H.G. Pétursson, 1999)

11 : Numéro du *debris flow*
1951 : Année du *debris flow*

0   300 m

Evrarfjall

Gleiðarhjalli

2. - L'approche naturaliste

2.1. - Les travaux antérieurs

2.1.1. - La dendrochronologie et les méthodes botaniques

- La méthode dendrochronologique

Cette méthode a été notamment utilisée par H. Strunk (1991, 1992) dans les Alpes, afin de pallier le manque de sources historiques concernant la fréquence des debris flows. L'étude des variations d'épaisseur des anneaux de croissance des épicéas (Picea abies) enfouis mais toujours vivants dans les dépôts de coulées de débris au niveau des cônes, permet à l'auteur de connaître la fréquence des debris flows jusqu'à 470 ans avant la date de la recherche. Pour dater les événements, H. Strunk (1991) utilise plusieurs méthodes :
- dater les « cicatrices » (lors de la descente des debris flows, les blocs heurtent le tronc de l'arbre qui en portera une marque sous la forme d'un tissu induré ; l'observation de l'année à laquelle cette modification commence permet de déduire la date de la lave de ruissellement),
- datation par suppression ou libération de la croissance de l'arbre (l'enfouissement par une couche de débris affecte le développement de l'arbre : les cernes de croissance seront alors beaucoup plus rapprochés, traduisant un arrêt de la croissance, jusqu'à ce que les racines se développent suffisamment pour remettre en route le développement normal de l'arbre ; il sera alors possible de lire autant de périodes d'enfouissement que d'événements à debris flows, en datant ceux-ci à la première année d'apparition d'anneaux rapprochés),
- datation par l'âge des racines adventives (les épicéas, comme d'autres conifères, réagissent à l'enfouissement en développant des racines adventives dans la section enterrée du tronc juste au-dessous de la surface de l'accumulation ; déterminer l'année de pousse de la racine la plus ancienne de chaque horizon de racines adventives juste sous l'accumulation étudiée permet de connaître l'année de mise en place du dépôt).

Malgré les limites à l'utilisation de ces méthodes dendrochronologiques (les avalanches peuvent également causer des dommages aux arbres, un arbre profondément enfoui ou une forte fréquence des debris flows mettra l'arbre en phase d'arrêt de croissance pendant une longue période), H. Strunk obtient des résultats satisfaisants, couvrant une période de 370 ans.

Malheureusement, cette méthode ne peut être appliquée dans toutes les régions du globe affectées par une dynamique à debris flows, et n'a bien sûr aucune utilité au-dessus de la limite altitudinale de l'arbre ou dans les milieux bioclimatiques des hautes latitudes. Ainsi, les versants islandais touchés par une dynamique à debris flows ne comptant que de rares secteurs arborés (en particulier par le bouleau nain Betula nana et, très localement, les saules nains Salix herbacea et Salix calicarpea) cette méthode, qui offre néanmoins des résultats intéressants dans une partie des Dolomites, ne peut pas être appliquée, dans notre région d'étude.

- Les méthodes botaniques

Il s'agit d'examiner la végétation sur les dépôts de debris flows, en utilisant différents paramètres tels la couverture végétale, l'âge des arbres colonisateurs et des nouvelles tiges poussant depuis des arbres enfouis, et la diversité des espèces présentes (M. Sauchyn et al., 1983 ; A.J. Broscoe et S. Thomson, 1969). En dehors des données d'ordre dendrochronologique que l'on peut obtenir grâce à cette méthode, et qui n'est pas applicable en Islande du nord-ouest, l'utilisation de la couverture végétale et de la diversité de la végétation n'offre qu'une chronologie relative des debris flows, comme nous l'avons exposé dans le chapitre précédent (§ 2.3.). De plus, un couplage avec les résultats obtenus par l'approche historique est hasardeux dans la mesure où la taille des blocs constituant les debris flows et leur teneur en matériel fin conditionnent la vitesse de la colonisation végétale. Ainsi, la couverture végétale d'un debris flow riche en matrice (exemple du debris flow n° 7 fig. 75, et photo 51) sera supérieure à celle d'un debris flow comportant des blocs grossiers (photo 56), après un temps d'exposition équivalent, les deux coulées s'étant déclenchées simultanément.

2.1.2. - La lichénométrie

Le principe de base de la lichénométrie a été établi par R.E. Beschel (1950), et a été appliqué ensuite par de nombreux chercheurs qui essayaient de dater les moraines ou les dépôts de pente liés à des événements rares à fort impact géomorphologique, comme les coulées de *slush* ou les *debris flows* (A. Rapp et R. Nyberg, 1981 ; J.E. Gordon et M. Sharp, 1983 ; J.L. Innes, 1983b et 1984a ; M.-F. André, 1985, 1990c et d ; R. Nyberg, 1985 ; C. Caseldine, 1991 ; O. Kugelmann, 1991 ; C. Jonasson et al., 1993 ; W.B. Bull *et al.*, 1995 ; S.J. Hamilton et W.B. Whalley, 1995 ; A. Decaulne, 2000). Il repose sur l'accroissement circulaire de la taille des thalles des lichens au cours du temps : les lichens s'élargissant en poussant, la taille du lichen doit être proportionnelle à l'âge de la surface sur laquelle ils se développent. Il est alors fondamental d'établir la relation existant entre la taille du lichen et son âge. A cette fin, on utilise le plus souvent les mesures de lichens poussant sur des surfaces d'âges connus. On pourra se référer aux travaux de D.N. Mottershead (1980), J.L Innes (1985f), M.-F. André (1991, 1993), qui ont largement décrit la méthode lichénométrique.

C'est cette méthode que nous avons appliquée en Islande du nord-ouest, en utilisant le lichen *Rhizocarpon geographicum* (photo 57), largement représenté en Islande du nord-ouest et le premier à apparaître sur les surfaces rocheuses. Nous avons d'abord construit une courbe de croissance de référence à partir des diamètres des thalles de *Rhizocarpon geographicum* présents sur des blocs dont la date de chute est connue. Ensuite, sur cinq coulées de débris du site d'Ísafjörður (fig. 76), un relevé systématique de la taille des lichens a été effectué selon un procédé identique : tout au long du profil, de l'aval vers l'amont, les levées latérales des *debris flows* ont été méticuleusement parcourues, selon la méthode préconisée par W.W. Lock et al. (1979), et les cinq plus gros lichens présents sur des blocs ou amas de blocs (les lichens présents sur un même bloc ont une dimension comparable ; les blocs portant des lichens dont la taille est très variable n'ont pas été pris en compte ; seuls les lichens de forme circulaire sont mesurés) ont été mesurés ; une moyenne de ces cinq plus gros lichens a été finalement retenue (J.L. Innes, 1984b, 1985b). Sur les trois coulées retenues, les différentes générations de *debris flows* apparaissaient clairement tout au long du chenal (en particulier dans la section médiane) grâce aux groupements des lichens de différentes dimensions parfaitement individualisés. Ce n'était pas le cas sur les autres coulées de débris, c'est pourquoi elles n'ont pas été prises en compte.

Photo 56 - La colonisation rapide du chenal de la coulée n°4 datant de juin 1999, riche en matière fine, et l'absence de colonisation des levées composées majoritairement de blocs de grande dimension (à comparer avec la photo 51)

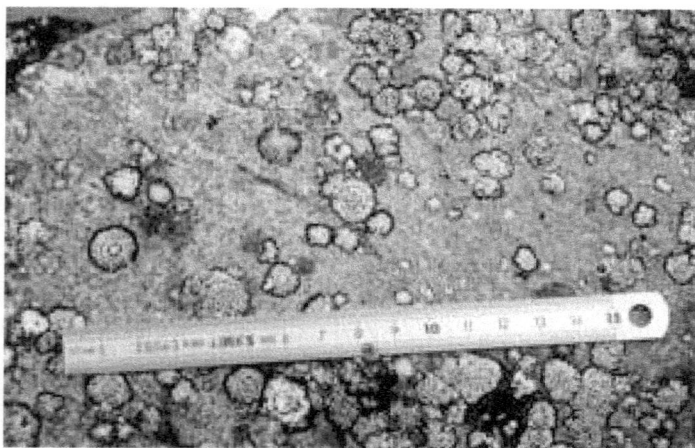

Photo 57 - Le lichen *Rhizocarpon geographicum* colonisant la surface d'un bloc de basalte. Les thalles sont bien individualisés par leur couronne de couleur noire (Cliché du 26 juillet 1999).

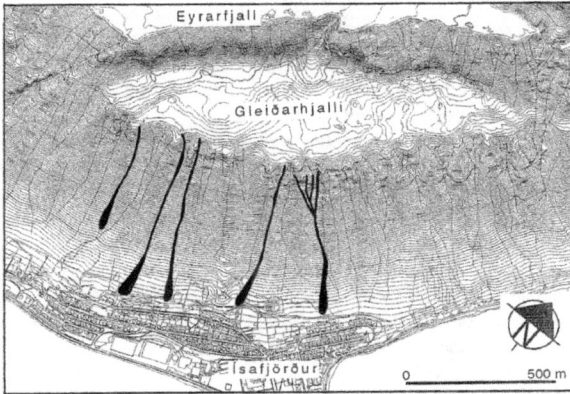

Fig. 76 - Localisation des debris flows retenus pour l'analyse lichénométrique

2.2. - Les résultats de l'application de la lichénométrie

2.2.1. - La courbe de croissance de *Rhizocarpon geographicum*

L'utilisation de la lichénométrie n'est envisageable que si l'on connait la vitesse de croissance des lichens sur le secteur étudié. Il est donc indispensable d'établir une courbe de référence propre au secteur étudié, car le développement du lichen *Rhizocarpon geographicum* est affecté par de nombreux facteurs environnementaux (J.L. Innes, 1985d et e) qui interdit toute extrapolation à partir d'une courbe provenant d'un environnement différent, même si l'ambiance climatique est voisine. Ainsi, on ne peut utiliser en Islande des courbes de référence de *Rhizocarpon geographicum* établies en Alaska (P.E. Calkin et J.M. Ellis, 1984), en Terre de Baffin (G.H. Miller et J.T. Andrews, 1972), ou au Spitsberg (A. Werner, 1990).

En Islande, plusieurs courbes de croissance ont été proposées. Ainsi, K. Jaksch (1975) a dressé une courbe de croissance des *Rhizocarpon* a partir de mesures effectuées autour du glacier Solheimajökull, dans le sud de l'île, suivi par J. Maizels et A. Dugmore et O. Kugelmann (1991) dans le nord (Svarfaðalur - Skiðadalur), puis par S.J. Hamilton et W.B. Whalley (1995) qui proposent une rectification de la courbe initialement proposée par C. Caseldine (1983) dans la même région. Or, comme le souligne C. Caseldine (1991), les taux de croissance du lichen sont différents entre le sud et le nord de l'île, les paramètres climatiques variant largement entre ces deux régions, en particulier au niveau des précipitations, qui, au nord, n'atteignent pas la moitié de ce qui tombe dans le sud.

Ainsi, il nous a paru approprié de construire une courbe de croissance pour *Rhizocarpon geographicum* sur notre terrain d'étude en Islande du nord-ouest, sur le versant de Gleiðarhjalli d'où sont originaires les principaux *debris flows*. Nous nous sommes alors heurtés à deux problèmes majeurs : le manque de surfaces de références

185

dans ce milieu anthropisé et la petite taille des lichens mesurés, du fait de la forte compétitivité rencontrée avec les mousses et autres lichens. En effet, des mesures effectuées sur les pierres tombales se sont révélées infructueuses, car non cohérentes avec les dates inscrites ; de même, l'utilisation des anciens bâtiments de pêche qui longent la côte n'est pas utile car ceux-ci sont remplacés régulièrement, avant que le lichen s'y développe ; enfin, aucun vestige de ferme ancienne dans les environs d'Ísafjörður ne permet d'effectuer un calibrage âge-taille du lichen.

Nous avons alors choisi de considérer des blocs dont la date de chute est connue comme étant des surfaces de référence à partir desquelles une courbe de croissance du lichen *Rhizocarpon geographicum* peut être établie. Quatre gros blocs ont ainsi été repérés, grâce à des échanges informels avec des habitants de la ville, tombés respectivement en 1965 (photo 58), 1978 (photo 59), 1988 (photo 60) et 1994 (photo 61). Sur chacun d'eux, la moyenne des cinq plus gros thalles de *Rhizocarpon geographicum* a été retenue (tableau 26) et une courbe de croissance a été dressée (fig. 77). Celle-ci présente une vitesse de croissance du lichen plus faible que celle déterminée par K. Jaksch (1975) dans le sud du pays, et sensiblement plus faible que celle que propose O. Kugelmann (1991) pour le nord. Celui-ci a d'ailleurs conclu qu'un laps de temps de 10 ans est nécessaire à l'apparition du lichen sur la surface colonisée (les surfaces étudiées étaient dans cette étude des ruines de ferme, des pierres commémoratives, des ponts anciens ou des coulées de boue). La vitesse de croissance du lichen est alors de 0,44 mm.a^{-1}. Si l'on applique ce résultat à notre secteur d'étude, alors les lichens ne seraient apparus sur le bloc repère tombé en 1988 qu'en 1998. Or, en août 1999, nous mesurons déjà sur ce bloc des lichens de 2,5 mm de diamètre, c'est-à-dire ayant dans ces conditions une vitesse de croissance de 2,5 mm.a^{-1}, ce qui paraît trop rapide par rapport aux résultats obtenus par O. Kugelmann. Dans l'état actuel de nos recherches, il n'est pas possible de définir le laps de temps nécessaire à l'observation du thalle du lichen : le bloc tombé en 1994 ne portait pas de lichen en 1999, au moment des mesures, et pas plus en juillet 2000. Ainsi, ce laps de temps est au minimum de 6 ans. Si cela est le cas, alors la croissance des lichens en Islande du nord-ouest est de 0,5 mm.a^{-1}. Si ce temps est de 8 ans, alors le lichen pousse à un rythme de 0,8 mm.a^{-1}.

Photo 58 - Vue du bloc servant de repère pour l'étude lichénométrique, tombé en 1965 ; la règle-repère mesure 1 mètre (Cliché du 3 juillet 2000)

Photo 59 - Le bloc repère pour l'étude lichénométrique, tombé en 1978 ; la règle-repère mesure 2 mètres (Cliché du 16 juillet 2000)

Photo 60 - Le bloc repère pour l'étude lichénométrique, tombé en 1988 ; la règle-repère mesure 2 mètres (Cliché du 3 juillet 2000)

Photo 61 - Le bloc repère pour l'étude lichénométrique, tombé en 1994. La règle-repère mesure 1 mètre (Cliché du 8 juillet 2000)

2.2.2. - La fréquence des coulées de débris : comparaison des données lichénométriques et historiques

Les relevés lichénométriques révèlent 4 à 5 épisodes à *debris flows* selon les chenaux (tableau 27). Si les coulées de 1996 et 1999 n'ont pas été mises en évidence par l'application de la lichénométrie (le lichen *Rhizocarpon geographicum* n'est pas encore visible sur les levées de ces coulées), la méthode a permis de définir plusieurs événements à *debris flows* entre 1988 et 1946 (fig. 78). En comparant ces données avec celles fournies par l'approche historique pour ces trois chenaux, nous nous apercevons que la fréquence des coulées de débris est plus grande que ce qui était proposée. En effet, alors que les Annales ne dénombraient que 2, 1 et 3 événements respectivement dans les chenaux 1, 3 et 4, la lichénométrie met en évidence le fonctionnement de ces mêmes chenaux à 5, 4 et 5 reprises au moins (tableau 28).

3. - Une estimation de la fréquence des *debris flows* selon leur ampleur

Les différences observées selon l'application de la méthode historique ou de la méthode lichénométrique tiennent sans aucun doute à l'ampleur (en anglais *magnitude*) des événements à *debris flows*. En effet, les Annales n'enregistrent que les épisodes majeurs, ceux qui atteignent la base du versant, avec une masse de débris importante, soit de plus de 1500 m^3, couvrent les champs, endommagent les maisons, coupent les routes et s'arrêtent parfois dans la mer. Ceux-là doivent être considérés comme les *debris flows* d'ampleur maximale dans l'environnement étudié, déplaçant de 1500 à plus de 2500 m^3 de débris selon les observations effectuées lors des *debris flows* de juin 1999 sur le terrain, où, selon les observateurs locaux témoins de *debris flows* antérieurs, le volume de matériel déplacé était équivalent à ce qui s'est produit en 1965 ou 1996. Ainsi, les données recueillies par l'étude lichénométrique sur les chenaux n° 1, 3 et 4

188

correspondent à des épisodes à *debris flows* d'ampleur plus faible. En effet, les dates obtenues à partir de la courbe de croissance approchent les dates où des épisodes majeurs sont enregistrés, mais dans des chenaux différents (tableau 29) ; le fonctionnement des chenaux n° 1, 3 et 4 n'aura pas été remarqué, d'autres chenaux amenant une quantité de débris supérieure occasionnant des désagréments pour la population locale.

La fréquence des épisodes majeurs doit donc être fondée sur les données fournies par les Annales islandaises, alors que les données lichénométriques, si elles font également apparaître l'existence d'épisodes majeurs déjà connus par l'approche historique, témoignent d'une plus grande fréquence des événements de plus faible intensité, non recensés dans les archives. Nous pouvons établir ceci :
- pour les *debris flows* de moins de 100 m^2, la période de retour minimale est de 2 à 3 mois,
- pour les *debris flows* déplaçant moins de 1500 m^3, la période de retour est au minimum de 3 ans,
- pour les *debris flows* de plus de 1500 m3, 10 ans semblent le nombre d'années minimum pour le déclenchement de deux *debris flows* successifs dans le même chenal.

Cette conclusion que les épisodes de faible importance sont plus fréquents que ceux qui atteignent une forte ampleur a déjà été soulignée par J.L. Innes (1985a) et H. van Steijn (1996) par exemple. Ce dernier auteur présente notamment une comparaison de la fréquence des *debris flows* en fonction des volumes de débris transportés (H. van Steijn, 1996, p. 267) en Europe centrale et nord-occidentale. Il émerge de cette comparaison trois groupes :
- en Ecosse, les volumes de matériel mobilisés par les *debris flows* restent faibles, quelle que soit leur fréquence,
- en Scandinavie et Alpes - Bachelard, les *debris flows* d'ampleur très variée se déclenchent quelle que soit leur période de retour ;
- dans les Alpes (Arve, Ariège, Zell et Zillertal), les *debris flows* sont fréquents, quelle que soit leur ampleur.

Si l'on positionne les données que nous avons pu récolter en Islande du nord-ouest, nous observons une cohérence des résultats avec ceux du reste de l'Europe (fig. 79). Ce diagramme permet de situer les *debris flows* islandais dans la seconde catégorie, celle où des coulées de différentes ampleurs peuvent être observées à des fréquences variées, aux côtés des coulées de débris actives sur les versants des Tatra polonaises (A. Kotarba, 1989, 1991, 1992a et b), de Laponie (A. Rapp et R. Nyberg, 1981 ; R. Nyberg, 1985), de Norvège (A. Rapp et L. Strömquist, 1976 ; J.L. Innes, 1985a et f ; A. Rapp, 1987), du Spitsberg (S. Larsson, 1982 ; M.F. André, 1990, 1991, 1993). Toutefois, les *debris flows* islandais semblent plus fréquents que ceux-ci, la période de retour minimale enregistrée étant de seulement quelques dizaines d'années pour les *debris flows* déplaçant le plus grand volume de matériel. Celui-ci semble d'ailleurs limité à 3500 m^3, ce qui est très inférieur à ce qui a pu être observé en Laponie par exemple. Les *debris flows* étudiés dans les Alpes françaises (H. van Steijn *et al.*, 1988 ; H. van Steijn, 1996) ou autrichiennes sont au contraire beaucoup plus important, quelle que soit leur période de retour. A l'inverse, les *debris flows* affectant les versants écossais (J.L. Innes, 1983b, 1985a, 1989) demeurent de faible ampleur, quelle que soit leur fréquence. Mais, dans tous les cas nous observons que la fréquence des *debris flows* de faible ampleur est supérieure à celle d'événements déplaçant une grande quantité de débris ; de même, ce sont ces derniers qui ont une distance de parcours la plus longue.

Tableau 26 - Diamètre de *Rhizocarpon geographicum* sur les blocs repères

Date du substrat	Diamètre maximal de *Rhizocarpon geographicum**
1994	0 mm
1988	2,5 mm
1978	7 mm
1965	12 mm

* Mesures effectuées en août 1999

Fig. 77 - Courbe de croissance de *Rhizocarpon geographicum* en Islande du nord-ouest

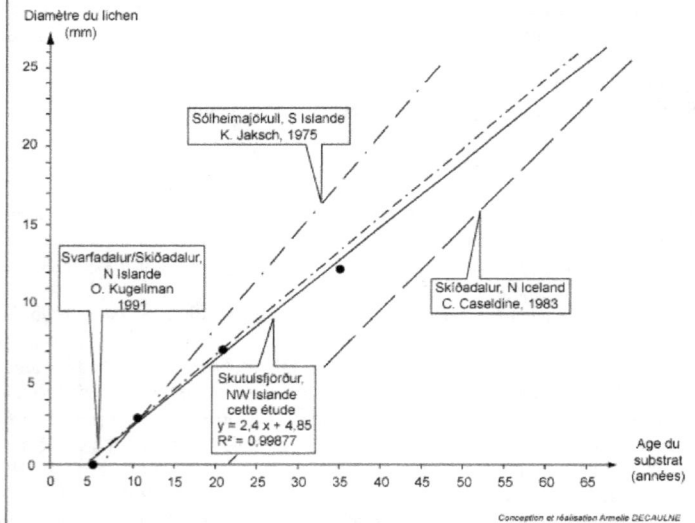

Conception et réalisation Armelle DECAULNE

Tableau 27 - Les générations de coulées de débris,
déterminées par lichénométrie à Ísafjörður

Générations	Diamètre max. de *Rhizocarpon geographicum* (mm)*		
	debris flow n°1**	*debris flow* n°3	*debris flow* n°4
I	0	0	0
H			0
G		2	
F	5		5
E			8
D	10	10	10
C	15	15	
B	20		
A	non mesurable	non mesurable	non mesurable

* Les mesures ont été effectuées en août 1999
** Les n° des *debris flows* se réfèrent à la carte de la figure 2

Fig. 78 - Fréquence des derniers épisodes à *debris flow* en Islande du nord-ouest,
datés par lichénométrie

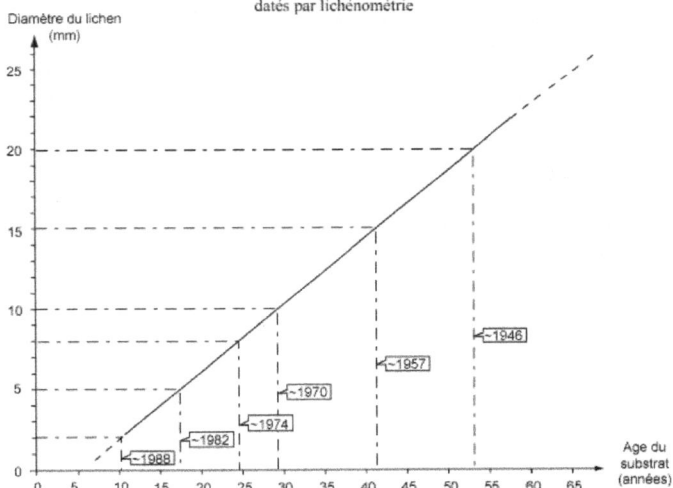

Tableau 28 - Comparaison entre les données historiques et les données lichénométriques
sur la fréquence des *debris flows* n° 1, 3 et 4

Debris flow n° 1		*Debris flow* n° 3		*Debris flow* n° 4	
Données historiques	Données lichénométriques	Données historiques	Données lichénométriques	Données historiques	Données lichénométriques
1943	~1946	1999	~1957	1965	~1970
1999	~1957		~1970	1996	~1974
	~1970		~1988	1999	~1982
	~1982		1999		1996
	1999				1999

191

Tableau 29 - *Debris flows* enregistrés dans les Annales auxquels correspondent
probablement les données lichénométriques (Sources *op. cit.*)

Données lichénométriques	Données historiques	Chenaux concernés
~1946	1943 ou 1942	
~1957	1955	12, 13, 14, 15, 16
~1970	1972	
~1982	–	
1996	1996	
1999	1999	

Conclusion du chapitre 7

La combinaison des approches historique et naturaliste permet d'aborder avec une relative précision la fréquence des événements à *debris flows* en Islande du nord-ouest, en particulier sur le versant d'Ísafjörður. Ce sont surtout les coulées de débris de grande ampleur qui sont documentés, les *debris flows* plus petits n'étant généralement pas perçus pour la seule raison qu'ils ne menacent pas les habitations, et apparaissant grâce aux relevés lichénométriques effectués sur les levées latérales le long du chenal central. Enfin, l'analyse de la fréquence et de l'ampleur des *debris flows* islandais permet de situer l'activité islandaise par rapport à celle des autres régions du monde, en particulier d'Europe, grâce à une comparaison effectuée avec les travaux de H. van Steijn (1996).

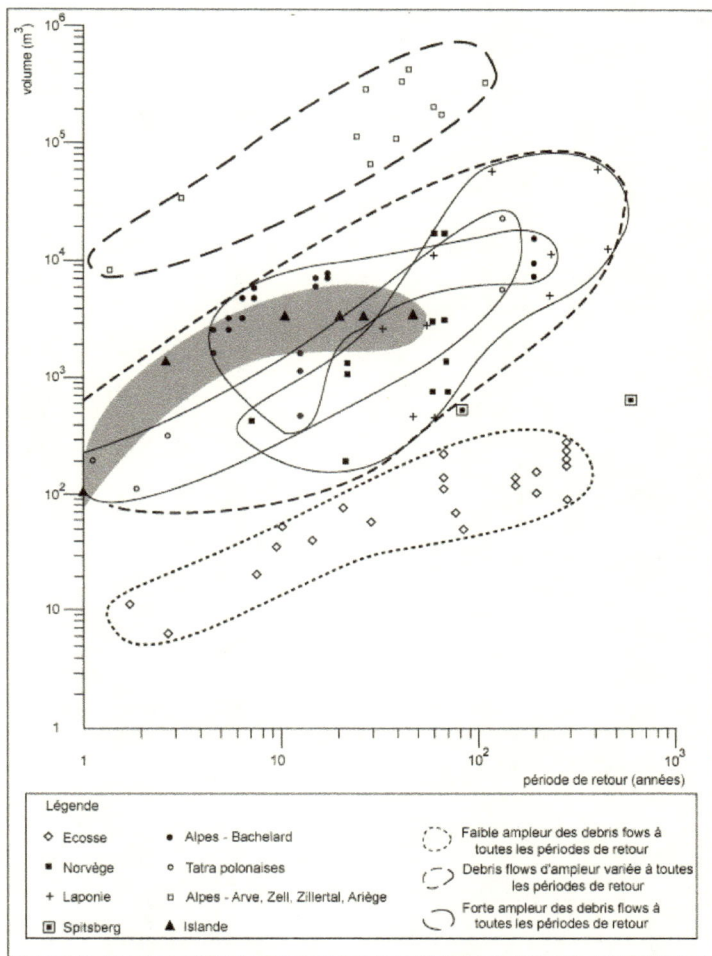

Fig. 79 - La relation entre l'ampleur et la fréquence des debris flows en Europe centrale
et du nord-ouest (modifié à partir de H. van Steijn, 1996)

193

Conclusion de la deuxième partie

Les *debris flows* ont un impact géomorphologique important, au moins durant le XXème siècle

Comme le soulignait à juste titre D. Mercier, « qu'il soit d'origine nivale ou pluviale, le ruissellement est guidé sur les versants par des paramètres morphostructuraux fondamentaux » (1998, p. 237). Ainsi, les versants nord-occidentaux islandais, de par leur corniche rocheuse sommitale, entaillée de nombreux couloirs, se montre propice à la canalisation du ruissellement, qui donne naissance ensuite à des *debris flows*, comme dans tous les autres cas répertoriés à la surface du globe. De la même façon, la reconstitution du stock de débris mobilisables est importante : dans les milieux des hautes latitudes et altitudes, la fracturation des parois commandera la taille des éléments libérés et la lithologie la vitesse de cette libération ; les débris s'accumulent dans les couloirs et seront remobilisés dès que les conditions météorologiques y seront favorables. Cette contrainte morphostructurale se retrouve dans tous les massifs montagneux, que ce soit dans les Alpes européennes, les Rocheuses canadiennes et américaines, les reliefs scandinaves (Annexe 2), la dimension des *debris flows* augmentant en fonction de celle de l'impluvium (M. Becht et D. Rieger, 1997).

En Islande du nord-ouest, nous observons deux types d'initiation des *debris flows* dans la zone source et trois modes de déclenchement (fig. 80) : l'initiation par glissement sur les versants à replat intermédiaire et l'initiation par « effet tuyau d'arrosage » sur les versants à corniche rocheuse très développée, déclenchées aussi bien par les averses intenses, les pluies de longue durée et surtout la fonte soudaine de la neige. Cette dernière provoque la mobilisation d'une quantité de matériel aussi importante que lorsque les deux autres causes déclenchent les coulées de débris, contrairement à ce que certains auteurs écrivaient, soutenant que la fonte de la neige n'était responsable que de la mise en place de petites laves de ruissellement (B. Francou, 1988, p. 288). Nous noterons cependant que les *debris flows* déclenchés par glissements (Súðureyri, Ísafjörður) sont plus fréquents que les autres (Súðavík), du fait de la grande disponibilité du matériel alors qu'il faut attendre la reconstitution des stocks de débris dans le cas des corniches rocheuses.

Nous avons estimé le matériel transporté à 5000 m^3 sur le seul versant d'Ísafjörður ; il atteindra 30 000 m^3 si l'on considère l'ensemble des *debris flows* s'étant déclenchés sur tous les versants environnants. De même, le plus gros bloc transporté lors de ces événements mesure 1,72 m de grand axe et a été observé sur une levée du *debris flow* n° 1. Le matériel transporté lors des *debris flows* de juin 1999 en Islande est alors comparable en volume et dimension à ce dont il a été fait état par exemple en Laponie en 1979 (Nissunvagge). En effet, R. Nyberg (1985, p. 63) estimait par le biais des photographies aériennes et des mesures de terrain les masses totales de débris à

195

2500-67000 m^3 selon les versants étudiés, des blocs de 0,1-1,5 m ayant été déplacés, et A. Rapp et L. Strömquist (1976) mesuraient des *debris flows* déplaçant de 4000-10000 m^3 de matériel dans le secteur de Tarfala. Au Spitsberg, les volumes concernés sont plus faibles, car A. Jahn (1976) avait observé des dépôts de *debris flow* atteignant 400 m^3, S. Larsson (1982) de 50 à 500 m^3, et M.-F. André (1990) de 1-600 m^3. De même, dans le Yukon, S.A. Harris et C.A. Gustafsson (1993) ont pu observer des laves de ruissellement déplaçant 0,3-6000 m^3 de débris. Ainsi, dans les hautes latitudes, les volumes des *debris flows* sont assez homogènes, avec une domination des *debris flows* d'amplitude moyenne entrant dans la catégorie « petits et moyens *debris flows* » de J. Innes (1983).

Dans la chaîne alpine, les volumes concernés sont plus importants : des coulées impliquant de 100 à 25000 m^3 de matériel ont été étudiés par A. Kotarba (1989) ; des *debris flows* déplaçant 10000 m^3 ont été étudiés par J. Lewin et J. Warburton (1994), au Val Ferret, en Suisse.

C'est dans les Alpes japonaises que les *debris flows* atteignent les volumes les plus importants, déplaçant de 10^6 à 10^8 de mètres cube de matériel.

Ainsi, les volumes des *debris flows* sont très variables selon les régions bioclimatiques du globe : les laves de ruissellement des hautes latitudes semblent libérer des masses de débris dans l'ensemble inférieures à celles des milieux alpins. Il faut sans doute voir dans ces différences le rôle fondamental des événements météorologiques, qui n'atteignent pas une intensité et une quantité similaires en tous points du globe, mais aussi celui du contexte morphostructural (A. Decaulne, 2001a).

Le taux de dénudation est de la même façon très variable lors d'un seul épisode à *debris flows* : il était de 14 mm sur une superficie de 20 km^2 en Tanzanie, lors des *debris flows* de février 1970, de 5 mm sur un espace de 11 km^2 en Laponie en juillet 1972 (A. Rapp, 1974), et quelques jours plus tard de 1 mm sur une surface de 4,5 km^2 au Spitsberg (S. Larsson, 1982), et de 1,1 mm à Ísafjörður en juin 1999 sur un espace de 4,8 km^2.

Par ailleurs, estimer la fréquence des *debris flows* en analysant la fréquence des épisodes pluvieux responsables de leur mise en place, comme ont pu le faire quelques auteurs (A. Rapp, 1974, A. Rapp et L. Strömquist, 1976) est une approche menant à une surestimation des épisodes à *debris flows*. En effet, comme nous l'avons vu en Islande du nord-ouest, les variations pluviométriques sont grandes même dans un espace restreint et il est rare que deux pluies d'intensité ou de total similaire provoquent les mêmes effets. Ainsi, les plus importants totaux de précipitation par 24 heures (> 40 mm/24 h) correspondent rarement aux dates de déclenchement des *debris flows* (tableau 30) : des totaux inférieurs ont souvent suffi, et ces totaux maximum n'ont pas eu d'impact géomorphologique.

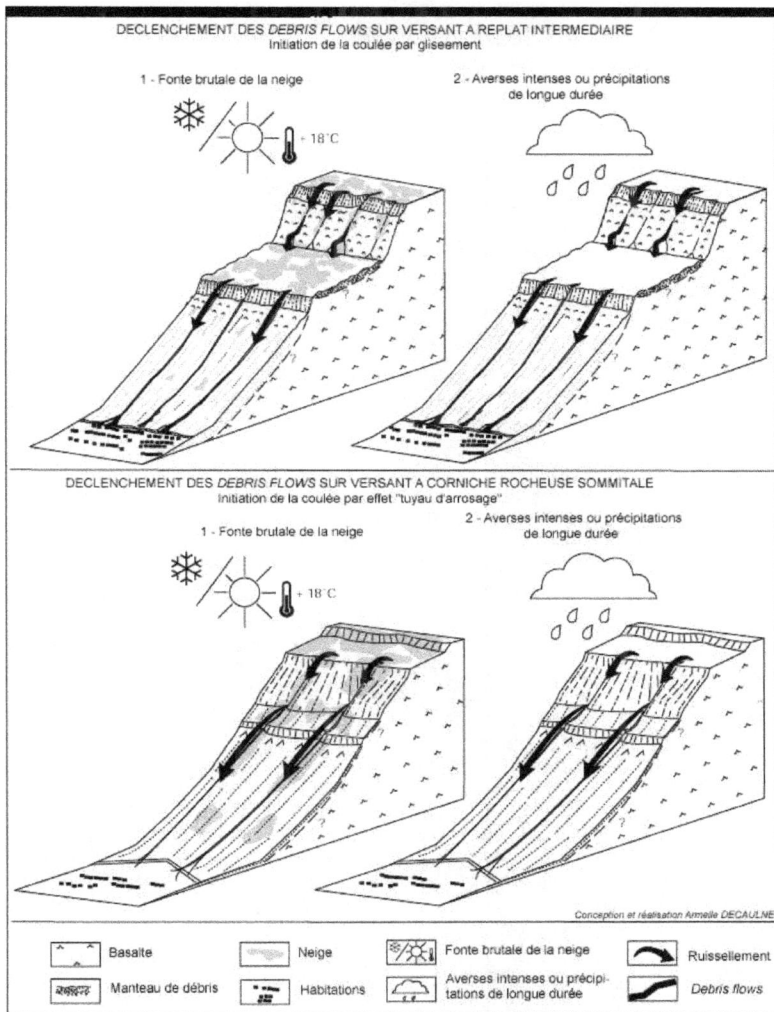

DECLENCHEMENT DES *DEBRIS FLOWS* SUR VERSANT A REPLAT INTERMEDIAIRE
Initiation de la coulée par glissement

1 - Fonte brutale de la neige

2 - Averses intenses ou précipitations de longue durée

+ 18°C

DECLENCHEMENT DES *DEBRIS FLOWS* SUR VERSANT A CORNICHE ROCHEUSE SOMMITALE
Initiation de la coulée par effet "tuyau d'arrosage"

1 - Fonte brutale de la neige

2 - Averses intenses ou précipitations de longue durée

+ 18°C

Conception et réalisation Armelle DECAULNE

| | Basalte | | Neige | | Fonte brutale de la neige | | Ruissellement |
| | Manteau de débris | | Habitations | | Averses intenses ou précipitations de longue durée | | *Debris flows* |

Fig. 80 - Les différentes conditions de déclenchement des *debris flows* sur les deux morphologies de versant rencontrées en Islande du nord-ouest

197

Tableau 30 - Précipitations supérieures à 40 mm/24 h
dans les quatre stations météorologiques voisines d'Ísafjörður

Súðureyri (1961-1989)		Hornsbjargsviti (1961-1995)	
dates	mm/24 h	dates	mm/24 h
21/10/62	46,5	26/09/61	42,6
21/08/64	44,5	08/10/61	54,4
11/10/64	40	17/05/62	54,7
25/08/65	68,7	17/06/62	45,7
04/11/65	**87**	14/09/63	40,2
31/08/68	54,4	10/05/64	41
08/09/69	42,4	25/08/65	44,7
17/07/70	85,6	09/07/67	85,4
20/11/70	85,6	12/10/70	43,1
16/10/72	40,5	30/08/73	43,5
11/11/72	60	04/07/77	49,4
02/11/76	41,2	12/09/81	87,5
30/08/77	**49,5**	10/08/82	61,4
26/09/78	41,2	25/07/86	42,1
04/10/78	44	27/07/88	43,9
07/09/79	87	31/08/88	41,8
04/10/79	54,5	27/07/89	40,1
20/09/81	40	31/08/89	52,2
27/10/81	40	25/06/90	50,2
10/08/82	75,5	30/08/90	44
20/07/85	65	13/09/90	45,3
18/09/87	60	10/06/93	67,6
02/10/88	98	Æðey (1961-2001)	
15/05/89	58	dates	mm/24 h
Galtarviti (1961-1994)		15/06/62	64,5
dates	mm/24 h	22/07/63	49,7
27/09/61	79,9	31/08/68	62,8
15/06/62	55,1	04/09/72	54,9
21/10/62	46,1	28/10/72	57
04/05/64	43,8	03/11/79	69,6
22/06/72	91,8	07/09/79	60,8
07/09/79	43,1	11/09/81	51
27/10/81	54,3	10/09/82	50,4
20/10/82	41,1	27/10/82	67
20/09/84	50,1	22/05/86	48,4
15/11/89	74,4	02/10/88	48
05/09/87	44,4	04/10/91	46
23/09/88	49,5	03/11/91	56,3
15/05/89	42,4	06/10/95	71,1
23/11/90	46,4	21/10/96	42,4
26/11/92	58,6	09/09/99	56,5
en gras : pluies > 40 m/24 h		28/11/00	46

responsables du déclenchement de *debris flows*

La fréquence des *debris flows* islandais apparaît parmi les plus fortes des milieux arctiques. Peut-être est-ce dû à une sous-estimation de la fréquence des *debris flows* dans ces milieux, liée aux problèmes d'utilisation de la lichénométrie pour effectuer les datations des dépôts. Ainsi, la lichénométrie ne permet pas de distinguer deux épisodes proches dans le temps, car les dépôts antérieurs peuvent être recouverts et le laps de temps - très variable d'une région à l'autre - entre les deux événements ne permet pas aux lichens de se développer, dans des régions où la surveillance du versant est peu fréquente : au Spitsberg, 30 années étant nécessaires à l'apparition du thalle du lichen sur les levées, plusieurs *debris flows* peuvent se mettre en place successivement sans apparaître clairement sur les relevés lichénométriques, surtout lorsque des coulées de moindre ampleur succèdent à de grands *debris flows*. L'existence de documents historiques, malheureusement limitée dans le temps et l'espace, est alors précieuse.

Enfin, l'omniprésence des formes sur les versants islandais et la longue espérance de vie des formes créées (tant chenal d'incision à l'amont et levées) traduisent la relative inefficacité morphologique des autres processus, des avalanches en particulier.

La fréquence des *debris flows* peut être qualifiée d'élevée en Islande du nord-ouest, à cause de conditions morphologiques et météorologiques très favorables. Sur le seul XXème siècle, plus de 20 épisodes à *debris flows* sont recensés, concernant plus de 100 coulées individuelles. Au moins 10 événements ont atteint l'ampleur de juin 1999, permettant une évaluation minimale du taux de dénudation à 10 mm pour le seul XXème siècle, sachant que les événements non recensés dans les Annales ne sont pas pris en considération car impliquant un volume de matériel difficile à estimer. L'utilisation de la lichénométrie ne permet malheureusement pas de connaître la fréquence des *debris flows* au-delà de 1930 environ, le lichen le plus large mesuré sur le terrain ayant un diamètre de 25 mm. Toutefois, le nombre de coulées aux formes totalement recouvertes de végétation suggère également une activité importante dans le courant du XIXème siècle, à la fin du Petit Age Glaciaire, ce qui a été attesté par A. Kotarba (1991, 1992b) dans les Tatra polonaises. Ceci reste cependant à approfondir.

Dans le domaine de la géomorphologie appliquée et en particulier dans l'étude des risques naturels, l'analyse de la fréquence et de l'ampleur des coulées de débris est primordiale, permettant de connaître leur période de retour et leur extension maximale. Ceci permet d'analyser le risque lié à cette dynamique, et de proposer des mesures de protection pour les zones dangereuses.

Troisième partie

Le risque induit par les avalanches et les *debris flows*

Chapitre 8 - Le risque avalancheux
Chapitre 9 - Le risque lié aux *debris flows*

Photo 62 - Le risque avalancheux, combiné au risque lié aux coulées de débris, place les établissements humains localisés au pied des pentes dans une situation très inconfortable, dont la population et les autorités locales n'ont pas toujours conscience. Ici, le versant dominant la ville d'Ísafjörður (cliché du 13 septembre 1999).

Introduction de la troisième partie

Le risque induit par les avalanches et les *debris flows*

« Knowledge of the "geological" history of mountainous areas is therefore possible only by means of a correct and exhaustive analysis of the landscape and its forms. For hazard assessment in mountainous environments it is therefore extremely necessary to perform a basic geomorphological-type study aimed at recognizing single events occurring in the recent geological past, by considering the surface deposits and the signs left in the morphology and vegetation cover. »

M. PANIZZA (1996, p. 164)

Le risque naturel correspond à la combinaison de l'aléa et de la vulnérabilité. L'aléa est le phénomène qui est à l'origine du risque ; il s'agit ici des avalanches et des coulées de débris. La vulnérabilité est la position de la population, de la société dans un espace qui est susceptible d'être atteint par l'aléa. Il n'y a donc risque naturel que lorsque la société est menacée, lorsqu'il y a interaction entre le milieu physique et les acteurs socio-économiques (L. Faugères, 1990). L'étude des risques naturels se justifie alors dans les milieux montagneux occupés par l'homme (J.M. Aguéra, 1985 ; B. Kaiser, 1987 ; T. Fanthou et B. Kaiser, 1990 ; A. Godard, 1990 ; P. Lahousse, 1998). En Islande du nord-ouest, le contexte climatique marqué par une très grande instabilité de temps et la topographie à pentes raides ne laissant qu'un faible espace aux sociétés locales se prêtent très bien à l'étude des risques naturels, les processus de versant y étant actifs, comme nous l'avons vu dans les précédentes parties.

Notre démarche va consister à présent à repérer les liens entre milieu physique et milieu anthropisé, puis à recenser les événements dont on sait qu'ils ont frappé les secteurs habités à travers le dépouillement des sources historiques (archives locales dressées le plus souvent grâce aux articles parus dans les quotidiens). Cela nous permettra de connaître l'extension spatiale maximale des phénomènes naturels et d'évaluer le risque naturel en fonction de la position des habitations par rapport à l'espace qui peut être potentiellement atteint par les avalanches ou les *debris flows*. Une recherche sur la perception du risque a été effectuée par le biais d'un questionnaire d'enquête distribué auprès d'un échantillon de la population. La perception du risque par la population locale sera comparée au risque réel déterminé à partir de notre connaissance de l'extension des phénomènes naturels. Enfin, les mesures de protection en place ou à venir contre les avalanches et les *debris flows* seront décrites.

Par souci de clarté, l'analyse des risques naturels liés à l'activité avalancheuse (chapitre 8) et aux *debris flows* (chapitre 9) sera conduite successivement au travers d'études de catastrophes, c'est-à-dire lorsque le risque est devenu réalité.

Chapitre 8

Le risque avalancheux

Photo 63 - Les dépôts de l'avalanche du 26 octobre 1995, atteignant deux mètres de haut dans le village de Flateyri. L'avalanche a dévasté 15 maisons d'habitations et tué 20 personnes (Cliché J.G. Egilsson, 28 octobre 1995).

Chapitre 8

Le risque avalancheux

« Avalanches are not of great significance from a geological viewpoint but have often led to great loss of life in Iceland, especially in the mountainous NW-, N- and E-Iceland. »

Þorleifur EINARSSON (1991, p. 194)

Le risque avalancheux dépend de la vulnérabilité des hommes et de la longueur de parcours des avalanches. Il s'agira alors de définir les conditions du risque avalancheux, en déterminant les caractéristiques morphologiques et météorologiques qui favorisent l'instabilité du manteau neigeux et la vulnérabilité présentée par la localisation des implantations humaines. Ensuite, une recherche sur l'histoire avalancheuse de la région et l'extension récente du secteur bâti permet, grâce à des études de cas, d'illustrer combien l'espace est disputé et mal contrôlé, entre secteurs avalancheux et activités anthropiques. Enfin, en développant des exemples d'avalanches meurtrières, nous montrerons combien le risque avalancheux est effectif et préoccupant en Islande du nord-ouest, tant pour les villes et villages que sur les voies de circulation, obligeant les autorités locales à envisager des moyens de protection efficaces.

1. - Les conditions du risque site par site

1.1. - Les conditions morphologiques du risque avalancheux

Le façonnement glaciaire du littoral est responsable de la forte déclivité des versants au contact même de la mer. De ce fait, le relief de fjords est peu propice à l'établissement des activités humaines, qui s'étirent le long de la mince bande de terre entre l'eau et les pentes montagneuses, accroissant l'espace occupé tantôt d'un côté, tantôt de l'autre. Selon l'espace disponible, les habitations peuvent s'étager jusqu'à plus de 30 mètres d'altitude (Ísafjörður et Patreksfjörður), mais seront dans presque tous les cas situées sur des pentes dont les valeurs avoisinent 10° (T. Jóhannesson *et al.*, 1996), donc localisées sur des pentes où les avalanches majeures sont tout juste entrées dans leur phase de décélération et de dépôt. Le tableau 31 récapitule les conditions morphologiques de chacun des sites avalancheux étudiés, en analysant plus particulièrement la situation des habitations les plus proches du versant par rapport au point β =10° (K. Lied et S. Bakkehøi, 1980, fig. 81).

1.1.1. - Les sites à zone de dépôt avalancheux très courte

Plusieurs sites se localisent à moins de 30 mètres du point du versant où l'inclinaison de la pente atteint 10° (fig. 82). Il s'agit de Bolungarvík (les deux sites sont à 10 mètres de distance du point β), Hnífdsdalur-Súður (20 m), Patreksfjörður (20 m), Ísafjörður (les premières maisons du village de chalets de Tungudalur sont construites sur une pente supérieure à 10°, Holtahverfi et les habitations situées à l'aval de Gleiðarhjalli se trouvent à 30 m de ce même point), et de Bíldudalur (30 m). Les avalanches dans ces secteurs sont rares, mais occasionnent toujours des dommages, voire des victimes.

1.1.2. - Les sites à zone de dépôt avalancheux courte

La zone de dépôt dominant les sites de Ísafjörður-Seljalandshlíð est longue de 50 m entre le point β et les premières maisons, et de 70 m à Hnífsdalur -Norður (fig. 82). Les avalanches sont pourtant fréquentes sur ces deux sites, occasionnant d'importants dégâts matériels et de nombreuses victimes.

1.1.3. - Les sites à zone de dépôt avalancheux moyenne

Súðavík et Flateyri sont les sites qui présentent la plus longue zone de dépôt à l'amont des premières habitations, celles-ci se trouvant respectivement à 200 et 100 mètres du point β (fig. 82). Cependant, ce sont les secteurs ayant été les plus mortellement touchés par les avalanches.

On observe grâce à ces résultats une relation inverse entre la longueur de la zone de dépôt et la gravité des avalanches. En effet, plus la zone de dépôt est courte, moins les avalanches ont causé de dégâts par le passé (hormis le cas particulier de l'avalanche majeure de 1994 qui a dévasté le village de chalets de Tungudalur, où la majeure partie des habitations sont situées sur une pente dont l'inclinaison est supérieure à 10°, *cf. infra*), et inversement, plus la zone de dépôt est longue, plus les avalanches ont été dévastatrices. Toutefois, il faut aussi considérer l'ancienneté de l'établissement humain :les secteurs habités dans la zone de dépôt avalancheux sont souvent récents (Ísafjörður-Holtahverfi et Gleiðarhjalli, Hnífsdalur-Súður, Bolungarvík) et l'histoire avalancheuse est mal connue.

1.2. - Les conditions météorologiques : le rôle du vent

Les conditions météorologiques menant à la formation d'avalanches ont été décrites de façon générale par H. Björnsson (1980) en Islande et plus précisément par T. Jóhannesson et T. Jónsson (1996) en Islande du nord-ouest. Ces derniers ont analysé les conditions météorologiques qui régnaient durant les cycles avalancheux les plus importants entre 1946 et 1995. Ils ont pu déterminer que les épisodes avalancheux les plus dangereux sont associés à des zones dépressionnaires très creusées qui dirigent des vents puissants de secteur nord ou nord-est vers la région des fjords de l'ouest. Des précipitations neigeuses abondantes recouvrent alors la région, et l'accumulation de neige soufflée par les vents violents (des vitesses moyennes des vents supérieures à 90 nœuds ont été observées sur les hauts plateaux durant ces types de temps) dans les zones de départ est une composante essentielle à la formation des épisodes avalancheux dangereux. La présence de neige soufflée est particulièrement dangereuse lorsque de larges surfaces planes (hauts plateaux des fjords de l'ouest) sont localisées près de versants où la neige a la possibilité de s'accumuler pour former d'importants dépôts dans la zone de départ des avalanches (photo 65). Il est alors possible de dresser une carte du risque avalancheux en fonction des principales directions du vent au cours de l'hiver (fig. 83). Ainsi, certains secteurs apparaissent menacés lors des tempêtes hivernales de secteur nord, les plus fréquentes selon les données météorologiques et les analyses de T. Jóhannesson et T. Jónsson (1996) : il s'agit de Súðavík, Ísafjörður-Tungudalur-Seljalandshlíð et Gleiðarhjalli, Hnífsdalur-Norður, Bolungarvík-Traðahyrna, Flateyri, et enfin Bíldudalur et Patreksfjörður dans le sud de la péninsule. D'autres sites, en particulier Ísafjörður-Holtahverfi, Hnífsdalur-Súður et Bolungarvík-Ernir sont exposés à des risques avalancheux lors de vents violents de secteur sud accompagnant les tempêtes de neige ; ces types de temps sont rares, mais des avalanches se sont cependant déjà déclenchées sous de telles conditions.

Tableau 31 - Récapitulatif des conditions morphologiques sur les différents sites soumis à un risque avalancheux

Sites	Distance entre le point β = 10° et les premières habitations (en m)
Súðavík	200
Ísafjörður	
Holtahverfi	30
Tungudalur	0
Seljalandshlíð	50
Gleiðarhjalli	30
Hnífsdalur	
Súður	20
Norður	70
Bolungarvík	
Ernir	10
Traðarhyrna	10
Flateyri	100
Súðureyri	30
Bíldudalur	30
Patreksfjörður	20

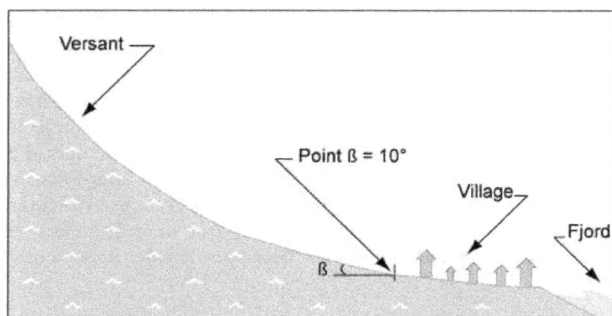

Fig. 81 - Schéma de la position du point ß sur les versants islandais
(d'après K. Lied et S. Bakkehøi, 1980, modifié).
Les avalanches qui atteignent ce point commencent alors à décélérer.

2. - Histoire avalancheuse et implantations humaines : un espace disputé et mal contrôlé

La méconnaissance des zones à risque apparaît au travers de l'examen de l'extension spatiale des zones habitées. Celle-ci s'est effectuée en dépit de la connaissance de l'extension maximale des avalanches dans certains secteurs, et toujours en dépit des conditions morphologiques du risque avalancheux, la zone de dépôt entre le point β et les premières habitations étant toujours réduite.

2.1. - L'expansion progressive des sites urbanisés et la multiplication des accidents avalancheux

Jusqu'au milieu du XIXème siècle, la population islandaise vivait exclusivement en zone rurale. La plupart des accidents liés à la dynamique avalancheuse avaient donc lieu dans ou autour des fermes, frappant les locaux ou les ouvriers, mais aussi lors des parcours hivernaux reliant les fermes aux stations de pêche de la côte ou à l'église. Finalement, peu d'avalanches sont répertoriées, mais il est possible de dresser des cartes nationales illustrant la géographie de l'activité avalancheuse grâce à la compilation des Annales islandaises effectuée par Ó. Jónsson et S. Rist en 1971 (fig. 84 à 86). A la fin du XIXème siècle, des villages de pêcheurs se développent sur le littoral des fjords de l'ouest (mais aussi du nord et de l'est de l'Islande). Quelques-uns d'entre eux se révèlent bâtis sur des sites enclins à la dynamique avalancheuse, et plusieurs accidents catastrophiques (on déplore 10 morts à Hnífsdalur-Norður en 1910) sont enregistrés durant les années 1880-1920, période d'hivers rigoureux (G. Petit-Renaud, 1989, M. Á. Einarsson, 1991 et 1993). Ultérieurement, le développement des villages de pêcheurs des fjords de l'ouest vers les basses pentes, entre 1930 et 1980, a augmenté le nombre des maisons dans les surfaces exposées aux avalanches. Dans plusieurs de ces secteurs, aucun récit d'avalanches n'avait été enregistré, car ces zones n'étaient pas occupées auparavant, et les avalanches ne causant pas de dommages humain ou matériel n'étaient pas répertoriées en Islande jusqu'à une date récente. Le climat devenant doux entre

1925 et 1965 (fig. 88), les précipitations neigeuses sont moins abondantes et peu d'accidents sont enregistrés par rapport au grand nombre de catastrophes recensées à la charnière des XIX et XXème siècle, ce qui favorise l'expansion urbaine vers les basses pentes qui n'ont pas ou peu été atteintes par des avalanches durant cette période. La détérioration climatique qui débute en 1965 a provoqué une augmentation de l'activité avalancheuse, causant des accidents plus ou moins catastrophiques durant ces dernières décennies dans les nouveaux quartiers des villes des fjords de l'ouest, mais aussi de l'est de l'Islande, sans, curieusement, freiner le développement de certains secteurs. En examinant les cartes représentant les avalanches majeures connues jusqu'au XXème siècle (fig. 87), nous remarquons l'augmentation du nombre des avalanches recensées : ceci est lié à une nouvelle pratique de l'espace plutôt qu'à une augmentation de la fréquence hivernale des avalanches (une dynamique avalancheuse actuellement plus active qu'il y a 100 ou 200 ans ne peut être clairement démontrée, les références sur les avalanches manquant avant une date récente, car l'occupation de l'espace a été bouleversée durant le XXème siècle, et l'utilisation des techniques végétales de datation des dépôts ayant montré leurs limites - *cf.* chap. 3).

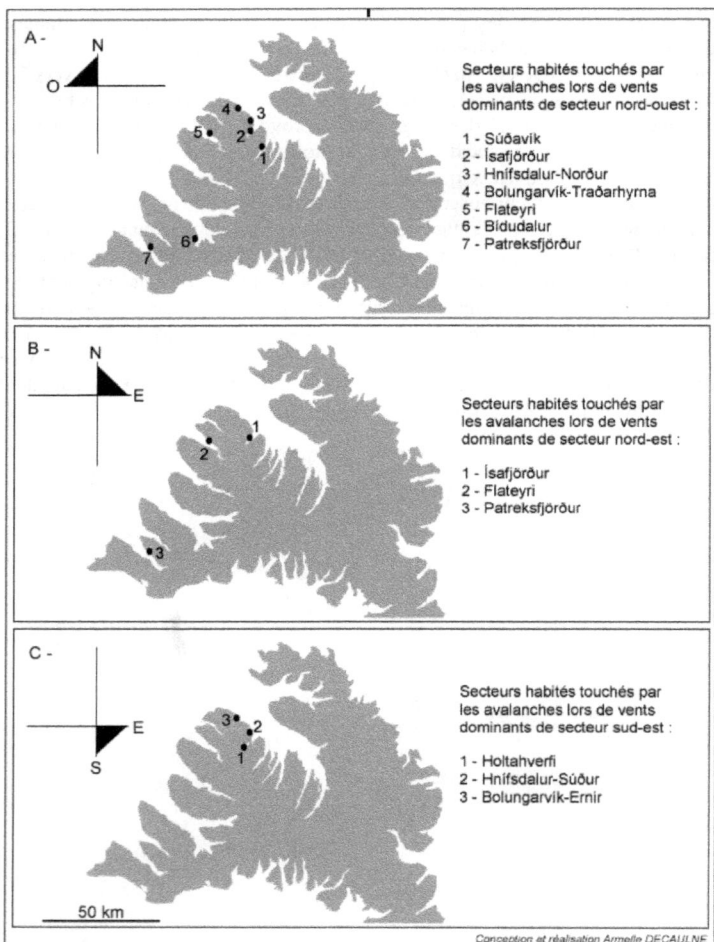

A -

Secteurs habités touchés par
les avalanches lors de vents
dominants de secteur nord-ouest :

1 - Súðavík
2 - Ísafjörður
3 - Hnifsdalur-Norður
4 - Bolungarvík-Traðarhyrna
5 - Flateyri
6 - Bíldudalur
7 - Patreksfjörður

B -

Secteurs habités touchés par
les avalanches lors de vents
dominants de secteur nord-est :

1 - Ísafjörður
2 - Flateyri
3 - Patreksfjörður

C -

Secteurs habités touchés par
les avalanches lors de vents
dominants de secteur sud-est :

1 - Holtahverfi
2 - Hnifsdalur-Súður
3 - Bolungarvík-Ernir

50 km

Conception et réalisation Armelle DECAULNE

Fig. 83 - Les différents secteurs habités au fort risque avalancheux
selon les trois directions dominantes des vents au cours de l'hiver.

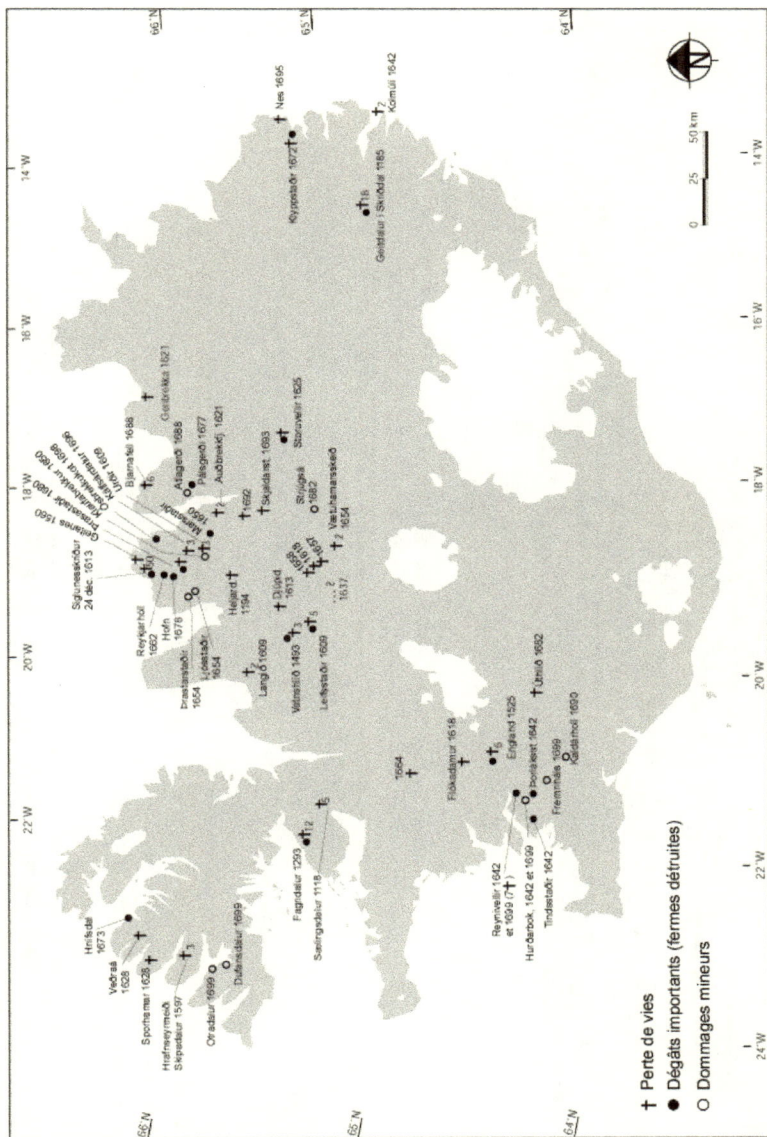

Fig. 84 - Les avalanches connues depuis la colonisation de l'Islande en 870 jusqu'à 1700, d'après Ó. Jónsson et S. Rist, 1971 (modifié).

Légende (dans l'image) :

+ Perte de vies
● Dégâts importants (fermes détruites)
○ Dommages mineurs

213

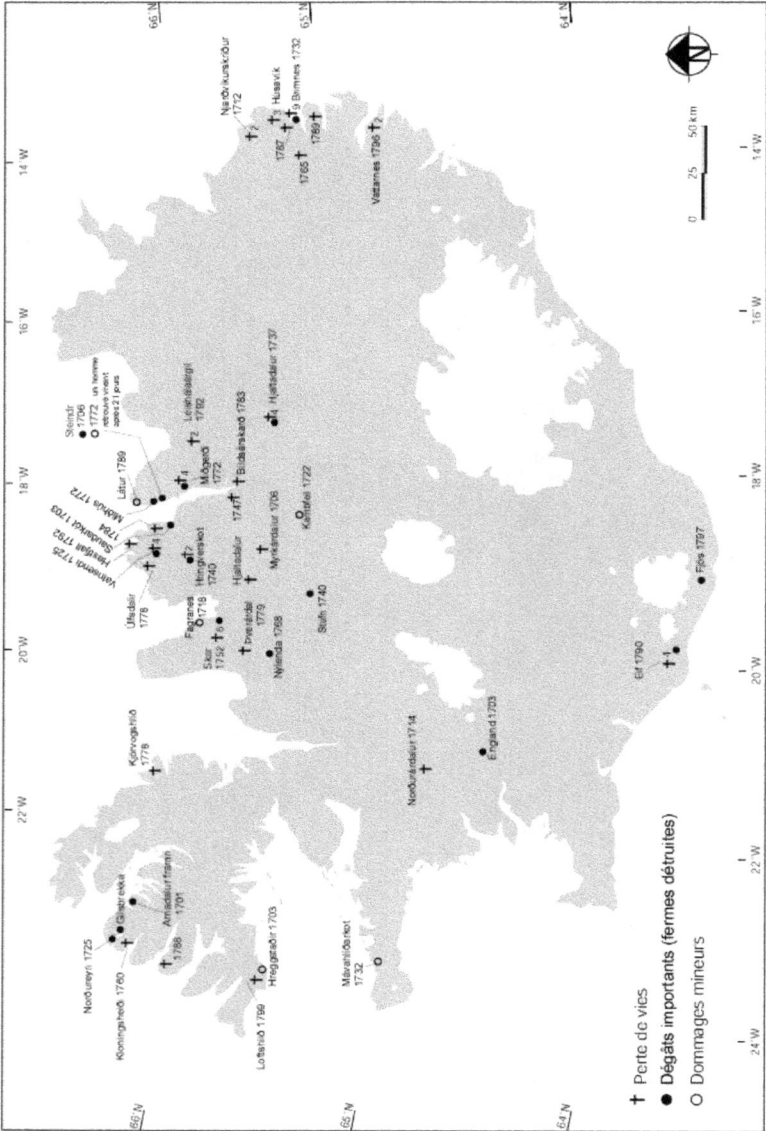

Fig. 85 - Les avalanches connues de 1700 à 1799, d'après Ó. Jónsson et S. Rist, 1971 (modifié).

† Perte de vies

● Dégâts importants (fermes détruites)

○ Dommages mineurs

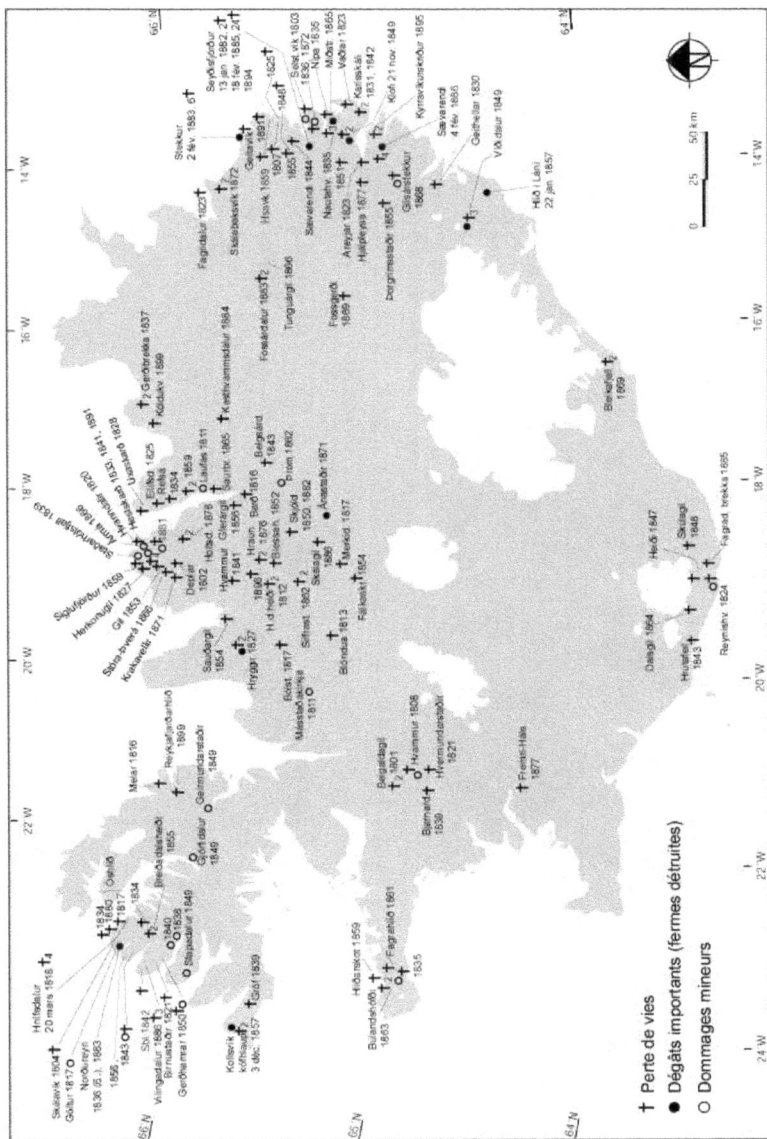

Fig. 86 - Les avalanches connues de 1800 à 1899, d'après Ó. Jónsson et S. Rist, 1971 (modifié).

† Perte de vies

● Dégâts importants (fermes détruites)

○ Dommages mineurs

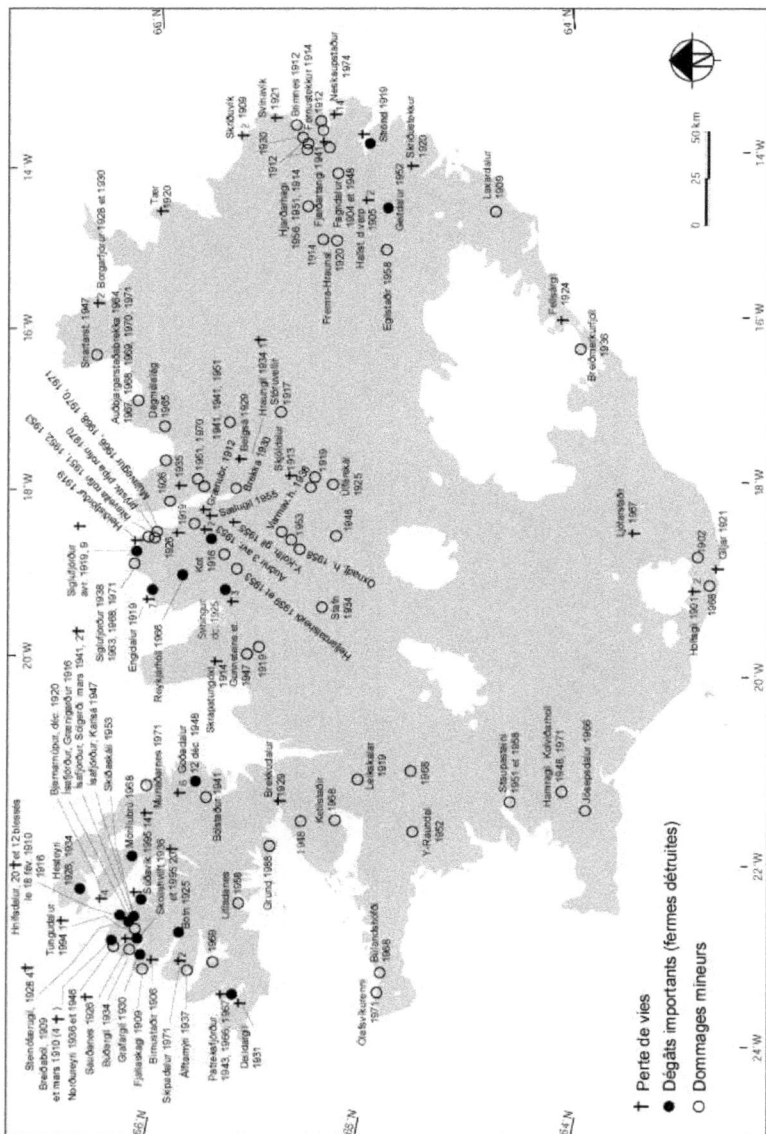

Fig. 87 - Les avalanches connues de 1900 à 1999, d'après Ó. Jónsson et S. Rist, 1971 (modifié).

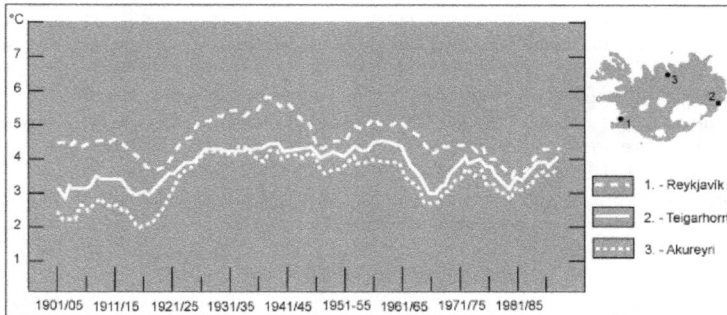

Fig. 88 - Les fluctuations thermiques en Islande au cours du XXème siècle
(d'après M.Á. Einarsson, 1991, modifié)

2.2. - L'extension maximale des avalanches et la défaillance de la mémoire collective

L'ensemble des avalanches a été récemment répertorié autour des secteurs habités, principalement à la suite des événements catastrophiques de l'année 1995 (*cf. infra*). La connaissance de ces différents événements a permis de dresser une carte schématique de l'extension maximale des avalanches après cette année catastrophique (fig. 82). Celle-ci montre que dans presque tous les cas (sauf Súðureyri), les avalanches ont atteint et souvent traversé les secteurs actuellement occupés par les hommes de façon permanente (maisons d'habitation, bâtiments industriels), de même que les routes. Cette carte schématique montre les avalanches en tant que risque naturel.

2.2.1. - Le cas d'Ísafjörður

- Les secteurs de Gleiðarhjalli et Seljalandshlíð

A Ísafjörður, des extensions de la ville ont eu lieu malgré la connaissance d'avalanches dans certains secteurs (fig.89). Si l'ensemble de la ville situé à l'aval du replat Gleiðarhjalli se trouve en position relativement bien abritée par rapport à la dynamique avalancheuse (orienté NE-SW, le replat ne peut accumuler une grande quantité de neige lors de tempêtes de secteur nord, car les vents balaient la neige vers le SW, et il absorbe les dépôts avalancheux provenant de la montagne Eyrarfjall qui le domine - l'activité avalancheuse ne peut cependant être exclue sous Gleiðarhjalli car il en a été recensée une en 1989, qui a stoppé sa course 50 m à l'amont des premières maisons), il n'en va pas de même pour sa périphérie : la zone située au nord de la ville est souvent frappée par des avalanches, la neige s'accumulant dans les larges couloirs qui entaillent la corniche rocheuse (la route est surtout menacée dans ce cas, car il n'y a pas d'habitations ni d'industrie), de même qu'au sud, où les quatre couloirs récoltent la neige s'accumulant dans les anfractuosités de la corniche rocheuse à l'amont et la neige soufflée provenant du replat Gleiðarhjalli plus bas.

Ces deux secteurs sont donc particulièrement avalancheux, et plusieurs bâtiments industriels, surtout au sud, ont été touchés par des avalanches depuis le début

217

du XXème siècle. En particulier, un bâtiment a été construit entre 1952 et 1954, alors que les bâtisses situées alentour ont été touchées à différentes reprises par des coulées de neige et qu'une avalanche a dévasté la zone située à moins de 50 m en mars 1941 (une maison d'habitation avait alors été emportée, deux fillettes tuées, un enfant blessé, onze moutons tués) ; ce bâtiment a été frappé ensuite à plusieurs reprises par des avalanches, en novembre 1969, janvier 1995 et octobre 1995, causant des dommages variés. Un bâtiment industriel situé à moins de 150 mètres du précédent et construit vers 1917 n'a jamais été frappé par une avalanche, mais sa situation et l'histoire avalancheuse environnante le placent en zone dangereuse.

- Les secteurs de Seljalandshverfi et Tungudalur

A une distance de un kilomètre vers le sud-ouest, la maison Seljaland est une très ancienne bâtisse dont la date de construction est inconnue (antérieure à 1700) : son ancienneté laisse penser que les avalanches susceptibles de l'atteindre sont rares ; cependant, la maison a été frappée par une avalanche en mars 1947, donc l'activité avalancheuse menace la zone (fig. 89).

Plus au sud-ouest encore, Tungudalur correspond à un lotissement d'habitations secondaires dont la construction s'est effectuée entre 1926 et 1980. Le 13 février 1973, une avalanche détruit plusieurs chalets situés à l'amont de la zone, exposée au sud, ce qui n'empêche pas de poursuivre la construction de ces habitations secondaires. Le 5 avril 1994 (cf. infra), une avalanche détruit une quarantaine de chalets. En 1998, certains chalets étaient déjà en cours de reconstruction. En 2001, l'ensemble de la zone dévastée par l'avalanche de 1994 est bâtie à l'identique.

- Le quartier résidentiel d'Holtahverfi

Enfin, au sud s'étend le secteur d'Holtahverfi (fig. 89), zone résidentielle construite entre 1974 et 1983, sur un espace dont on sait qu'il a été atteint par une avalanche en 1963 (Ó. Jónsson et H.G. Pétursson, 1992), provenant d'un versant exposé au nord et rarement avalancheux de la montagne Kubbi. Une maison est endommagée en 1984 par une avalanche provenant du même secteur.

2.2.2. - Le cas de Hnífsdalur

L'extension spatiale de Hnífsdalur, rattaché à Ísafjörður depuis 1971, a été spectaculaire au cours du XXème siècle. En effet, avant 1930, seule une étroite bande littorale située au débouché de la rivière Hnífsdalsá était occupée et quelques rares habitations, fermes ou remises s'enfonçaient dans la vallée.

- *Le secteur de Hnífsdalur-Norður*

Malgré la connaissance de zones avalancheuses à Hnífsdalur-Norður (au nord de la rivière), des constructions ont été établies dans ce secteur (fig. 90) susceptible d'être atteint par les avalanches provenant de la montagne Búðarfjall entaillée en trois principaux couloirs, qui sont respectivement d'est en ouest Búðargil, Traðargil et Hraunsgil (J.G. Egilsson et Ó. Knudsen, 1989). Le versant est exposé au sud et soumis à une intense activité avalancheuse. Ainsi, sur l'espace traversé par des avalanches provenant de Búðargil notamment en 1673, 1910 (10 morts, 20 blessés), 1916 et 1947, des écuries ont été bâties en 1983. Celles-ci ont été sérieusement endommagées par l'avalanche du 21 février 1999. A l'aval de Traðargil, deux habitations ont été sévèrement touchées par les avalanches de 1910, 1916 et 1999 et deux autres faisant partie d'un groupe d'habitations construit entre 1978 et 1980 sur une zone recouverte par une avalanche en 1947 a été touché par une avalanche en février 1999. Les maisons situées à l'aval de Hraunsgil, dont la plus ancienne a été bâtie antérieurement au XVIIIème siècle puis plus récemment (date indéterminée) n'ont quant à elles jamais été touchées par des coulées de neige, mais celles-ci l'encerclent à l'amont et sa position semble peu sûre.

- Le secteur de Hnífsdalur-Norður

Malgré la connaissance de zones avalancheuses à Hnífsdalur-Norður (au nord de la rivière), des constructions ont été établies dans ce secteur (fig. 90) susceptible d'être atteint par les avalanches provenant de la montagne Búðarfjall entaillée en trois principaux couloirs, qui sont respectivement d'est en ouest Búðargil, Traðargil et Hraunsgil (J.G. Egilsson et Ó. Knudsen, 1989). Le versant est exposé au sud et soumis à une intense activité avalancheuse. Ainsi, sur l'espace traversé par des avalanches provenant de Búðargil notamment en 1673, 1910 (10 morts, 20 blessés), 1916 et 1947, des écuries ont été bâties en 1983. Celles-ci ont été sérieusement endommagées par l'avalanche du 21 février 1999. A l'aval de Traðargil, deux habitations ont été sévèrement touchées par les avalanches de 1910, 1916 et 1999 et deux autres faisant partie d'un groupe d'habitations construit entre 1978 et 1980 sur une zone recouverte par une avalanche en 1947 a été touché par une avalanche en février 1999. Les maisons situées à l'aval de Hraunsgil, dont la plus ancienne a été bâtie antérieurement au XVIIIème siècle puis plus récemment (date indéterminée) n'ont quant à elles jamais été touchées par des coulées de neige, mais celles-ci l'encerclent à l'amont et sa position semble peu sûre.

- Le secteur de Hnífsdalur-Súður

Hnífsdalur-Súður a été construit pour l'essentiel entre 1950 et 1980. Les avalanches touchant ce secteur sont rares (fig. 90) car elles nécessitent des vents de secteur sud-ouest. Pourtant, une avalanche tombée en 1983 a endommagé deux bâtiments : un immeuble datant de 1958 et une maison construite en 1969. Aucune autre construction n'a été réalisée dans ce secteur au pied de la montagne Bakkahyrna depuis l'avalanche de 1983, mais les habitations situées dans ce secteur restent menacées.

Fig. 89 - Extension maximale des avalanches à Ísafjörður (fond de carte Leah Tracy)

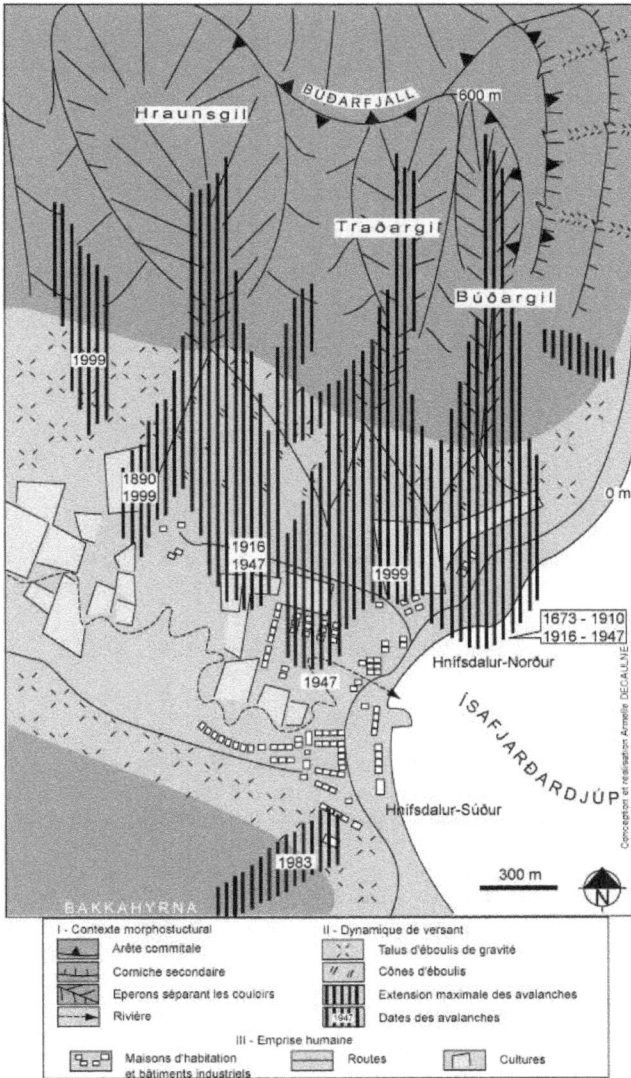

Fig. 90 - L'extension maximale des avalanches sur le site de Hnífsdalur
(Source : Veðurstofa Íslands)

3. - Les avalanches et les hommes : la mort blanche

Comme nous l'avons vu précédemment, l'extension spatiale des secteurs d'habitation a rarement tenu compte de l'histoire avalancheuse des différents sites. Ainsi, plusieurs catastrophes liées à la dynamique avalancheuse ont eu lieu, en particulier à Patreksfjörður, Tungudalur, Súðavík et Flateyri (fig. 91).

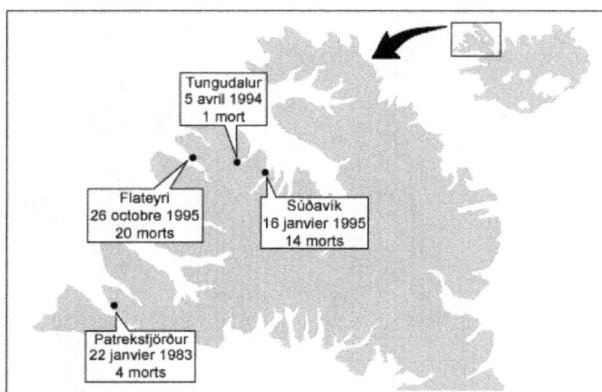

Fig. 91 - Carte de localisation des études de cas des principaux accidents liés à la dynamique avalancheuse

3.1. - Les avalanches et les secteurs habités - études de cas

3.1.1. - Patreksfjörður, janvier 1983

Le 22 janvier 1983, à 15h40, une avalanche de *slush* se déclenche dans la ravine Stekkagil, juste à l'aval de la corniche rocheuse largement entaillée en entonnoir, à 100 m d'altitude environ. Le couloir avalancheux est inhabituel, et n'a jamais été mentionné dans les Annales Islandaises ; personne n'a connaissance du fonctionnement d'une avalanche à cet endroit. L'avalanche entraîne une épaisseur de neige de 2 à 4 m à l'amont, qui s'humidifie au fur et à mesure de la descente, alors que les pluviomètres ont enregistré 110 mm de pluie durant les 21 dernières heures et que les températures, à la faveur d'une perturbation de secteur sud, ont atteint +8°C (J.G. Egilsson, 1990, H.H. Jónsson, 1984). La coulée de *slush*, large de 125 m dans la zone de départ, suit le lit du cours d'eau sur la partie est du cône de débris, se rétrécit à 65 m dans la zone de transit, le long du ruisseau qui traverse le secteur habité, puis s'étale sur 115 m au niveau de la mer (fig. 92). La coulée de *slush*, qui a déplacé un minimum de 50 000 m^3 de neige saturée d'eau, a causé des dommages importants : 13 maisons ont été sévèrement touchées, 3 autres légèrement ; huit personnes ont été emportées, dont cinq ont été blessées et trois tuées.

Peu de temps après, à 17h15, une nouvelle coulée se déclenche à une distance de 200 m à l'est, vraisemblablement libérée à l'amont et canalisée par le lit de la rivière

Litladalsá (fig. 92), comme cela se produit parfois (en particulier entre 1852 et 1854) dans des conditions météorologiques comparables (réchauffement des températures et pluies sur un manteau neigeux épais - aucune indication ne permet de déterminer ici s'il s'agit d'une coulée de *slush*, mais ceci est probable étant donné les conditions météorologiques et la configuration du relief à l'amont). Deux maisons sont endommagées par la coulée, dont l'une est en partie emportée sur 60 à 70 m, et deux personnes, qui marchaient sur le trottoir au moment où la coulée de *slush* surgissait ont été emportées ; l'une d'elles a péri. Les deux coulées ont causé des dommages considérables, aux habitations en particulier, mais également aux véhicules (plusieurs ont été emportés), aux clôtures et jardins, ponts et routes.

Malgré les événements catastrophiques de janvier 1983 (4 morts), les deux secteurs n'ont pas été sécurisés, et 12 nouveaux logements ont été construits le long de la rivière Litladalsá.

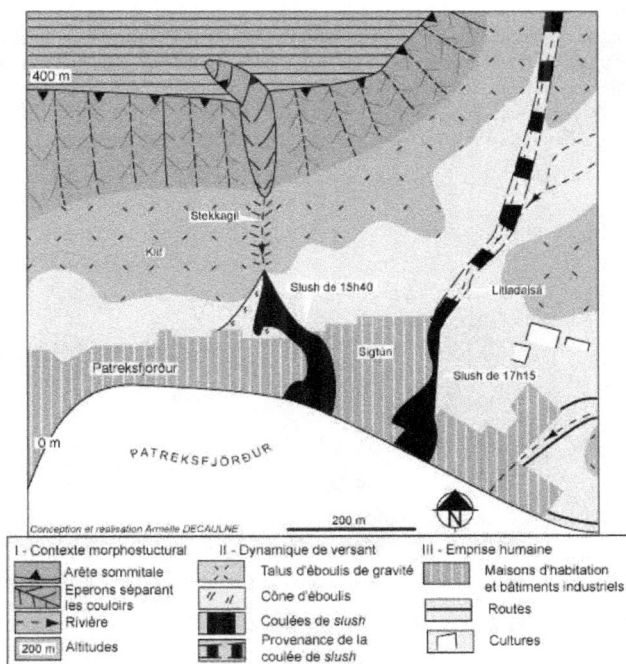

Fig. 92 - Carte de localisation des avalanches de *slush* du 22 janvier 1983
ayant traversé la ville de Patreksfjörður, causant quatre victimes
(d'après J.G. Egilsson, 1990, modifié)

3.1.2. - Tungudalur, avril 1994

Le site de Tungudalur est situé à quatre kilomètres à l'est de la ville d'Ísafjörður (fig. 89). Il s'agit d'une vallée en auge dont le versant exposé à l'est est occupé par un lotissement de chalets utilisés comme résidence secondaire (une cinquantaine) et le fond par quelques habitations, un terrain de golf et un camping. Le 5 avril 1994, à 5h15, une avalanche de neige sèche, dont l'écoulement à la fois superficiel et aérien, exceptionnelle tant par la longueur du couloir qu'elle empreinte que par le volume de neige qu'elle entraîne, dévaste la zone (photo 64) : une plaque de neige de 1,7 m d'épaisseur se détache sur une largeur de 550 m à 700 m d'altitude, au sommet de Breiðafell, dévale le versant Seljalandshlíð incliné à 30° en moyenne où elle ploie les remontées mécaniques de l'aire de ski, traverse le replat Seljalandsdalur en détruisant la maison d'accès aux remontées mécaniques, l'engin de tassement de la neige, la hutte d'abri du matériel, poursuit sa course en reprenant de la vitesse sur le versant couvert du bois Tunguskógur où l'avalanche dévaste 40 chalets et de nombreux arbres, traverse la rivière Tunguá située dans le fond de la vallée Tungudalur puis finit sa course sur les contreforts de la route. Un couple qui se trouvait dans un des chalets est emporté : la femme a été blessée, l'homme tué. Au total, l'avalanche a parcouru 1250 m et déplacé 467000 m^3 de neige ; l'accumulation neigeuse atteignait 5 m à l'aval.

Photo 64 - Cette vue du 10 mai 1999, prise depuis le versant dominant Holtahverfi (en bas à droite) montre le tracé de l'avalanche meurtrière qui a dévasté les chalets de Tungudalur, le 5 avril 1994, depuis la zone de départ, à l'amont de Seljalandsdalur à sa zone de dépôt.

3.1.3. - Súðavík, janvier 1995

Le lundi 16 janvier 1995 le village de Súðavík est durement frappé par une avalanche. La veille, les habitations situées à l'aval de la ravine Traðargil avaient été évacuées du fait des mauvaises conditions météorologiques qui faisaient craindre la libération d'avalanches dans ce couloir fréquemment emprunté par les coulées de neige. En effet, une profonde dépression (940 mb) en provenance du sud de Terre-Neuve a rapidement gagné l'Islande (fig. 93) et règne sur la région des fjords de l'ouest et le reste de l'île depuis le 15 janvier, accompagnée de forts vents de secteur nord-est en début de journée tournant au nord-ouest dans la nuit du 15 au 16 janvier (de 25 m/s soit 90 km/h en moyenne) et de fortes précipitations neigeuses. Une telle situation météorologique est inédite depuis plus de 40 ans (J.G. Egilsson, 1995a). A 6h25, une corniche neigeuse de 250 m de long formée par l'accumulation de neige soufflée sur le haut plateau se rompt au sommet du versant Súðavíkurhlíð, qui domine le centre-bourg de Súðavík, à 590 m d'altitude, et entraîne une masse considérable de neige se trouvant sur la pente, formant une avalanche de neige sèche à écoulement mixte, aérien et superficiel dévalant la pente à une vitesse moyenne de 150 km/h (photo 65 et fig. 94). Le souffle de l'avalanche puis son corps détruisent la partie du village située dans son axe et l'avalanche finit sa course près du port. L'avalanche, qui a entraîné 60 à 80 000 tonnes de neige, a dévasté 13 maisons (photo 66), en a endommagé trois autres, a enseveli les 47 personnes se trouvant dans les maisons ; 19 ont pu s'extraire de l'avalanche, 14 ont été blessées et 14 ont été tuées. L'école maternelle a été emportée : le bilan aurait pu être plus lourd si l'avalanche s'était déclenchée quelques heures plus tard.

Dans la soirée, à 20h45, une avalanche se déclenche à l'amont de la ravine Traðargil et atteint la mer, détruisant quelques unes des maisons évacuées la veille. Plus tard dans la nuit se produit une deuxième avalanche dans le même couloir, endommageant de nouvelles maisons, toujours évacuées.

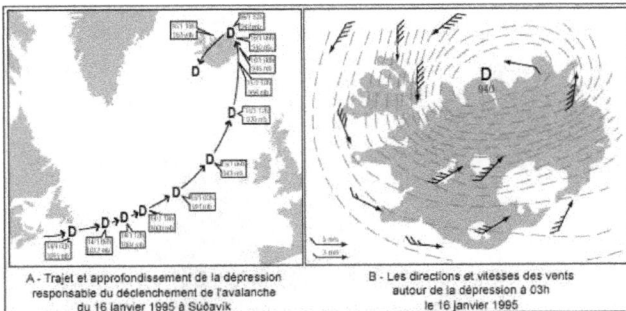

A - Trajet et approfondissement de la dépression responsable du déclenchement de l'avalanche du 16 janvier 1995 à Súðavík

B - Les directions et vitesses des vents autour de la dépression à 03h le 16 janvier 1995

Fig. 93 - Trajet de la dépression et vitesse des vents accompagnant la tempête de neige au moment de l'avalanche meurtrière de Súðavík, le 16 janvier 1995

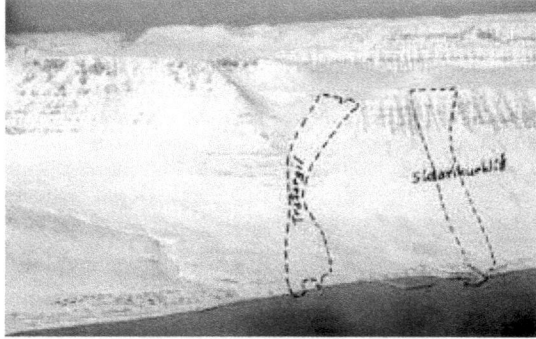

Photo 65 - Sur cette vue aérienne oblique du site de Súðavík enneigé, les tracés des avalanches du 16 janvier 1995 sont figurés. Les maisons touchées par l'avalanche de Súðavíkurhlíð (à droite) ont été entièrement détruites. Le nouveau village a été reconstruit à quelques centaines de mètres au sud (à gauche), hors de portée des avalanches. Les sommets plans, où la neige s'accumule et est ensuite soufflée par le vent, apparaissent très bien sur cette vue du 1er avril 1999. Au second plan, la montagne Eyrarfjall et le replat Gleiðarhjalli, qui dominent Ísafjörður, sont visibles.

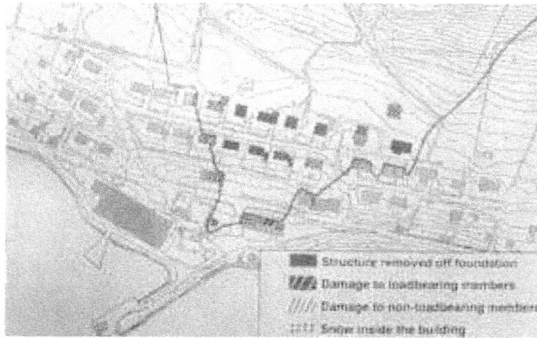

Fig. 94 - Tracé de l'avalanche dans la ville et dégâts causés par l'avalanche à Súðavík (Cliché de J.G. Egilsson, 1995)

Photo 66 - Cette maison a été dévastée par l'avalanche de Súðavík, qui l'a traversée de part en part, le 16 janvier 1995 (Cliché J.G. Egilsson, 20 janvier 1995).

3.1.4. - Flateyri, octobre 1995

- Les conditions météorologiques

Du 23 au 26 octobre 1995, la situation météorologique est particulièrement propice au déclenchement d'avalanches sur l'ensemble des régions du nord et de l'ouest de l'Islande. Les fjords de l'ouest ne sont pas épargnés : on recense plus de 30 avalanches entre Patreksfjörður au sud et Ísafjarðardjúp au nord ; plusieurs ont causé des dégâts (matériels à Ísafjörður, géomorphologiques à Botn í Dýrafjörður, cf. chap. 3, §1.3.), mais celle de Flateyri a été la plus meurtrière de l'histoire du pays. Les causes en sont une succession de situations dépressionnaires accompagnées par d'abondantes chutes de neige (J.G. Egilsson, 1995 c, d et e, S.H. Haraldsdóttir, 1998 a). Entre le 21 et le 26 octobre, des dépressions se trouvaient à proximité de l'île ou en mouvement à travers le pays, causant « un temps catastrophique durant la semaine du fait de circonstances défavorables de l'atmosphère, si tôt en automne, pendant que des masses d'air chaud tardiestivales dominaient encore sur les îles Britanniques et le nord de l'Europe, alors qu'en même temps un type de temps hivernal régnait au large des côtes du Groenland oriental » (S.H. Haraldsdóttir, 1998b, p. 3 - traduit de l'anglais). Durant les premiers jours, de fortes précipitations neigeuses sont enregistrées dans les fjords de l'ouest, amenées par les dépressions en provenance du SW et de l'W, puis les dépressions s'approchent du S et du SE. Le 25 octobre, une dépression localisée au sud

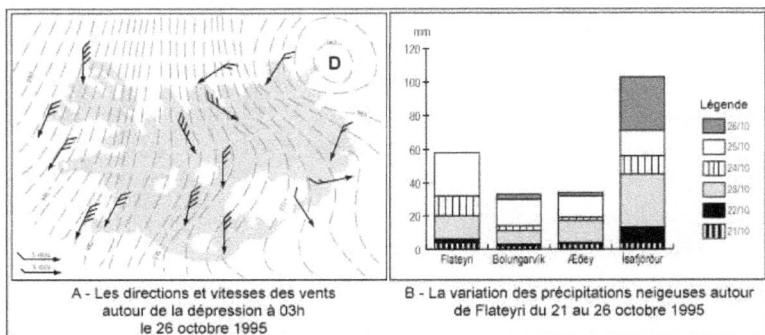

A - Les directions et vitesses des vents autour de la dépression à 03h le 26 octobre 1995

B - La variation des précipitations neigeuses autour de Flateyri du 21 au 26 octobre 1995

Fig. 95 - Trajet de la dépression et vitesse des vents accompagnant la tempête de neige au moment de l'avalanche meurtrière de Súðavík, le 16 janvier 1995

de l'île et la présence d'une zone de hautes pressions sur le Groenland provoque des vents atteignant 48 m/s, soit 170 km/h qui soufflent la neige accumulée sur les sommets plans vers les versants sous le vent et autorisent la formation de corniches de neige. Enfin, le 26, la dépression antérieurement localisée sur le nord de l'Ecosse est remontée sur le littoral nord-est de l'Islande, provoquant des vents dont la vitesse atteint encore 90 km/h en Islande du nord-ouest, de direction nord-sud (fig. 95). Les stations météorologiques ont enregistré des totaux nivométriques très variables, mais partout forts (sans doute sous-estimés du fait du vent violent qui ne permet pas d'obtenir des mesures exactes), allant de 30 mm de neige à Æðey à 100 mm à Ísafjörður (fig. 95 B).

- L'avalanche de Flateyri

L'avalanche se déclenche à 4 h du matin et recouvre 1/5 du village de Flateyri, tuant 20 personnes ; c'est l'avalanche la plus meurtrière jamais répertoriée en Islande. La zone de départ est située à l'amont du versant sous le vent, exposée au sud, sur la montagne au sommet plan Eyrarfjall, dans le large couloir en entonnoir Skollahvilft, entre 300 et 660 m d'altitude. A l'aval, le couloir se rétrécit en une étroite gorge entre 300 et 180 m d'altitude, avant de s'ouvrir su un large cône de débris puis sur la langue littorale qui s'avance dans le fjord, sur laquelle le village de Flateyri est disposé. Le déclenchement de l'avalanche est liée à la rupture d'une mince croûte de glace de 1-2 cm d'épaisseur, surmontée 3,7 m de neige, libérant une plaque de neige à l'amont de Skollahvilft (photo 10) ; trois plaques se sont ainsi détachées, sur des pentes de 63° (S.H. Haraldsdóttir, 1998b). Canalisée par le relief du couloir, l'avalanche se dirige directement sur le village. Trois rangées de « dents freineuses », monticules en terre de 2 à 3 mètres de hauteur, disposées à l'aval du cône de débris, au-dessus du village, ne ralentissent pas cette avalanche déplaçant plus de 400 000 m^3, dont la distance de parcours, 1850 m, est la plus longue connue (fig. 96). L'avalanche a frappé 33 maisons ; 16 ont été détruites, 7 sérieusement endommagées et 10 légèrement touchées (photo 67). 45 personnes étaient dans ces maisons : 25 ont été secourues, 5 ont été blessées, 20 sont morts ; jusqu'à deux mètres de neige se sont déposés dans le village.

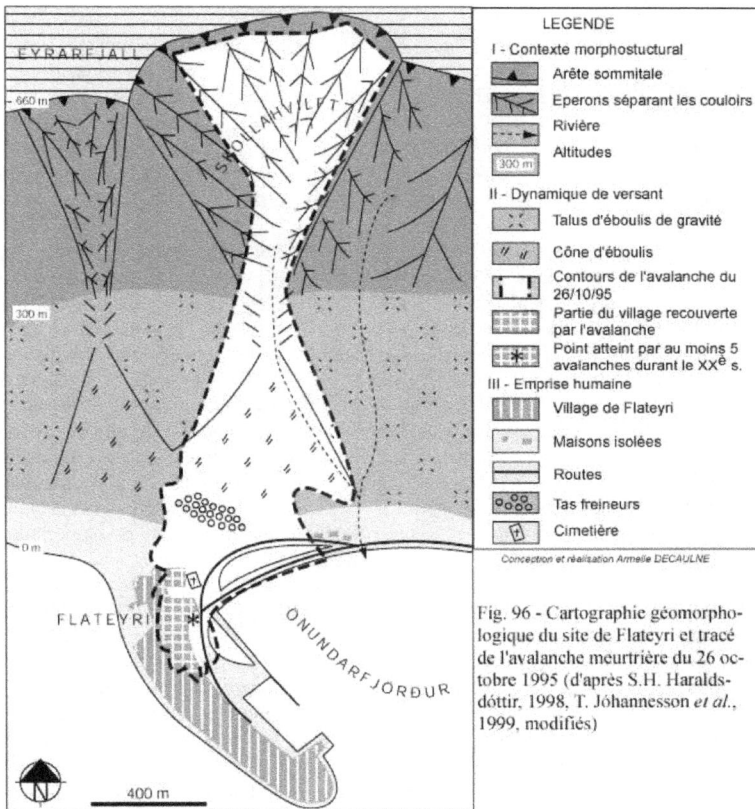

Fig. 96 - Cartographie géomorphologique du site de Flateyri et tracé de l'avalanche meurtrière du 26 octobre 1995 (d'après S.H. Haraldsdóttir, 1998, T. Jóhannesson et al., 1999, modifiés)

Photo 67 - La hauteur de neige dépasse 2 mètres dans le village de Flateyri, dévasté par l'avalanche du 26 octobre 1995 pendant laquelle 20 personnes ont trouvé la mort (Cliché de J.G. Egilsson, 28 octobre 1995).

229

3.2. - Les avalanches et la circulation : les routes dangereuses

Si les avalanches sont particulièrement menaçantes lorsqu'elles touchent les secteurs habités, elles le sont également sur les routes qui relient entre eux les différentes villes et villages. La route Óshlíð est considérée comme étant une des routes où la circulation est la plus périlleuse. En effet, reliant Ísafjörður et Hnífsdalur à Bolungarvík, elle passe en contrebas d'un versant en pente très forte (supérieure à 45°) surmontée d'une haute corniche rocheuse entaillée en nombreux couloirs où prennent naissance de nombreuses avalanches, quelques mètres au-dessus du niveau de la mer (photo 68).

Au total, 23 couloirs avalancheux coupent cette route longue de 10 km (fig. 97). De 1976 à 1995, la route a été coupée 1439 fois, et les services de l'entretien des routes (*Vegagerðin*) ont pu y déblayer jusqu'à 255 dépôts d'avalanches. Le tableau 32 montre, outre l'importance de l'activité activité avalancheuse du versant Óshlíð grâce au nombre d'avalanches recensées (ce recensement est principalement effectué par les services de l'entretien des routes, chargés de déblayer les dépôts avalancheux et d'ouvrir la route à la circulation automobile), la grande inégalité du fonctionnement des avalanches au cours des hivers successifs. Par ailleurs, tous les couloirs ne connaissent pas une activité similaire (fig. 98), l'analyse de l'histogramme de restitution de cette dynamique permettant de déterminer quels sont les couloirs les plus fréquemment empruntés par les coulées de neige, puis de prévoir les aménagements adaptés (*cf. infra*). La fréquence des accidents sur cette voie de circulation est supérieure à la moyenne nationale, mais ceux qui sont directement liés aux avalanches sont rares. Cependant, entre 1987 et 1995, 12 accidents ont eu lieu sur cette route ; 2 d'entre eux ont été causés par des avalanches. Les accidents sont donc peu fréquents, mais la configuration du relief qui domine la route, avec ses 23 couloirs avalancheux actifs, fait peser un risque fort sur les voyageurs empruntant cette route.

La route qui relie Ísafjörður à Súðavík longe également deux versants avalancheux, Kirkjúbólshlíð et Súðavíkurhlíð, respectivement entaillés par 16 et 22 couloirs d'avalanches, libérant jusqu'à 21 (Kirkjúbólshlíð) ou 163 (Súðavíkurhlíð) avalanches en hiver. Ce sont ainsi toutes les routes qui longent les reliefs de fjord qui présentent des risques, et plus particulièrement celles qui mènent vers les centres administratifs et commerciaux, c'est-à-dire Ísafjörður et Patreksfjörður.

3.3. - La catastrophe, source d'une prise de conscience du risque ?

3.3.1. - La prise de conscience du risque par la population

Les avalanches meurtrières de l'année 1995 à Súðavík puis à Flateyri, qui faisaient suite à la destruction du village de chalets de Tungudalur en avril 1994 ont fortement marqué la mémoire de la population de la péninsule du nord-ouest (A. Decaulne, 2001b) mais également de l'ensemble du pays du risque lié à la dynamique avalancheuse. Les résultats d'une enquête effectuée auprès d'un échantillon de la population d'Ísafjörður par le biais d'un questionnaire (annexe 3) regroupant 10 questions relatives à la dynamique des versants et à la mémoire collective qui y est liée l'attestent ceci : seuls de rares témoins ont pu observer une avalanche en mouvement (34,5 %), mais leurs effets sont bien connus. Ainsi, les avalanches de Tungudalur,

Súðavík et Flateyri sont celles qui ont le plus marqué les mémoires : 66 % des personnes interrogées citent l'événement de Súðavík, 47 % celui de Flateyri et 22 % celui de Tungudalur. 18,4 % relatent dans le même temps les trois avalanches meurtrières, et 24 % celles de Flateyri et Súðavík.

La neuvième question portait sur l'estimation du risque avalancheux par la population locale. Il s'agissait pour la population d'évaluer le risque lié à la dynamique avalancheuse sur son lieu d'habitation, donc à Ísafjörður. La perception du risque avalancheux (fig. 99) présente alors un grand intérêt. En effet, la plus grande partie de la population (71 %) estime le risque avalancheux faible, ce qui est surtout vrai pour l'essentiel de la zone habitée située à l'aval du replat Gleiðarhjalli, où une seule avalanche, qui n'a pas atteint la zone urbanisée, a été recensée (fig. 99). Mais le risque reste présent sur les routes qui mènent à la ville, en particulier entre Ísafjörður et son quartier éloigné Holtahverfi. 10,6 % de la population estime le risque avalancheux nul et seulement 18,4 % fort. Nous avons tenté de distinguer les résultats obtenus selon le lieu d'habitation de la personne interrogée, à proximité du versant ou au contraire éloigné de celui-ci. Or, nous ne percevons de différence sérieuse qu'en ce qui concerne le quartier d'Holtahverfi, où l'on recense des avalanches ayant touché les habitations ou ayant même largement pénétré dans la zone habitée, antérieurement à sa construction ; les résultats sont alors surprenants : 60 % des personnes interrogées vivant dans le quartier estiment le risque avalancheux faible, et 40 % nul. Personne à Holtahverfi n'estime le risque avalancheux important, malgré l'avalanche de 1963, entrée dans la zone actuellement construite. On le voit, malgré l'existence d'événements exceptionnels ayant fortement marqué les mémoires, la prise de conscience du risque avalancheux ne s'impose pas : souvent, la population nous a fait remarquer que le risque avalancheux est fort à Súðavík ou Flateyri, citant les avalanches catastrophiques, tout en ajoutant que c'était différent à Ísafjörður, car, « à part à Tungudalur (avril 1994) et sur la route entre la ville et Holtahverfi, aucun exemple d'avalanche n'est connu, donc le risque est faible ici à Ísafjörður » (retranscription d'échanges informels avec la population). La population ne se rend donc pas compte que les conditions topographiques sont réunies pour déclencher une catastrophe si les conditions météorologiques (précipitations neigeuses abondantes associées à des vents puissants) sont réunies en un point de la région, qui ont déjà été à l'origine du déclenchement des trois dernières avalanches meurtrières.

Photo 68 - Le route reliant Ísafjörður à Bolungarvík passe au pied de ce versant, Óshlíð, parcouru par 23 couloirs avalancheux. Des galeries (indiquées par des flèches) ont été aménagées pour protéger la circulation à l'aval des couloirs les plus actifs. Il arrive cependant que la route reste fermée plusieurs jours pendant l'hiver (Cliché du 5 juillet 1998).

Tableau 32 - Nombre d'avalanches ayant coupé la route
qui longe le versant Óshlíð entre 1975 et 1995.

Hivers	1975 -76	1976 -77	1977 -78	1978 -79	1979 -80	1980 -81	1981 -82	1982 -83	1983 -84	1984 -85
Nbre d'av.	119	34	50	53	61	105	53	255	172	4

Hivers	1985 -86	1986 -87	1987 -88	1988 -89	1989 -90	1990 -91	1991 -92	1992 -93	1993 -94	1994 -95
Nbre d'av.	7	8	40	72	78	42	74	126	21	65

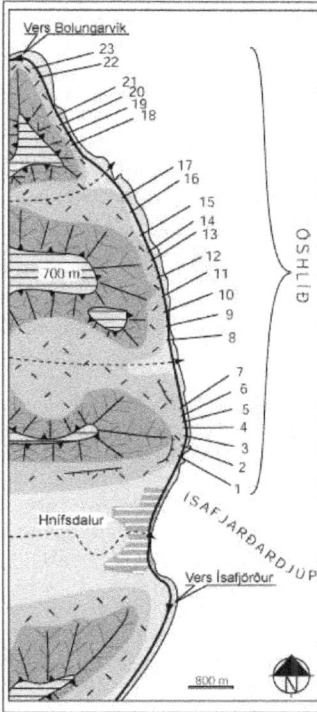

Fig. 97 - Localisation des couloirs avalancheux
qui coupent la route Óshlið et rendent la circulation
hivernale périlleuse
(légende identique à celle de la fig. 96)

(Sources : divers documents internes aux services
de l'entretien des routes, Vegagerðin, à Ísafjörður)

Fig. 98 - l'activité avalancheuse sur la route Óshlið
selon les couloirs concernés

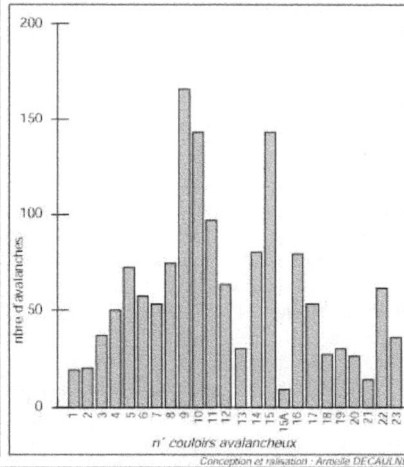

Conception et réalisation : Armelle DECAULNE

Fig. 99 - La perception du risque lié aux avalanches
par la population d'Ísafjörður, interrogée en août 1999

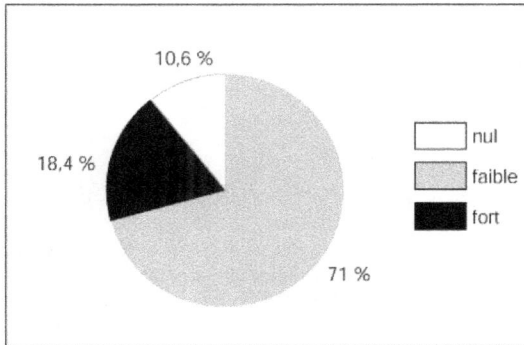

10,6 %

18,4 %

71 %

nul
faible
fort

233

3.3.2. - Evaluation du risque par les autorités

- L'évaluation du risque tient compte exclusivement de l'histoire avalancheuse du site

L'évaluation du risque en Islande est fondée sur l'historique avalancheux de chaque secteur (cf. citation ci-dessus). A Súðavík, au moment de l'avalanche de janvier 1995 provenant du versant Súðavíkurhlíð, beaucoup de monde a pu dire que jamais une telle avalanche n'avait atteint cette zone. Or, il s'avère qu'en début de mois de janvier 1983, une avalanche a atteint l'amont des habitations dévastées par l'avalanche de 1995, détruisant une bergerie ainsi que les ovins qui s'y trouvaient (H.H. Jónsson, 1984, quotidien Morgunblaðið, 17/01/95, p. 29). Les maisons proches de la langue terminale de l'avalanche avaient alors été évacuées en raison du risque avalancheux. La carte du risque avalancheux, qui ne comportait que deux couleurs (rouge = risque ; blanc = absence de risque), faisait alors passer la frontière de la zone dangereuse à l'amont de ces maisons (Þ. Jóhannesson et al, 1995). La zone située à l'aval de Traðargil (photo 94), historiquement très riche en épisodes avalancheux, était quant à elle en rouge et donc évacuée en cas d'alerte avalancheuse.

De la même façon, à Flateyri, au moment de la catastrophe d'octobre 1995, seules les maisons situées le plus à l'amont avaient été évacuées, car les Annales Islandaises faisaient état d'avalanches ayant atteint ce secteur (Ó. Jónsson, 1957 ; J.G. Egilsson, 1995 d et e). Or, après l'avalanche qui a causé la mort de 20 personnes dans le village de Flateyri, S.H Haraldsdóttir (1998a) a pu apprendre de la part de certains des plus anciens habitants du village que sept avalanches supplémentaires s'étaient déclenchées entre 1919 et 1997 ; la zone de dépôt de quatre d'entre elles était plus longue que celles connues jusque là, cinq avalanches ayant dépassé l'emplacement du musée (indiqué par un astérisque sur la fig. 96). Ainsi, la moitié du secteur construit dévasté par l'avalanche d'octobre 1995 se trouvait sur une zone atteinte par au moins de cinq avalanches depuis le début du siècle. Les maisons situées le plus à l'amont et entièrement détruites par l'avalanche ont été bâties entre 1971 et 1981. Deux maisons situées à la même altitude et construites en 1942 et 1956 ont également été emportées.

En fondant l'évaluation du risque sur l'histoire avalancheuse connue de chacun des sites, il semble que celle-ci a été sous-estimée en plusieurs points, le recul accordé à la mémoire collective étant trop bref (car les Annales islandaises ne sont pas exhaustives, même si elles constituent une base de travail intéressante) : la longueur maximale de l'avalanche connue ne correspond pas systématiquement à celle de l'avalanche extrême pouvant se déclencher depuis le sommet du versant, car l'histoire avalancheuse ne correspond pas au potentiel avalancheux d'un site. Les deux cas de Flateyri et Súðavík en sont malheureusement des exemples.

- Les différents niveaux de risque

A la suite des hivers 1994-1995 et 1995-1996, une première révision des niveaux de risque attribués aux différents sites a été entreprise de façon subjective (T. Jóhannesson et al., 1996 ; A. Decaulne, 1997), en attendant de dresser des cartes de risque appropriées (travaux en cours réalisés par l'Institut Météorologique islandais et les bureaux d'étude islandais VST et HNIT). L'indice de risque tient compte à la fois de la fréquence des avalanches de forte ampleur (celles qui atteignent les habitations) et de la population menacée par les avalanches. Trois niveaux de fréquence sont retenus :

I - Fort : plusieurs avalanches mobilisant une grande quantité de neige ont déjà atteint ou approché les secteurs habités. De telles avalanches peuvent être libérées chaque hiver si les conditions météorologiques sont favorables.

II - Moyen : seules une ou deux avalanches approchant les secteurs habités ont été répertoriées, déplaçant un volume de neige rarement important. Le versant peut cependant libérer des avalanches dangereuses si les conditions locales, rarement réunies, sont favorables.

III - Faible : les conditions topographiques permettent le déclenchement d'avalanches dangereuses mais seules très peu de petites avalanches ont été recensées dans ce secteur. Seules des conditions météorologiques très exceptionnelles dans la région seraient capables de favoriser le déclenchement de telles avalanches.

Tableau 33 - La définition de l'index de risque

	Fort	Moyen	Faible	Industriel
Fort	1	2	3	4
Moyen	2	3	4	5
Faible	3	4	5	6

L'indice de risque prend également en compte le nombre d'habitants résidant dans les zones menacées par les avalanches :

I - Fort : un nombre important d'habitations et de bâtiments publics (dont école ou hôpital) est localisé dans la zone qui pourrait être atteinte par les avalanches.

II - Moyen : plusieurs bâtiments se trouvent dans la zone qui pourrait être menacée.

III - Faible : quelques personnes vivent dans une seule ou quelques maisons de la zone dangereuse.

IV - Industries : seuls des bâtiments industriels pouvant être rapidement évacués sont situés dans la zone dangereuse. Les industries pour lesquelles l'évacuation pourrait être dommageable pour son propre fonctionnement (usines de traitement du poisson) ou celui de la ville (usines de distribution de l'électricité) ne sont pas classées ici, mais dans une des classes précédentes.

Enfin, une classification du risque est établie en combinant les deux paramètres, nombre d'habitants et fréquence des avalanches, les indices de risque évoluant entre 1 pour le niveau de risque le plus fort, et 6 pour le niveau de risque le plus faible (tableau 33). Les résultats pour chaque site sont présentés dans le tableau 34 : sauf dans quelques rares cas, les zones menacées sont occupées par un grand nombre d'habitants, car il s'agit surtout de zones résidentielles ; ainsi, l'indice de risque est souvent élevé, situé entre 1 et 3.

3.3.3. - La prédiction des avalanches : le suivi hivernal du manteau neigeux

L'institut Météorologique Islandais compte pour chacun des sites un observateur local, chargé en hiver de faire le compte-rendu des avalanches qui se déclenchent sur son secteur (volume de neige déplacé, tracé de l'avalanche), mais également de procéder régulièrement à une surveillance de l'évolution du manteau neigeux. Une première surveillance visuelle tient compte de repères gradués situés en différents endroits des versants, visibles depuis l'aval, permettant d'enregistrer les variations de l'épaisseur du manteau neigeux. Un deuxième type de surveillance étudie les différentes strates du manteau neigeux et nécessite de se rendre en altitude. Celui-ci s'effectue en fonction des conditions météorologiques, le plus souvent deux fois par mois, et en particulier après des changements de conditions neigeuses, après une tempête de neige notamment.

Nous avons participé à l'une de ces sorties de contrôle de la stabilité du manteau neigeux, à Ísafjörður, à l'amont de Seljalandsdalur, où les accumulations neigeuses sont les plus importantes et qui constitue une zone de départ fréquente des avalanches et n'est pas affectée par les dépôts de neige soufflée.

L'examen du manteau neigeux repose sur l'établissement du profil stratigraphique et la réalisation du « test de la pelle » (méthodologie de l'examen du manteau neigeux détaillée dans D. McClung et P. Schaerer, 1993, 141-150). Le profil stratigraphique du manteau neigeux est établi en creusant un trou dans la neige (photo 69) jusqu'à rencontrer la « vieille » neige, qui porte une croûte de glace plus ou moins épaisse en surface (ces observations étant effectuées régulièrement sur le même site, seule la partie supérieure du manteau neigeux est analysée). Le profil étant dégagé, il est possible d'individualiser les différentes couches qui composent le manteau, de façon à identifier les couches de faiblesse. Les variations de dureté des différentes couches de neige sont détectées par le toucher (plus l'élément qui parvient à s'enfoncer dans la neige est fin, plus la neige est dure : on utilise le poing, 4 doigts, 1 doigt, 1 crayon ou la lame d'un couteau : la neige où 4 doigts s'enfoncent est plus tendre que celle où seule la lame du couteau pénètre) et permettent de déterminer les lignes de fragilité. Les frontières entre les différentes couches sont marquées et leur distance depuis la surface est mesurée. Le « test de la pelle » (photo 70) permet également de situer les lignes de faiblesses du manteau neigeux ; on le prépare en coupant une colonne de neige verticale sur une profondeur supérieure à celle de la couche supposée fragile puis en créant la force de cisaillement en insérant la pelle verticalement derrière la colonne de neige jusqu'à ce qu'une fracture ait lieu, le long de la ligne de faiblesse. Les grains composant chacune des couches sont observés afin de déterminer leurs formes et tailles de façon à déterminer la cohésion de la couche de neige. Enfin, la densité de la neige des couches suffisamment épaisses pour permettre l'insertion de l'appareil est mesurée (photo 71). Parallèlement, la température de l'air et de la neige à différentes profondeur est mesurée. A partir de ces mesures, le profil stratigraphique du manteau neigeux est établi puis la solidité du manteau neigeux est interprétée (fig. 100) : la fragilité des strates du manteau neigeux situées à 10 cm et 20 cm de profondeur, révélées par le test de la pelle, apparaît sur le profil, la densité de la neige, dans laquelle on peut enfoncer 4 doigts, est de 160 kg/m^3, contre 210 kg/m^3 dans les couches supérieures.

3.3.4. - La protection contre les avalanches

Une vaste gamme de mesures peut permettre de se protéger contre les effets dévastateurs des avalanches, tant de façon temporaire que permanente. Parmi toutes les mesures existantes, mises en place dans différentes régions montagneuses du globe (notamment dans les Montagnes Rocheuses Canadiennes et dans l'arc alpin européen), plusieurs ont été adoptées en Islande du nord-ouest, certaines d'entre elles étant toujours à l'étude entre la Division Avalanches de l'Institut Météorologique Islandais, le *Norwegian Geotechnical Institute* (NGI) et la Division « Nivologie » du Cemagref de

Grenoble. On distinguera la défense passive, qui traite les effets de l'avalanche à l'aval, dans la zone de dépôt, de la défense passive, qui s'attache à fixer la neige à l'amont, dans la zone de départ.

Tableau 34 - L'évaluation du risque avalancheux site par site

Sites	Population	Fréquence des avalanches	Indice de risque
Súðavík			
	1	1	1-2
Ísafjörður			
Holtahverfi	1	2	2-3
Seljalandshverfi	1	1-2	2
Seljalandshlíð	4	1	3-4
Gleiðarhjalli	1	2	3
Hnífsdalur			
Hnífsdalur-Súður	1	2	2-3
Hnífsdalur-Norður	1	2	2-3
Bolungarvík			
Traðahyrna	1	2	2
Ernir	3	1	3
Flateyri			
	1	1	1
Bíldudalur			
Búðargil	1	1	1-2
Milligil/Gilsbakkagil	1	3	3
Patreksfjörður			
le port	1	1	1
Klif	1	3	2-3
Stekkagil	1	1	1-2
Litladalsá	1	1	1-2
Sigtún	1	3	4

Nombre d'habitants
1 : Forte
2 : Moyenne
3 : Faible
4 : Industrie

Fréquence des avalanches
1 : Forte
2 : Moyenne
3 : Faible

Indice de risque
voir tableau 3

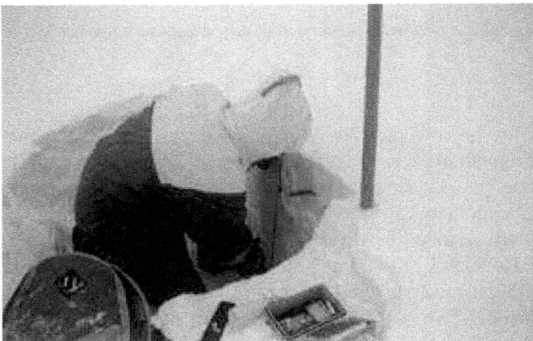

Photo 69 - Un trou creusé dans la neige permet d'examiner la stabilité du manteau neigeux. Le profil stratigraphique est établi dans le manteau neigeux à l'amont de Seljalandsdalur, au sud-ouest d'Ísafjörður (Cliché du 8 février 2000).

Photo 70 - Le test de la pelle permet de situer les lignes de faiblesse du manteau neigeux. Ici, la partie supérieure, sur une épaisseur de 10 cm, est libérée par la rupture de la couche inférieure, moins dure. Les 10 cm suivants vont également glisser, car une mince couche fragile supporte la neige. A partir de 21 cm de profondeur, le manteau de-vient stable (cliché du 8 février 2000).

Photo 71 - Mesure de la densité de la neige des différentes strates composant le manteau neigeux (Cliché du 8 février 2000).

- La défense passive

La défense passive a pour but de lutter contre les effets dévastateurs de l'avalanche, dans la zone d'impact. On distinguera alors la défense passive temporaire de la défense passive permanente. La défense passive temporaire repose sur la prise de décision administrative d'interdiction de circulation ou d'évacuation. Les mesures d'évacuation ou d'interdiction sont prises en Islande par la Division Avalanches de l'Institut Météorologique (DA-IMO) à Reykjavík, qui réagit aux données sur la solidité du manteau neigeux et les conditions météorologiques qui lui ont été transmises par l'observateur local des avalanches. La DA-IMO fait ensuite parvenir un ordre d'évacuation ou d'interdiction de circulation pour un secteur définit aux autorités locales, joint directement les personnes concernées par l'avis d'évacuation et les forces de police balisent l'interdiction de circulation. Lorsque le secteur concerné est plus

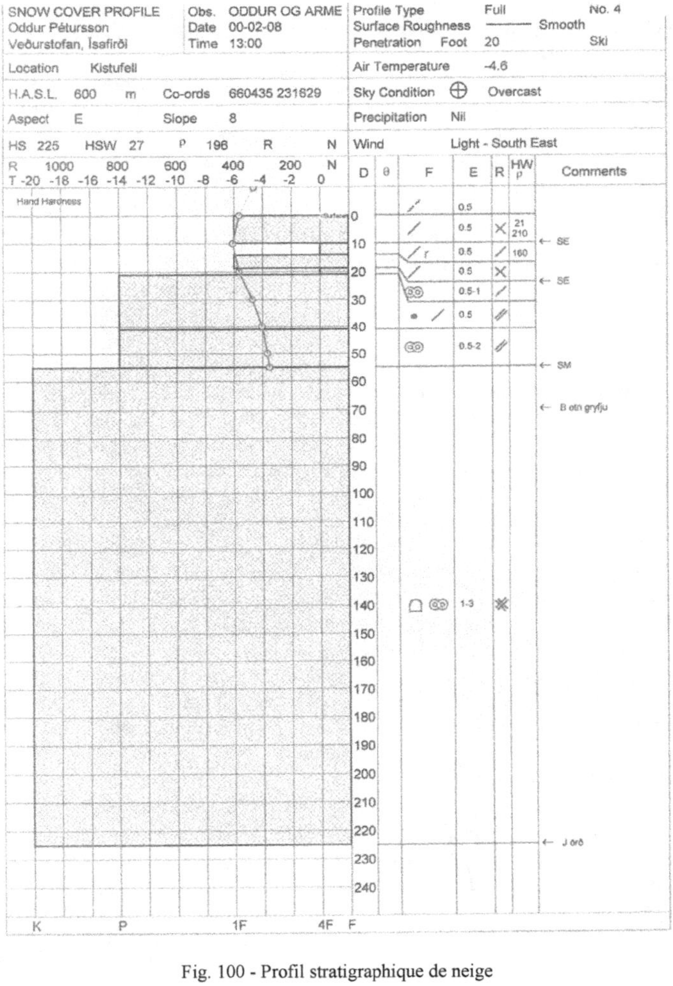

SNOW COVER PROFILE | Obs. ODDUR OG ARME | Profile Type Full No. 4

SNOW COVER PROFILE	Obs.	ODDUR OG ARME	Profile Type	Full	No. 4
Oddur Pétursson	Date	00-02-08	Surface Roughness	Smooth	
Veðurstofan, Ísafirði	Time	13:00	Penetration Foot 20		Ski

Location	Kistufell		Air Temperature	-4.6
H.A.S.L. 600 m	Co-ords	660435 231629	Sky Condition ⊕ Overcast	
Aspect E	Slope	8	Precipitation Nil	

HS 225 HSW 27 P 196 R N   Wind Light - South East

R 1000 800 600 400 200 N	D	θ	F	E	R HW/P	Comments
T -20 -18 -16 -14 -12 -10 -8 -6 -4 -2 0						

Hand Hardness

depth	F	E	R	Comments
0		0.5		
		0.5	× 21/210	← SE
10	r	0.5	/ 160	
20		0.5	×	← SE
30	◎	0.5-1	/	
40	• /	0.5	//	
50	◎	0.5-2	//	← SM
60				
70				← B ofn gryfju
80				
90				
100				
110				
120				
130				
140	∩ ◎	1-3	✳	
150				
160				
170				
180				
190				
200				
210				
220				← J örð
230				
240				

K   P   1F   4F   F

Fig. 100 - Profil stratigraphique de neige

large, l'information peut être diffusée par radio et simultanément par haut-parleurs dans la ville ou le village. La levée de l'interdiction ou de l'évacuation est décidée de la même façon. Entre 1990 et 1995, un total de 790 bâtiments ont été évacués au cours de 34 ordres d'évacuation (tableau 35). A Súðavík et Hnífsdalur-Norður, les maisons d'habitation se trouvant à l'aval des principaux couloirs avalancheux ont été achetées par le gouvernement pour garantir leur non occupation hivernale. Ces habitations sont

239

louées comme résidences en été. Le village « permanent » de Súðavík a été reconstruit à quelques centaines de mètres plus à l'est, dans un secteur qui n'est pas menacé par la dynamique avalancheuse.

La défense permanente passive modifie le trajet de l'avalanche à l'aval, en freinant ou déviant son écoulement. Les structures mises en place sont maintenues sur le terrain de façon durable. Il s'agit en Islande du nord-ouest principalement d'ouvrages de déviation et de freinage. Deux types d'ouvrages de déviation ont été construits dans les fjords de l'ouest. Sur la route Óshlíð, où jusqu'à 255 avalanches peuvent se déclencher en un seul hiver, quatre galeries de béton armé ont été édifiées entre 1994 et 1996 à l'aval des couloirs les plus dangereux, numérotés 9, 10, 11 et 15 (photos 68 et 72) ; la circulation à l'aval de ces couloirs très actifs est ainsi bien protégée, si le toit des galeries est nettoyé régulièrement des blocs qui le jonchent. A Flateyri, un déflecteur a été édifié à l'aval du couloir avalancheux Skollahvilft pour protéger l'ensemble du village (photo 73) ; un déflecteur de dimension plus réduite mais d'efficacité équivalente a été construit à l'amont d'une habitation isolée de Flateyri. Construits avec le matériel local (terre et blocs des cônes de débris du versant dominant Flateyri), ces déflecteurs présentent l'avantage de bien se fondre dans le paysage, devenant très discrets lorsque la végétation les a recouverts, mais ils demandent un entretien permanent car le matériel meuble est sujet à des glissements lors de fortes pluies et de la fonte des neiges qui affaiblissent l'efficacité de l'ensemble. Leur efficacité a cependant été démontrée lors des hivers 1998-1999 et 1999-2000, pendant lesquels ces murs de terre ont dévié deux avalanches qui auraient sinon atteint l'amont de la zone dévastée en 1995 (T. Jóhannesson et al., 1999). Un ouvrage semblable protège l'usine de traitement des déchets d'Ísafjörður, qui avait été partiellement détruite le 25 octobre 1995 (photos 74 et 75). Deux murs de protection ont été édifiés à Patreksfjörður en 1958 après les avalanches de la même année. Des rangées de dents freineuses disposées en quinconce ont également été mises en place à la base du versant, à l'amont du village de Flateyri (antérieurement à 1995) mais aussi en différents points le long du fjord Önundarfjörður (photo 76) ; leur efficacité est cependant réduite (on connaît l'exemple de l'avalanche de Flateyri) car l'aire de stockage peut être partiellement remplie par de fortes précipitations neigeuses et par le dépôt d'une première avalanche : les avalanches suivantes passeront au-dessus sans être freinées.

- La défense active

La défense active vise à développer la stabilité du manteau neigeux dans les aires d'accumulation de la neige et cherche donc à fixer la neige dans les zones de départ des avalanches. La défense active temporaire cherchera alors à purger systématiquement la zone d'accumulation avant que la quantité de neige soit suffisante pour déclencher une avalanche spontanée. Le départ de l'avalanche est alors provoqué artificiellement à l'aide d'explosifs. Ce procédé n'est pas appliqué en Islande. Par contre, des études sont actuellement en cours entre la DA-IMO, le NGI et la Division « Nivologie » du Cemagref pour déterminer la faisabilité d'application d'ouvrages de soutien du manteau neigeux (filets). Aucun ouvrage de ce type n'existe actuellement en Islande du nord-ouest, mais le site de Neskaupstaður (14 morts dans une avalanche en 1974), dans les fjords de l'est, a récemment été équipé de filets, qui, disposés en continu le long d'une courbe de niveau, permettent de soutenir la neige, évitant ainsi les départs d'avalanches.

Sites	Nombre d'évacuations	Nombre de bâtiments évacués
Súðavík	6	7, 7, 56, 56, 7, 56
Ísafjörður et Hnifsdalur	11	21, 5, 18, 18, 22, 16, 18, 19, 19, 19, 29
Bolungarvík	4	40, 45, 31, 4
Flateyri	9	10, 10, 10, 10, 17, 18, 9, 9, 5
Patreksfjörður	4	12, 46, 16, 105

Tableau35 - Nombre d'évacuations de différents sites entre 1990 et 1995 pour cause de risque avalancheux

Photo 72 - Les galeries construites sur la route en contrebas du versant d'Óshlíð protègent la circulation à l'aval des principaux couloirs avalancheux, qui fonctionnent également comme chenaux de *debris flows* (Cliché du 18 juillet 1997).

Photo 73 - Vue du déflecteur, haut de 18 mètres à l'amont, construit au-dessus du village de Flateyri, protégeant les maisons contre les avalanches provenant des couloirs Skollahvilft et Innra-Bæjargil (Cliché du 16 juin 1998).

Photo 74 - L'usine de traitement des déchets Funi, construite depuis moins d'un an à Ísafjörður, a été sévèrement endommagée par l'avalanche du 26 octobre 1995. Cette avalanche coulante étant accompagnée d'un aérosol, c'est le souffle de l'avalanche qui est responsable de l'essentiel des dégâts (Cliché J.G. Egilsson, 1er novembre 1995).

Photo 75 - Un déflecteur a été construit juste en amont de l'usine de traitement des déchets Funi, après l'avalanche d'octobre 1995, pour la garantir contre ce processus destructeur (Cliché du 10 février 2000).

Photo 76 - Cet ensemble de dents freineuses ralentit la vitesse de l'avalanche en fin de zone de transit et dans la zone de dépôt. Ici, sur la rive nord du fjord Önundarfjörður, les dents freineuses protègent la circulation sur la route (Cliché du 14 juillet 1997).

Conclusion du chapitre 8

La vulnérabilité des espaces habités au pied des versants apparaît clairement avec l'étude des conditions morphologiques. En effet, la zone de dépôt des avalanches est toujours étroite à l'amont des premières habitations. De plus, les vents violents qui accompagnent les tempêtes de neige favorisent la formation d'accumulations neigeuses importantes à l'amont des versants sous le vent, dominant les villes et villages orientés de façon très variable dans ce relief de fjords. Par ailleurs, lorsque le versant qui domine les secteurs résidentiels est sûr du point de vue du risque avalancheux, la menace peut provenir du versant opposé : ainsi, le village de Súðureyri a été sévèrement touché par une avalanche le 26 octobre 1995 (au même moment que l'avalanche de Flateyri) qui s'est déclenchée sur le versant exposé au sud et a atteint la mer, provoquant une vague qui a grossi à la faveur de l'élévation du fond marin, le village étant situé sur un verrou glaciaire à quelques centaines de mètres de l'endroit où l'avalanche a plongé dans l'ombilic, générant finalement un raz de marée qui a submergé la partie de Súðureyri se trouvant au niveau de la mer, causant d'importants dommages matériels, mais heureusement non humains. En outre, l'expansion progressive des secteurs habités vers des zones dont l'histoire avalancheuse est mal connue n'est pas étrangère à l'augmentation de la situation de risque, voire à sa création dans certains cas. L'analyse de l'extension maximale des avalanches montre que plusieurs des sites étudiés sont localisés entièrement ou partiellement dans des zones de dépôt avalancheux. Il est surprenant de voir de quelle façon les constructions ont été autorisées malgré les événements connus dans ou à proximité immédiate de ces zones dangereuses.

La combinaison aléa et risque est présente sur tous les sites étudiés, donc le risque naturel est fort, même si l'on peut distinguer des variantes dans le degré de risque selon les sites. Enfin, l'enquête réalisée sur le terrain montre les difficultés de la population locale à percevoir le risque, les habitants de la région raisonnant en termes d'histoire avalancheuse connue et non de dégâts possibles si une avalanche se déclenchait dans un couloir peu fréquenté voire inconnu, ce qui n'est pas utopique étant donné la configuration du relief partout favorable au déclenchement d'avalanches. La seule variable concerne les conditions météorologiques. Or les avalanches les plus meurtrières jamais rencontrées en Islande (Súðavík 1995 et Flateyri 1995) se sont déclenchées dans les deux cas lors de situations météorologiques extrêmement rares dans la région, et les avalanches ont emprunté un couloir rarement fréquenté (Súðavík), ou ont connu une distance de parcours exceptionnellement longue (Flateyri).

Chapitre 9

Le risque lié aux *debris flows*

Photo 77 - Les *debris flows* du versant de Gleiðarhjalli font peser un risque fort sur la ville d'Ísafjörður (Cliché du 1er juillet 1999)

Chapitre 9

Le risque induit par les *debris flows*

« Debris flows claim hundreds of lives and cause millions of dollars of property damage throughout the world each year. »

John E. COSTA (1984, p. 168)

Depuis quelques années, la recherche sur les *debris flows* s'est justifiée au niveau mondial par le grand nombre de victimes et de dommages que cause cette dynamique de versant dans les régions montagneuses occupées par l'homme. En Islande, cette recherche est récente, répondant le plus souvent à des préoccupations très ponctuelles (H.G. Pétursson, 1990, 1991a, 1996a, 1997 a et b, 1998, 1999 a et b, Þ. Sæmundsson, 1998b et Þ. Sæmundsson et H.G. Pétursson, 1998). Or, la situation actuelle en Islande est préoccupante par bien des aspects, une méconnaissance du phénomène des *debris flows* se faisant jour, tant de la part des autorités locales que de la population concernée par les effets néfastes de ce processus récurrent. Aucun zonage du risque n'a été envisagé en la matière, et les moyens de protection s'avèrent restreints.
1. - La méconnaissance du phénomène des *debris flows* par les autorités locales et la population

1.1. - Les conditions du risque lié aux *debris flows*

Les *debris flows* prennent naissance au sommet des versants où la corniche rocheuse est découpée en couloirs, dans des secteurs qui sont souvent également les zones de départ des avalanches. La mise en mouvement des *debris flows* est double : il s'agit soit de l'effet « tuyau d'incendie » dans un étroit couloir dont le fond est tapissé de débris en transit, soit d'un glissement dans le front d'une épaisseur de matériel très hétérométrique reposant sur un replat à l'amont de couloirs définis dans la corniche rocheuse, comme cela a été développé dans le chapitre 5. De la même façon que ce qui a été décrit pour les avalanches, les conditions topographiques étant partout réunies pour libérer des coulées de débris, les conditions météorologiques sont déterminantes dans le déclenchement du processus. Il a été montré dans le chapitre 5 que celles-ci sont fréquemment réunies en Islande du nord-ouest.

Par ailleurs, si les coulées de débris prennent naissance sur des pentes fortes, leur distance de parcours peut les entraîner jusqu'à des pentes de faible valeur, de l'ordre de quelques degrés à peine, où sont situées les habitations. Ainsi, tous les secteurs habités ne courent pas le même risque. En effet, certains sont localisés directement sous le versant, alors que d'autres en sont plus éloignés, comme nous l'avions vu dans le chapitre précédent en localisant la ligne isogone 10° qui situait le point du versant où les avalanches perdent de la vitesse (fig. 82) : seuls les villages de Súðavík et Flateyri semblent alors épargnés par le risque lié aux coulées de débris, tous les autres sites étant localisés à proximité du versant, ne laissant que peu d'espace à l'écoulement des *debris flows* avant les premières maisons. Les photos 78 et 79 illustrent ces différences de distance entre la pente et le versant. Cependant, il faut aussi tenir compte de la densité des *debris flows* à l'amont des secteurs habités (fig. 73) : les sites de Hnífsdalur, Súðureyri, Bolungarvík et Ísafjörður sont alors les plus enclins à présenter un réel risque lié aux coulées de débris. Toutefois, avec le grand nombre de *debris flows* recensés sur son territoire, le site d'Ísafjörður fera l'objet d'une étude toute particulière.

1.2. - L'expansion récente des villes s'est accomplie en dépit de l'histoire des *debris flows* - Le cas d'Ísafjörður

1.1.1. - Une activité passée bien connue : l'aléa

L'histoire des coulées de débris à Ísafjörður compte parmi les plus connues d'Islande, avec celle des villes de Siglufjörður (située dans les fjords du nord de l'Islande) et Neskaupstaður (fjords de l'est), grâce aux travaux de dépouillement des archives effectués par Ó. Jónsson (1957 et 1975), et plus récemment par Ó. Jónsson et H.G. Pétursson (1992), H.G. Pétursson (1991b, 1992 a et b, 1995, 1996 b et c), H.G. Pétursson et Þ. Sæmundsson (1999 a, b et c) et Þ. Sæmundsson et H.G.Pétursson (1999 a, b et c). Ces travaux récents ont permis de mettre en évidence la fréquence des coulées de débris à proximité de sites densément peuplés et menacés. Il apparaît que c'est Ísafjörður qui a enregistré le plus grand nombre de cas de *debris flows* depuis 1930 (tableau 14), période à laquelle les premiers *debris flows* sont signalés (ce qui ne signifie pas que l'activité des *debris flows* soit nouvelle, seulement qu'elle est recensée à partir de ce moment). Même si les investigations lichénométriques ont démontré l'existence de coulées non recensées dans les Annales, les sources historiques relatent plus de 100 coulées sur le seul versant dominé par le replat de Gleiðarhjalli (tableau 36 et fig.101). Les coulées responsables de dommages matériels ou corporels (coulées des 28-29 janvier 1972) étant récentes, il n'est pas possible d'imaginer qu'elles n'ont pas été perçues par la population et les autorités locales. Or, des espaces dont on sait qu'ils ont été atteints et même traversés par des *debris flows* durant le XXème siècle ont été bâtis depuis les années 1950.

Photo 78 - Les coulées de débris d'Ísafjörður, déclenchées en juin 1999, atteignent les habitations, celles-ci se trouvant sur des pentes excédant 10° (Cliché du 1er juillet 1999).

248

1.1.2. - L'augmentation de la vulnérabilité liée à l'expansion du secteur bâti

A Ísafjörður, l'examen des cartes anciennes, de photographies au sol anciennes (J.Þ. Þór, 1990) et de photographies aériennes, permet de reconstituer les étapes de l'expansion d'Ísafjörður (A. Decaulne, 2003, 2005a, 2005b). En 1913 et au moins jusqu'en 1920, seule la partie située sur la flèche littorale est habitée. Au pied du versant, on ne comptait alors que quelques bâtiments utilisés par l'industrie de la pêche et des infrastructures portuaires, le port se trouvant alors à l'aval de Gleiðarhjalli. En 1933, quelques maisons d'habitation dispersées se sont implantées près de la racine de la flèche de sable (fig. 102). C'est dans la seconde moitié que l'expansion urbaine s'organise sur les basses pentes : en 1965 (fig. 103) un îlot d'habitations occupe l'espace situé entre 10 et 20 mètres d'altitude ; en 1974, la ligne de côte est réaménagée pour permettre de nouvelles constructions entre le niveau de la mer et 10 m d'altitude. En 1984, une nouvelle double rangée de maisons individuelles et d'immeubles est bâtie le long d'une dernière rue entre 20 et 30 mètres d'altitude (fig. 104). A partir de 1984, l'effort d'urbanisation se porte sur la flèche littorale, dont la superficie est progressivement étendue grâce à des remblais (fig. 105).

Photo 79 - A Súðavík, les maisons sont éloignées des *debris flows* qui strient le versant : la coulée déclenchée en juin 1999, qui apparaît ici par sa couleur rougeâtre, est éloignée de près de 200 mètres des premières habitations, situées sur des pentes inférieures à 5° (Cliché du 3 juillet 1997).

Tableau 36 - Les dégâts causés par les différents épisodes de debris flows à Ísafjörður (d'après
H.G. Pétursson, 1992 a et b, 1995, 1996 b et c, H.G. Pétursson et Þ. Sæmundsson, 1999,
Þ. Sæmundsson et P. Pétursson, 1999)

Ísafjörður	Nombre de bouffées	Distance de parcours et dégâts
8-9.01.1797		–
11.01.1899		–
20-21.08.1900		–
3-4.06.1934	3	Route côtière coupée, 2 coulées atteignent la mer
13.08.1936	12	Route côtière coupée
21-22.09.1942	1	Route côtière coupée
24.10.1943	plusieurs	Atteignent la mer
18.10.53	3	Route côtière coupée
13.04.1955	12	Route côtière coupée
19-20.11.1956	6	–
25-26.10.1958	plusieurs	
18-19.11.1958	1	Route côtière coupée
18-20.10.1965	plusieurs	Route côtière et rues coupées, une pierre de 60 t stoppe à 5 m de la première maison
3-4.11.1965	> 12	Route côtière coupée, certaines coulées atteignent la mer ; 3 rues bordées de maisons nouvellement construites sont coupées, 1 garage est emporté, 1 maison est endommagée
28-29.01.1972	plusieurs	Route côtière coupée, 1 automobiliste est tué
4.08.1976	2	Atteignent la mer
27-28.08.1977	38	Plusieurs coupent la route, certaines atteignent la mer ; une maison est endommagée
29.06.1983	1	
21-23.05.1987	10	Route côtière coupée, 2 bâtiments sont endommagés
7.12.1991	plusieurs	Route côtière coupée
25-28.09.1996	7	Route côtière coupée, 2 maisons menacées
19.05.1998	1	–
15.08.1998	1	–
10-12.06.1999	7	Route côtière coupée, 1 rue coupée, 4 maisons sont touchées, 48 sont évacuées

Photo 80 - Vue du *debris flow* de novembre 1965 qui se jette dans la mer après avoir traversé trois rues, emporté un garage et endommagé une maison (Cliché de G. Jónsson, novembre 1965).

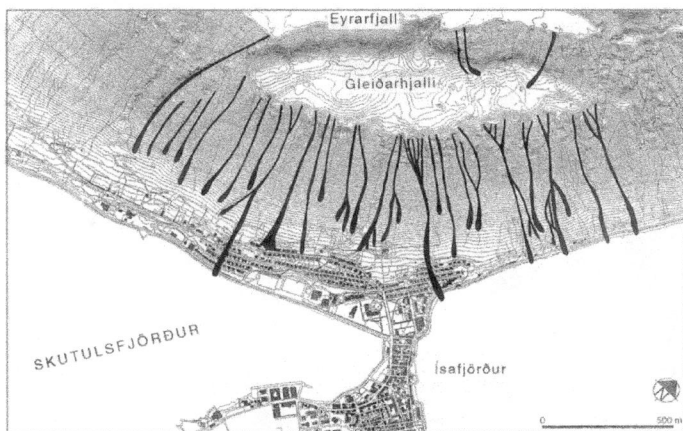

Fig. 101 - L'extension maximale des *debris flows* à Ísafjörður

Or une photographie d'Ísafjörður datant de 1920 (J.Þ. Þór, 1990, p. 301) prise depuis le versant de Gleiðarhjalli permet d'observer des modelés de *debris flows* descendant jusqu'au pied du versant, où nous avons situé les coulées n° 10, 11, 12 et 13 (fig. 108). De plus, les Annales font état d'un *debris flow* ayant atteint la mer en 1934 dans la partie nord de la ville, alors déserte ; des habitations sont présentes dans cette zone sur les photos aériennes datant de 1957. Ces mêmes photos aériennes montrent par ailleurs que les chenaux des *debris flows* descendent alors à une altitude variant entre 10 et 30 m d'altitude ; la zone située entre la mer et 10 m d'altitude étant anthropisée (champs, granges, quelques maisons), la limite inférieure des *debris flows* a été effacée, mais il est probable qu'ils descendaient jusqu'à la mer. Enfin, signalons que lors de l'épisode à *debris flows* du mois de novembre 1965, une coulée a atteint la mer après avoir traversé trois rangées de maisons, dont certaines n'étaient pas bâties depuis plus d'un an (photo 80) : un garage avait été emporté et une maison avait été endommagée. Cet événement et ceux qui ont suivi (1972, 1976, 1977, 1983) n'ont pas interrompu l'élan des constructions, qui s'est poursuivi sur les pentes jusqu'en 1984, la zone traversée par la coulée de 1965 étant aujourd'hui entièrement bâtie (photo 80). La vulnérabilité est donc très nettement accrue, les hommes et les biens étant menacés lors de chaque nouvel épisode à coulées de débris, comme ce fut le cas en juin 1999 par exemple.

Photo 81 - Vue du versant ayant émis la coulée de 1965 et de l'espace occupé par cette coulée où ont été construites depuis des maisons (cliché du 25 août 1999)

251

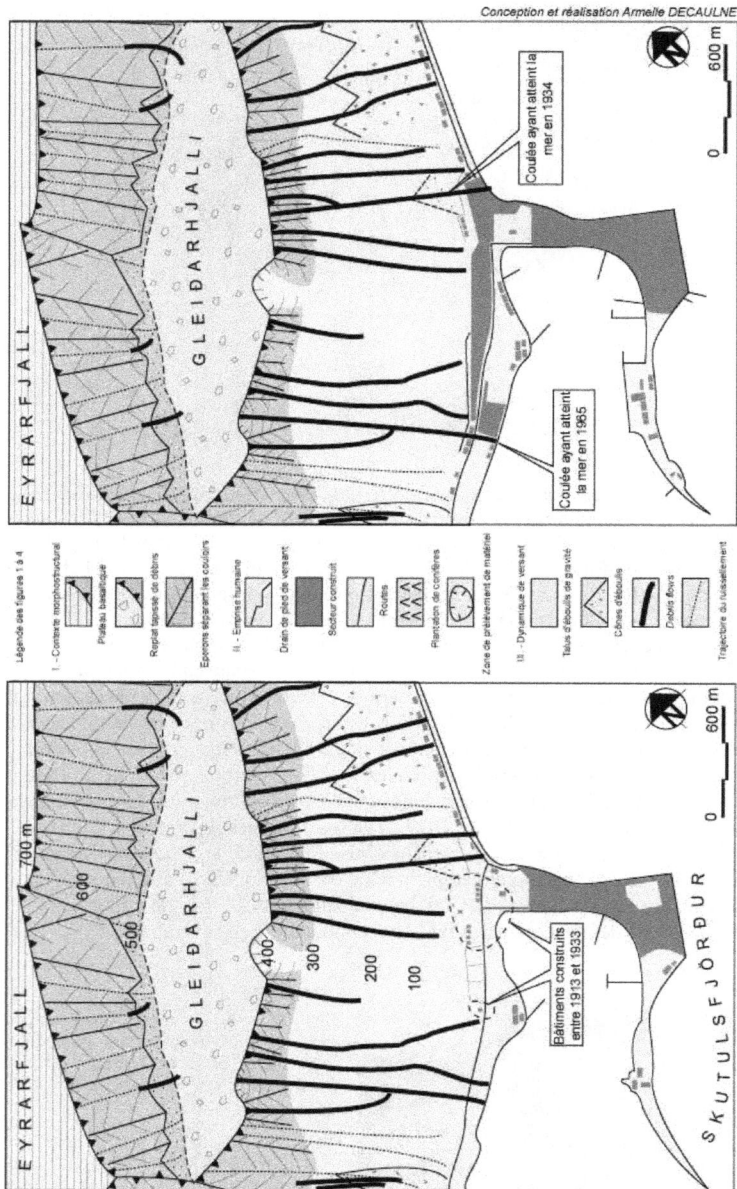

Fig. 103 - Ísafjörður en 1965. La position des coulées de débris a été déterminé par examen des photographies aériennes.

Fig. 102 - Ísafjörður en 1913 et situation en 1933. La position des *debris flows* à ces dates a été déterminée par examen des photographies anciennes.

Légende des figures 1 à 4

I - Contexte morphostructural
- Plateau basaltique
- Replat tapissé de débris
- Éperons séparant les couloirs

II - Emprise humaine
- Drain de pied de versant
- Secteur construit
- Routes
- Plantation de conifères

III - Dynamique de versant
- Talus d'éboulis de gravité
- Cônes d'éboulis
- *Debris flows*
- Trajectoire du ruissellement

Zone de prélèvement de matériel

EYRARFJALL

GLEIÐARHJALLI

Coulée ayant atteint la mer en 1934

Coulée ayant atteint la mer en 1965

700 m
600
500
400
300
200
100

Bâtiments construits entre 1913 et 1933

SKUTULSFJÖRÐUR

252

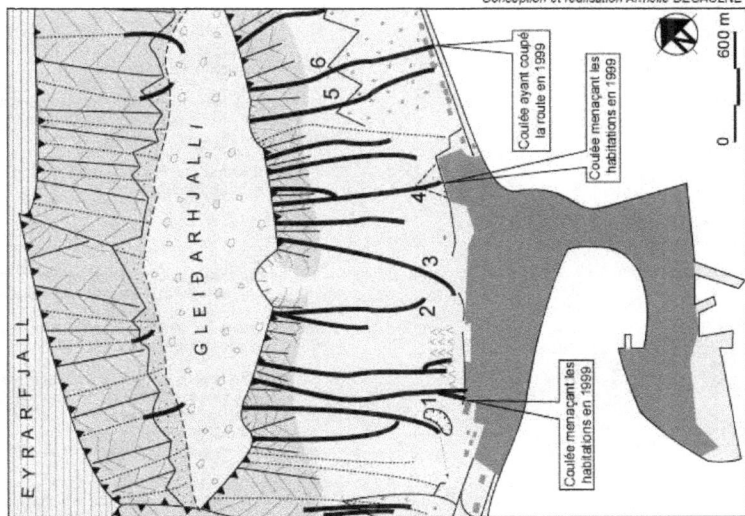

Fig. 105 - Ísafjörður en 2000 : la position des *debris flows* est située d'après les observations de terrain

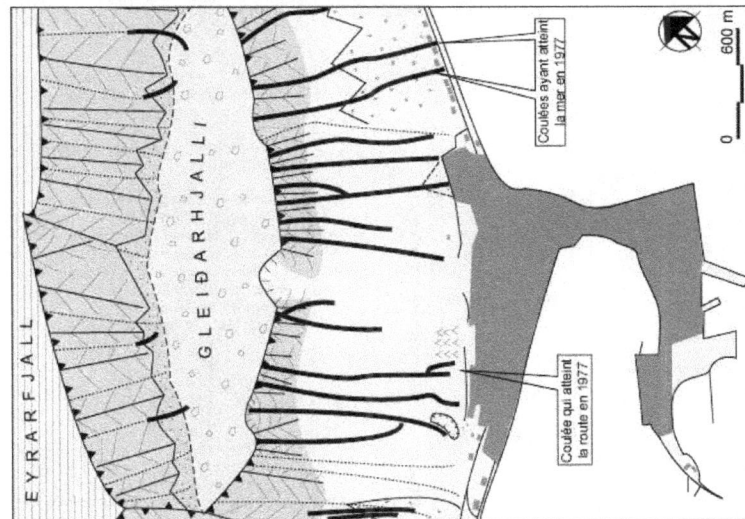

Coulée ayant coupé la route en 1999

Coulée menaçant les habitations en 1999

Coulée menaçant les habitations en 1999

Fig. 104 - Ísafjörður en 1988 : la position des *debris flows* est déterminée par l'analyse des photo aériennes

Coulées ayant atteint la mer en 1977

Coulée qui atteint la route en 1977

253

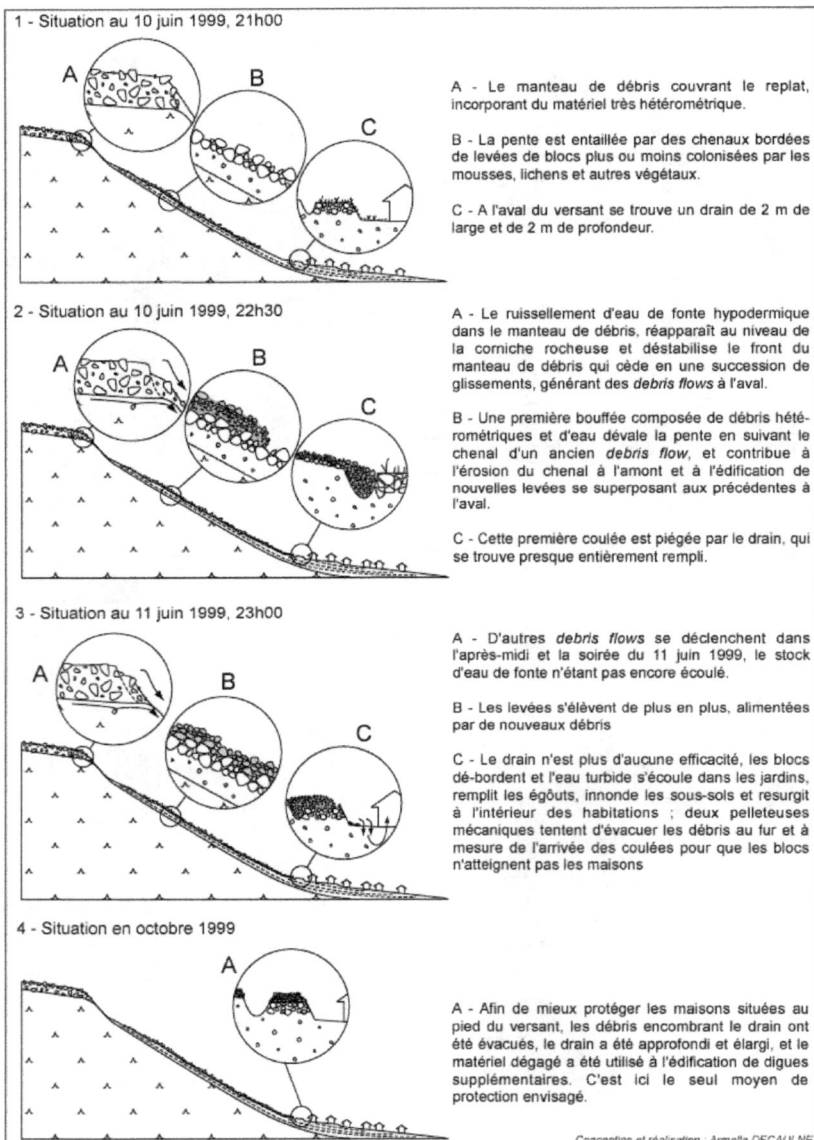

1 - Situation au 10 juin 1999, 21h00

A - Le manteau de débris couvrant le replat, incorporant du matériel très hétérométrique.

B - La pente est entaillée par des chenaux bordées de levées de blocs plus ou moins colonisées par les mousses, lichens et autres végétaux.

C - A l'aval du versant se trouve un drain de 2 m de large et de 2 m de profondeur.

2 - Situation au 10 juin 1999, 22h30

A - Le ruissellement d'eau de fonte hypodermique dans le manteau de débris, réapparaît au niveau de la corniche rocheuse et déstabilise le front du manteau de débris qui cède en une succession de glissements, générant des *debris flows* à l'aval.

B - Une première bouffée composée de débris hétérométriques et d'eau dévale la pente en suivant le chenal d'un ancien *debris flow*, et contribue à l'érosion du chenal à l'amont et à l'édification de nouvelles levées se superposant aux précédentes à l'aval.

C - Cette première coulée est piégée par le drain, qui se trouve presque entièrement rempli.

3 - Situation au 11 juin 1999, 23h00

A - D'autres *debris flows* se déclenchent dans l'après-midi et la soirée du 11 juin 1999, le stock d'eau de fonte n'étant pas encore écoulé.

B - Les levées s'élèvent de plus en plus, alimentées par de nouveaux débris

C - Le drain n'est plus d'aucune efficacité, les blocs dé-bordent et l'eau turbide s'écoule dans les jardins, remplit les égôuts, innonde les sous-sols et resurgit à l'intérieur des habitations ; deux pelleteuses mécaniques tentent d'évacuer les débris au fur et à mesure de l'arrivée des coulées pour que les blocs n'atteignent pas les maisons

4 - Situation en octobre 1999

A - Afin de mieux protéger les maisons situées au pied du versant, les débris encombrant le drain ont été évacués, le drain a été approfondi et élargi, et le matériel dégagé a été utilisé à l'édification de digues supplémentaires. C'est ici le seul moyen de protection envisagé.

Conception et réalisation : Armelle DECAULNE

Fig. 106 - Le déroulement des *debris flows* de juin 1999 et l'apparition du risque

Photo 82 - Le drain de bas de versant rempli à l'aval de la coulée de débris qui menace les habitations de la rue Urðarvegur. L'enfant, qui donne l'échelle, est situé au-delà du drain (Cliché du 11 juin 1999).

Photo 83 - Le débordement du drain situé à l'amont d'Urðarvegur provoque des dégâts matériels dans les propriétés situées à l'aval : les jardins sont recouverts d'une épaisse couche boueuse, les caves sont inondées. Ici il s'agit du jardin de l'immeuble d'Urðarvegur 78 (Cliché du 11 juin 1999).

1.3. - Le risque induit par les *debris flows* : le cas des événements des 10-12 juin 1999

Lors de l'épisode à *debris flows* des 10-12 juin 1999, six coulées de débris ont fonctionné, chacune charriant plusieurs bouffées représentant un total de matériel de 5000 m³, jusqu'au pied du versant, menaçant directement la population d'Ísafjörður. En effet, les premières coulées ont été captées par le drain de bas de versant localisé juste à l'amont des premières maisons, garantissant les habitations des écoulements « normaux » provenant du versant, c'est-à-dire les eaux de pluie et de fonte des neiges (fig. 106, 1- et 2-). Lors de l'arrivée des bouffées suivantes, le drain n'a plus été d'aucune utilité, les blocs se déversent dans les jardins (photo 82 et 83) et l'eau turbide a rempli les égouts, les sous-sols puis a ressurgi à l'intérieur des maisons (fig. 106, 3 -). L'arrivée d'une pelleteuse a permis d'évacuer les débris qui ont empli le drain à l'aval du *debris flow* n° 4 (fig. 70) le 11 juin au matin, avant que les coulées ne provoquent des dégâts plus à l'aval, mais celle-ci a été envoyée tardivement au bas de la coulée n° 5 (fig. 108), causant les dommages matériels déjà énumérés. Le risque était ici bien présent, les pelleteuses étant intervenues juste à temps pour éviter des dommages plus importants. Les habitants ont cependant eu la chance que l'activité des *debris flows* ne soit pas plus importante dans la nuit du 10 au 11 juin, ceux-ci ne s'étant aperçu des coulées que le lendemain matin.

1.4. - Mémoire collective et perception du risque par la population locale

Le questionnaire d'enquête diffusé à Ísafjörður relatif à la dynamique des versants et des risques engendrés par celle-ci (annexe 3) comptait également des questions sur les *debris flows*. Soixante-seize personnes de tous âges et de tous milieux socioprofessionnels y a répondu, ce qui nous a permis de mieux appréhender la perception du risque lié aux coulées de débris par la population locale, après avoir, au travers de l'évolution du secteur bâti, appréhendé celle des autorités locales et nationales qui ont autorisé cette expansion.

En effet, 81,5 % de la population déclare avoir vu des *debris flows* pendant leur activité (A. Decaulne, 2001b). Si 10,5 % de la population disent ne se souvenir d'aucune coulée particulière, 85,5 % des habitants interrogés ont été marqués par des coulées provenant de la montagne Eyrarfjall qui domine Ísafjörður : les événements de 1999 sont mentionnés par 14,7 % de la population, 39,4 % citant plus particulièrement le plus impressionnant *debris flow* par la taille provenant de Gleiðarhjalli (coulée de débris n° 5). 17 % des personnes interrogées se souviennent d'une des sept coulées s'étant déclenchées sur le versant en novembre 1965. Celle-ci, qui était voisine de la coulée de 1999 avait atteint la mer, s'écoulant entre les maisons nouvellement construites (fig. 101), barrant le route mais emportant un garage et endommageant une maison. Ainsi, outre les événements de 1999 qui étaient encore frais dans les mémoires (le questionnaire a été réalisé en août 1999, et les coulées avaient eu lieu pendant le mois de juin précédent), seul l'épisode de 1965 a frappé la population, car elle avait épargné de justesse une extension récente de la ville. Seules quatre personnes citent le *debris flow* de 1996, réactivé en 1999, qui menaçait également deux maisons d'habitation en particulier.

Fig. 107 - La perception du risque lié aux coulées de débris
par la population d'Ísafjörður, interrogée en août 1999

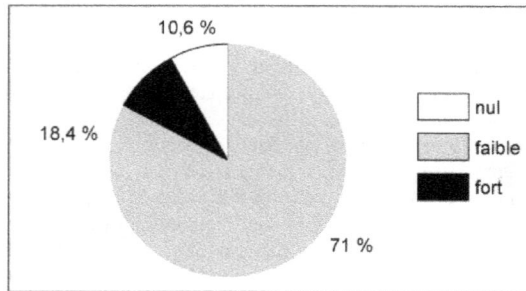

256

L'appréciation locale du risque présente, comme dans le cas de l'estimation du risque avalancheux, quelques surprises. En effet, seuls 9 % de la population interrogée estiment que le risque induit par les coulées de débris est fort (fig. 107), alors que près de 83 % l'estiment faible ; 8 % des réponses font apparaître un risque zéro. Ces résultats sont étonnants si l'on récapitule le nombre d'événements à *debris flows* déterminés tant par le recensement historique que par les relevés lichénométriques, qui démontrent que le secteur aujourd'hui habité a été traversée au moins deux fois depuis le début du XXème siècle, à savoir en 1934 et 1965. Cette perception du risque est plus surprenante encore lorsque l'on considère que la majorité des personnes interrogées a assisté dans la soirée du 11 juin 1999 à la descente de plusieurs vagues successives du *debris flow* n° 5, le plus important en volume de débris transportés et celui qui a causé les dommages les plus graves, alors que les pelleteuses mécaniques travaillaient à dévier le chenal et à dégager les débris afin de garantir au mieux les habitations se trouvant quelques mètres à l'aval.

2. - Le zonage du risque et les moyens de protection contre les debris flows

2.1. - Inexistence d'un zonage du risque lié aux debris flows

Si des cartes d'exposition au risque avalancheux sont maintenant à l'étude en Islande, ce n'est pas le cas pour les *debris flows*. En effet, l'unique étude traitant du risque naturel lié aux coulées de débris à Ísafjörður (Þ. Sæmundsson, 1999a) ne présente pas une carte du risque, mais décrit les différents secteurs en fonction de l'historique des *debris flows*. Cette étude met l'accent sur le fait que la ville s'est étendue sur des espaces occupés par les coulées, citant l'exemple de la coulée de novembre 1965. Cependant, ce rapport ne tient pas compte des modelés de *debris flows* qui prouvent leur fonctionnement, ni du faible taux de recouvrement végétal couvrant ces formes et démontrent alors le fonctionnement relativement récent de ces coulées. Ainsi, une coulée ayant fonctionné en 1943 n'est-elle pas répertoriée comme potentiellement dangereuse, car les Annales historiques ne la relatent pas ensuite. Nous avons choisi de la faire figurer tout de même car un témoin nous a signalé son fonctionnement en 1977 au travers de ses réponses au questionnaire d'enquête. Toutefois, ce rapport, rédigé sous l'égide de l'Institut Météorologique Islandais par le Docteur Þorsteinn Sæmundsson, est le premier faisant référence aux *debris flows* en tant que risque naturel, et est également le premier à alerter les autorités. Le Docteur Þorsteinn Sæmundsson est effectivement un des seuls en Islande à considérer, comme nous, que l'activité récurrente des *debris flows* est préoccupante dans le contexte actuel d'utilisation des sols à Ísafjörður.

Nous proposons donc une carte du risque tricolore où figurent tous les *debris flows* reconnus sur le terrain et à partir de l'analyse des photographies aériennes, avec leur distance de parcours maximale déterminée par les sources historiques (fig. 108). La carte du risque présente quatre niveaux de risque :

Apparaissent en rouge les secteurs qui ont déjà été traversés ou atteints par des *debris flows* au cours du XXème siècle. Nous avons distingué les secteurs habités des secteurs industriels. Il s'agit au sud du quartier traversé par le *debris flow* en 1965, qui regroupe les rues Sætun, Miðtún et Seljalandsdalur 2-84 ; la zone affectée par le *debris flow* de

1999 sur Urðarvegur (68-80), et menacée par la coulée de 1977 (Urðarvegur 27-37) ; au nord il s'agit de toute la zone traversée par une coulée en 1934, menacée de nouveau en 1996 puis en 1999 qui correspond aux rues de Hjallavegur, Hlíðarvegur 17-51, Túngata 17-21, Krókur et Hnífsdalsvegur 1-13. De forts risques liés aux chutes de blocs qui accompagnent le déclenchement des *debris flows* sont associés ici au risque des coulées de débris. Les maisons situées le plus à l'amont sont bien sûr les plus menacées : en cas de *debris flows* atteignant ce secteur, ces maisons seraient les premières touchées, et les écoulements turbides et chargés atteindront ensuite la deuxième ligne de maisons, les rues étant étagées sur trois niveaux altitudinaux (photo 84).

Les secteurs en orange sont ceux qui peuvent être atteints lors de *debris flows* majeurs. Dans ce cas de figure, les maisons figurant dans la zone rouge seraient très sérieusement endommagées. Cela n'est pourtant pas hypothétique étant donné que ces habitations se trouvent construites sur les traces d'anciens *debris flows*. Lorsque la zone orange figure directement en contact avec le versant, les *debris flows* situés à l'amont mobilisent des volumes de matériel n'atteignant pas 800 m³, présentant un risque plus faible car leur distance de parcours est plus courte que celle des gros *debris flows* déplaçant de 1000 à 4000 m³.

En vert figurent les secteurs qui ne présentent pas de risque lié aux *debris flows*. Il s'agit de la racine de la flèche littorale et de cette dernière, où s'étale le centre-ville. La ligne de côte a été modifiée à la racine de la flèche littorale, et aucune trace de *debris flows* n'y est visible.

Ce zonage ne se cantonne pas seulement à la stricte largeur du chenal et des levées du *debris flow*, mais intègre un espace plus large qui correspond à la divagation possible ou avérée des *debris flows*, ceux-ci ayant un cours changeant en fonction de l'obstruction du chenal par les bouffées antérieures et pouvant couvrir un large éventail depuis la zone source.

2.2. - Les moyens de protection

2.2.1. - La situation actuelle

Jusqu'en 1996, la seule protection envisagée était temporaire : il s'agissait d'évacuer la population lors du déroulement des *debris flows*. A partir de septembre 1996, les pelleteuses mécaniques sont intervenues pour déblayer les drains de bas de versant qui avaient piégé le matériel transporté par les coulées de débris. Ceci a été réitéré en 1999 au pied de la coulée n° 11 pour tenter de protéger les maisons se trouvant à l'aval (photo 85). Le matériel extrait du drain a permis de surélever la digue à l'aval. Au bas de la coulée n° 5, la pelleteuse n'ayant pas été envoyée sur place à temps, le drain débordait et il a été nécessaire de dévier les vagues de débris en obstruant leur écoulement avec le matériel précédemment charrié dans le chenal et de leur permettre de s'étaler avant d'arriver jusqu'au drain (photo 86). Dans la nuit du 11 au 12 juin 1999, 24 heures après l'arrivée des premières coulées, 48 logements avaient été évacués, concernant environ 150 personnes, car l'activité des coulées de débris était importante, surtout dans le chenal de la coulée n° 5 ; nous rappellerons que personne n'avait noté la descente des premières coulées dans la soirée du 10 juin, donc que l'épisode des 10-12 juin 1999 aurait pu être plus dramatique.

Ultérieurement, le drain de bas de versant qui avait piégé la coulée à l'amont d'Urðarvegur 50-78 a été approfondi et élargi en un large fossé (photo 87), le remblai formant une digue qui protège les habitations (photo 88).

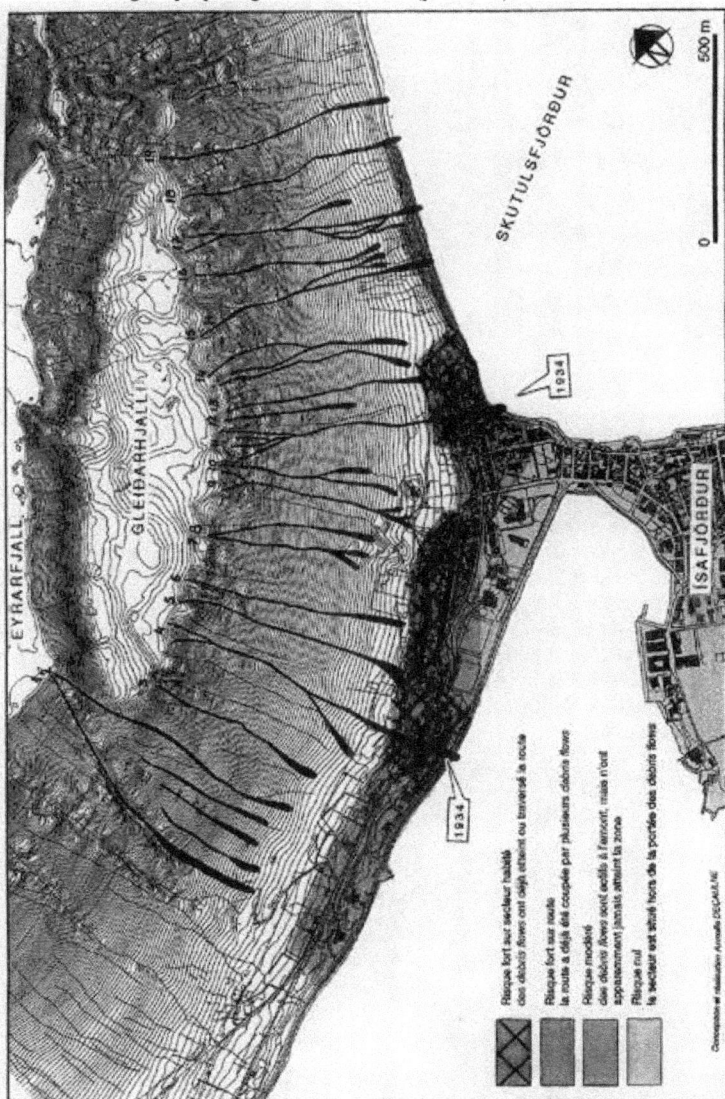

Fig. 108 - Zonage du risque lié aux *debris flows*

Photo 84 - L'exposition au risque lié aux *debris flows* à Ísafjörður apparaît sur cette vue du 1ᵉʳ juillet 1999, où les coulées de débris atteignent les habitations situées le plus haut. Les niveaux inférieurs d'habitations sont moins exposés aux *debris flows*, mais pourraient subir des dommages en cas de *debris flows* majeurs (Cliché du 7 juillet 2000).

2.2.2. - Des propositions pour une meilleure protection de la population

Les méthodes de protection contre les *debris flows* sont variées, et incluent une bonne analyse du terrain afin d'éviter les zones potentiellement dangereuses, le calibrage, le nettoyage et le drainage des couloirs et zones de départ, la construction de structures de protection et l'évacuation des personnes (J.E. Costa, 1984, D. Alexander, 1995). En Islande du nord-ouest où l'espace disponible est rare, il est nécessaire de développer le nombre de structures de protection à l'amont des sites déjà occupés par l'homme et menacés par la dynamique à *debris flows*, comme cela a été entrepris de façon très ponctuelle à Ísafjörður, et d'informer la population afin que celle-ci puisse interpréter les situations de risque.

Photo 85 - Le drain déblayé par une pelleteuse mécanique à l'amont de Hjallavegur (cliché du 11 juin 1999).

Photo 86 - La pelleteuse déblayant le drain de bas de versant à l'amont d'Urðarvegur (cliché du 14 juin 1999).

Photo 87 - Le creusement du fossé et l'édification de la digue d'arrêt des *debris flows* à l'amont d'Urðarvegur (cliché du 29 septembre 1999).

Photo 88 - La structure de capture et d'arrêt des *debris flows* à l'amont d'Urðarvegur, protégeant un espace très restreint (cliché du 23 juin 2000).

- Vers une meilleure information des populations

La diffusion d'une carte d'exposition aux risques telle que celle qui vient d'être proposée devrait permettre à la population de prendre connaissance des secteurs qui sont localisés dans les zones présentant le danger le plus important. Ainsi, à Ísafjörður, la partie de la ville située sous le replat est manifestement la plus menacée, comme la zone rouge le figure sur la carte de la figure 108.

Par ailleurs, il existe des signes avant-coureurs que la population occupant ces secteurs sensibles doit savoir repérer. Après avoir assisté sur le terrain au déclenchement de plusieurs debris flows en juin 1999 sur le versant de Gleiðarhjalli à Ísafjörður et sur celui de Súðureyri (tous deux interrompus par un replat intermédiaire tapissé d'un épais manteau de débris), nous avons établi qu'une succession de phénomènes annonce l'arrivée de la première vague de débris dans le chenal : l'eau d'écoulement du versant, qui circule de façon habituelle dans les chenaux bordés des levées parallèles caractéristiques des coulées de débris, se charge de plus en plus en matériel fin et sa turbidité augmente au fil du temps. Il arrive que cette turbidité soit le fait d'un glissement sans importance à l'amont, dans la zone de départ ; dans ce cas, l'écoulement évacue ce matériel fin très rapidement. Le danger apparaît lorsque la turbidité de l'écoulement augmente sensiblement au cours du temps et que celle-ci dure. En effet, la turbidité de l'eau indique que le ruisseau est alimenté à l'amont par du matériel solide, en suspension dans l'eau ; lorsque le phénomène persiste, cela signifie que l'alimentation persiste également à l'amont, donc qu'il y a un soutirage du matériel, qui provoque des micro-glissements puis la chute des plus gros blocs. Ceux-ci peuvent atteindre la base du versant et présenter un danger pour les premières maisons. Quelques secondes à quelques minutes après la masse de débris se met en mouvement à l'amont. Ce mouvement n'est pas visible depuis l'aval, où l'on ne perçoit qu'un puissant grondement de tonnerre correspondant à l'entrechoquement des blocs dans une matrice plus fine. La vague de débris descend ensuite le long de la pente, en suivant le chenal tracé par les debris flows antérieurs d'où elle peut diverger selon les obstacles qu'elle y rencontre. Lorsque la bouffée de débris est passée, l'écoulement devient plus fluide et perd de sa turbidité jusqu'à la reprise du processus. Ces signes avant-coureurs, peuvent justifier l'ordre d'évacuation, en particulier si les conditions météorologiques sont favorables au déclenchement des debris flows, c'est-à-dire s'il est tombé de fortes pluies dans les quelques heures qui précèdent, si le temps est pluvieux depuis plusieurs jours ou si la fonte du tapis neigeux est accélérée depuis peu. En outre, le caractère visuel de l'écoulement turbide étant observable à la base du versant, en particulier dans le drain de bas de versant, le diagnostic peut être établi malgré un temps nuageux ou brumeux qui limite fortement la visibilité du versant. La formation et de la mise en mouvement de la masse de débris étant audible depuis l'aval, elle peut également d'être repérée. Cependant, l'expérience de juin 1999 montre que deux coulées importantes ont atteint le drain de bas de versant sans que personne ne s'en aperçoive. D'autres mesures de protection, plus efficaces pour garantir les habitations et la population contre l'arrivée des premières coulées, doivent donc être envisagées.

- Les structures de protection

Comme il n'est guère possible d'éviter les zones à risque dans la situation actuelle de l'implantation des habitations, il est nécessaire de mettre en place des structures de protection (tableau 37). Le reprofilage du chenal est souvent inefficace, car le chenal est très vite obstrué et provoque des écoulements non contrôlés dans de nouvelles directions. Ainsi, c'est surtout à l'aval qu'il faut agir, et mettre en place une défense passive, de préférence permanente (la défense passive temporaire consiste à évacuer la zone pendant la période dangereuse). Au Colorado (J.E. Costa, 1984) l'expérience a montré que des arbres peu espacés les uns des autres permettent de retenir les blocs les plus grossiers tout en autorisant l'écoulement des éléments les plus fins et de l'eau turbide. En Islande nord-occidentale, la faible densité des arbres et leur croissance lente ne leur permet pas de créer un obstacle à la progression des debris flows (photos 89 et 90). La seule solution envisageable est alors une structure artificielle d'arrêt, à l'aval, constituée d'un fossé où la coulée termine sa course, d'une digue qui permet une accumulation importante, donc la capture de plusieurs bouffées d'une même coulée, et d'un réseau de drainage qui permet à l'eau chargée de matière fine de s'écouler (fig. 109). Ceci doit être envisagé à Ísafjörður sur toute la longueur du versant situé sous le replat de Gleiðarhjalli, non de manière très ponctuelle comme cela est le cas aujourd'hui. Une équipe comptant des pelleteuses mécaniques et leurs conducteurs doit être assignée à l'entretien de cette structure afin d'en assurer l'efficacité permanente en dehors des épisodes à debris flows et à son dragage et nettoyage pendant les épisodes à debris flows, de façon à éviter un engorgement de la structure.

Tableau 37 - L'efficacité des différents moyens de protection
contre les effets des *debris flows*

Moyens de protection	Efficacité en Islande	Remarques
Eviter les constructions en zone occupées par les coulées de débris	Mauvaise	L'espace disponible est restreint et ne permet pas une réimplantation des secteurs habités
Reprofilage du chenal d'écoulement	Mauvaise	Encombre le chenal et crée un danger supplémentaire
Plantations d'arbres pour retenir les blocs	Mauvaise	La croissance de l'arbre est restreinte par des sols pauvres et un climat peu propice au développement de l'arbre
Fossé de capture	Moyenne	Le fossé ne capte que les premières coulées
Fossé associé à une digue	Bonne	A condition que les débris soient évacués régulièrement avant et pendant l'arrivée des masses de débris

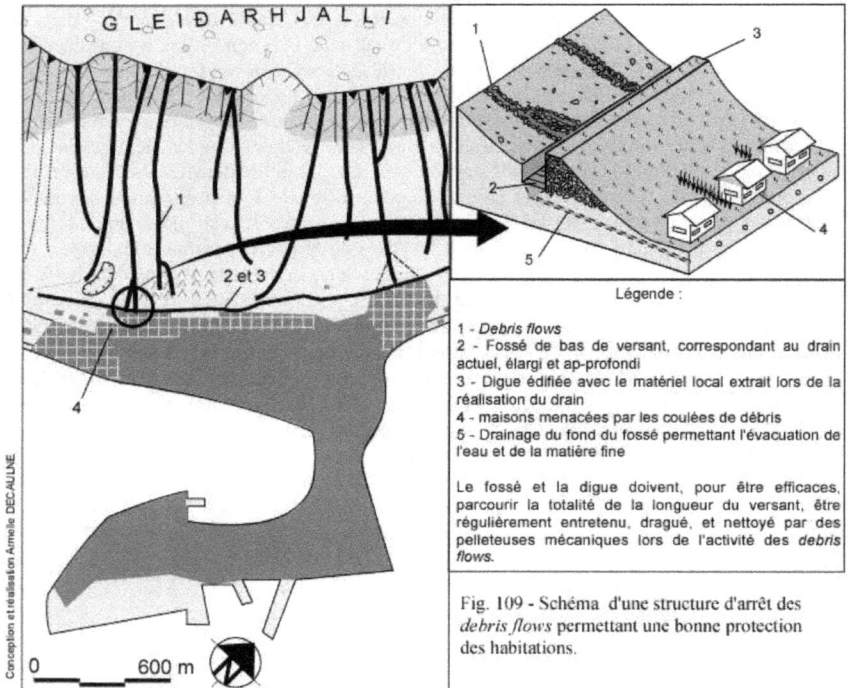

Légende :

1 - *Debris flows*
2 - Fossé de bas de versant, correspondant au drain actuel, élargi et ap-profondi
3 - Digue édifiée avec le matériel local extrait lors de la réalisation du drain
4 - maisons menacées par les coulées de débris
5 - Drainage du fond du fossé permettant l'évacuation de l'eau et de la matière fine

Le fossé et la digue doivent, pour être efficaces, parcourir la totalité de la longueur du versant, être régulièrement entretenu, dragué, et nettoyé par des pelleteuses mécaniques lors de l'activité des *debris flows*.

Fig. 109 - Schéma d'une structure d'arrêt des *debris flows* permettant une bonne protection des habitations.

Photo 89 - L'inefficacité des arbres à retenir les blocs accompagnant le déclenchement des coulées de débris, à Ísafjörður (cliché du 13 août 1999).

Photo 90 - Conifères couchés par la coulée de juin 1999, illustrant l'inadaptation des plantations d'arbres pour se protéger des *debris flows* en Islande (cliché du 4 juin 1999).

Photo 91 - Les *debris flows* végétalisés sur les pentes qui dominent le quartier résidentiel d'Holtahverfi (cliché du 7 juillet 2000).

Photo 92 - Les maisons de Hnífsdalur-Súður bâties sur l'espace anciennement occupés par les coulées de débris, aujourd'hui végétalisées (cliché du 14 juillet 1998).

Conclusion du chapitre 9

L'exemple du risque naturel lié à l'activité des *debris flows* à Ísafjörður montre combien la situation peut être dangereuse pour les habitants, du fait de l'extension de la ville vers des zones qui ont déjà été touchées par des coulées de débris et de la forte fréquence des coulées. Nous constatons par ailleurs une résistance de la part de la population quant à la prise de conscience du risque induit par les *debris flows* à Ísafjörður. La raison en est peut-être le faible nombre d'accidents, de dégâts matériels ou mortels dans la région (1 mort seulement est recensé). En effet, les *debris flows* ont rarement tué, ne se réveillent qu'épisodiquement, même si nous en dénombrons plus de cent depuis le début du XXème siècle. C'est justement l'absence de dégâts majeurs qui explique cette résistance à admettre l'existence du risque : la catastrophe est toujours génératrice d'une prise de conscience, quelle que soit la nature du risque, en particulier lorsque les populations raisonnent en s'appuyant sur l'historique des événements, et non sur la potentialité de formation de coulées de débris destructives du site. La catastrophe se fait attendre, le risque n'est pas pris en compte dans l'occupation des sols, même si des avertissements ont déjà été donnés par ces dizaines de *debris flows* qui n'ont causé « que » des dégâts matériels.

La situation qui a été développée dans ce chapitre est celle de la ville d'Ísafjörður, car c'est sur son versant que la fréquence et le nombre des *debris flows* sont les plus grands. Cependant, les sites de Súðavík, Holtahverfi, Hnífsdalur, Bolungarvík, Bíldudalur et Patreksfjörður ont également été affectés par des *debris flows*. Dans la plupart des cas, des levées parallèles sont visibles sur les versants qui dominent ces sites, mais elles sont végétalisées (Photos 91 et 92), indiquant que l'activité actuelle est faible. La proximité des habitations présente un risque en cas de réactivation de ces coulées.

Conclusion de la troisième partie

Le risque lié aux avalanches et aux *debris flows*, une situation inquiétante mal comprise

Qu'il s'agisse du risque lié aux avalanches ou aux coulées de débris, le risque naturel est présent sur chacun des sites étudiés. Cependant, le risque n'est pas toujours bien compris ni par les populations, ni par les autorités locales, car ce risque a été récemment accentué, voire créé, en implantant les habitations dans des zones qui appartenaient jusque là à la dynamique de versant. Ceci est bien sûr dû à l'exiguïté de l'espace disponible pour les activités humaines, dans un contexte de croissance démographique : de 1880 à 1990 (H. Grímsdóttir, 1999), la population d'Ísafjörður a été multipliée par six, passant de 600 à 3500 habitants, les fermes rurales isolées étant peu à peu abandonnées et la population se regroupant dans les quelques villages et villes du littorale des fjords de l'ouest.

Nous observons par ailleurs une variation de la perception du risque selon les dynamiques de versant concernées. En effet, les habitants d'Ísafjörður craignent plus les avalanches (fig. 99) que les *debris flows* (fig. 107). Pourtant, le nombre de coulées ayant affecté la ville, en particulier situées sous le replat Gleiðarhjalli, est grand, et des maisons sont directement menacées, alors que les avalanches n'affectent pas la zone de forte densité de population. Seulement les avalanches sont plus fréquentes car elles se produisent régulièrement chaque année, causent des dégâts plus impressionnants et plus coûteux, (maisons d'habitations totalement détruites, équipements de ski endommagés, voitures emportées) et surtout ont fait de très - trop - nombreuses victimes. Ceci explique que des structures de protection aient été envisagées et même construites pour faire face au risque avalancheux, alors que le caractère plus épisodique et moins dévastateur des coulées de *debris flows* tarde à être pris en considération. De même, la meilleure perception du risque avalancheux par rapport au risque lié aux *debris flows* apparaît dans la présence d'observateurs locaux qui savent reconnaître les situations météorologiques dangereuses, susceptibles de déclencher des avalanches, mais qui ne savent pas reconnaître les situations menant à une probable formation de *debris flows*. Cependant, des efforts de protection ont été entrepris, en particulier à Ísafjörður, après les coulées de débris de juin 1999, mais ceux-ci sont ponctuels et insuffisants (le dispositif mis en place ne protège guère que la zone située à l'aval d'une seule coulée, alors que plus de 20 ont été recensées). La ville est pourtant en première ligne, la quantité de débris présente sur le replat Gleiðarhjalli constituant une véritable « bombe à retardement » qui menace de causer des dégâts majeurs à l'aval si aucune mesure n'est rapidement prise. Or, en Islande du nord-ouest, les avalanches et les *debris flows* sont « des phénomènes strictement naturels, face à quoi la société n'a pas d'action possible quant aux processus, mais peut tenter de prévoir, en terme d'aménagement, la meilleure façon de ne pas s'exposer » (Y. Veyret, 1997). L'approche géomorphologique, en appréhendant en évidence le fonctionnement du milieu naturel, constitue donc un outil d'aide à la compréhension des risques naturels, et peut devenir un outil d'aide à la prise de décision sur des sites où le risque est présent mais mal perçu. Toutefois, si la population ne juge pas le risque lié aux avalanches ou aux *debris flows* préoccupants, 95 % des habitants interrogés ont répondu à notre question portant sur les moyens de protection envisageables face à ces dynamiques (tableau 38). Les murs de protection et fossés ont la faveur de la population, ainsi que les évacuations temporaires : les habitants ne sont pas disposés à abandonner leur lieu de vie pour s'établir ailleurs.

Tableau 38 - Les moyens de protection contre les avalanches et les *debris flows* ayant la faveur de la population d'Ísafjörður interrogée en août 1999

Moyens de protection contre les avalanches	Moyens de protection contre les *debris flows*
Edifier un mur (30 %)	Creuser un fossé (21 %)
Evacuer les habitations selon les conditions météorologiques (26 %)	
Bâtir hors de portée des processus de versant (9 %)	
Construire les maisons en sous-sol (2 %)	
Quitter la ville définitivement (2 %)	

Conclusion générale

Les avalanches et les *debris flows*, malgré une efficacité géomorphologique mitigée, constituent une sérieuse menace

« Perçu ou non, le risque est une réalité qui affecte un espace, ses aménagements et le groupe social, selon une échelle d'intensité, ou de gravité potentielle et une fréquence variables. »

Yvette VEYRET (1997, p. 275)

Quelle est l'efficacité géomorphologique des avalanches et des coulées de débris en Islande du nord-ouest ? Quel est leur impact sur les populations locales ? C'est sur ces questions que nous ouvrions notre réflexion.

Au terme de celle-ci, il nous faut dresser un bilan, qui fasse apparaître à la fois les principaux apports de notre travail, les problèmes que nous n'avons pu résoudre, enfin les pistes à suivre lors de prochaines recherches.

1. - Les principaux apports

La recherche sur l'efficacité géomorphologique des avalanches et des *debris flows* combinée à celle des risques naturels liés à ces dynamiques de versant est novatrice en Islande du nord-ouest comme dans le reste du pays. Auparavant, seuls les événements avalancheux ou à coulée de débris étaient recensés, non pour caractériser et quantifier la dynamique de versant, mais parce que ceux-ci avaient endommagé des clôtures, le couvert des pâtures ou, plus rarement et seulement récemment, touché des habitations.

1.1. - L'efficacité géomorphologique des avalanches et des *debris flows*

Nous avons pu montrer que le contexte morphoclimatique des fjords de l'ouest était propice aux dynamiques avalancheuses, car les chutes de neige y sont abondantes, le système de pente très vigoureux. Les sommets plans balayés par des vents puissants favorisent les accumulations neigeuses à l'amont des versants sous le vent, dans les zones de départ des avalanches, et les instabilités météorologiques favorisent celle du manteau neigeux au cours de l'hiver. Cependant, hormis les avalanches de *slush*, dont les conditions de déclenchement sont bien particulières, les avalanches se déclenchant sur les versants islandais ne les affectent pas directement (fig. 110). En effet, lorsque les dépôts avalancheux ont fondu, il est rare de reconnaître l'activité avalancheuse à la surface du versant où seuls les blocs épars et les blocs perchés trahissent cette activité hivernale durant laquelle le manteau neigeux protège la surface du versant. Par contre, les avalanches de *slush* érodent les couloirs dans lesquels elles prennent naissance et la zone de transit sur laquelle elles s'écoulent, étant finalement responsables d'un transfert de matériel important, qui reste visible sur les cônes qu'elles construisent au fil des siècles. Les avalanches se déclenchant très tôt dans la saison, alors que les basses pentes ne portent pas encore une grande épaisseur de neige, créent quant à elles des traces d'érosion caractéristiques, formées par l'impact des blocs transportés par la coulée sur le sol. De même, les langues avalancheuses à blocs frais sont très rares en Islande du nord-ouest, alors que celles qui sont entièrement végétalisées sont répandues.

Nous observons alors une efficacité géomorphologique des avalanches à deux vitesses : l'impact actuel des avalanches sur le façonnement des versants est très faible, alors que des signes visibles dans le paysage des fjords témoignent d'une activité ancienne, pouvant remonter à plusieurs millénaires. Il s'agit de la contribution des dépôts avalancheux à l'édification progressive des cônes de débris au débouché des principaux couloirs, et des langues avalancheuses à blocs.

En l'absence de preuves physiques démontrant l'activité avalancheuse sur le long terme, la fréquence des avalanches est difficile à estimer. Toutefois, l'existence d'Annales historiques, qui enregistrent en priorité les avalanches dont la distance de parcours est longue, nous informe sur la fréquence des avalanches exceptionnelles, qui est de l'ordre de 150 ans. Plus la distance de parcours des avalanches diminue, plus la fréquence des avalanches augmente. Pourtant, la dynamique avalancheuse est active chaque année, et cette activité n'est pas démontrée par un impact géomorphologique flagrant.

En ce qui concerne l'activité des *debris flows*, nous avons mis en avant le contexte morphoclimatique des fjords de l'ouest islandais, qui est également propice à leur déclenchement, grâce à la combinaison de trois facteurs : des valeurs de pente fortes, la présence de matériel mobilisable hérité de périodes froides du Quaternaire ou de la gélifraction actuelle, et des conditions météorologiques très contrastées qui provoquent des précipitations de longue durée ou des averses intenses, ou sont propices à la fonte brutale du manteau neigeux.

Le déroulement des *debris flows* leur confère un fort impact géomorphologique, chaque événement créant des formes d'érosion et d'accumulation typiques, comparable en tous points à ce qui a déjà été étudié dans d'autres régions du monde, qu'il s'agisse des environnements alpins ou des hautes latitudes : chenaux d'incision à l'amont, levées parallèles au chenal à l'aval. L'anthropisation des basses pentes nous prive dans la plupart des cas des lobes terminaux des coulées, celles-ci étant captées à l'aval par des structures créées par l'homme, ou les lobes étant détruits.

L'approche naturaliste de la fréquence des *debris flows* a permis, notamment grâce à l'application de la lichénométrie, de compléter l'approche historique, qui ne retient que les épisodes majeurs. Cependant, les *debris flows* sont plus rares que les avalanches, l'activité des *debris flows* ne se déclenchant pas chaque année. En effet, les conditions météorologiques responsables du déclenchement des *debris flows* sont moins fréquemment réunies que celles qui permettent le départ d'une avalanche, car elles supposent la disponibilité du matériel mobilisable. C'est là la condition limitative de déclenchement des *debris flows* prenant naissance par l'effet « tuyau d'incendie ». Lorsque l'initiation du *debris flow* se fait par glissement, cela suppose des conditions de saturation du manteau de débris qui ne sont pas réunies en toutes circonstances. Nous avons ainsi montré que la corrélation entre les valeurs-seuil de précipitation et le déclenchement des *debris flows* n'est pas systématique en tous points d'une même zone source. La fréquence est donc très variable d'un *debris flow* à l'autre, et est d'autant plus grande que la masse de débris déplacée lors d'un événement est faible. Nous obtenons alors une fréquence minimum de deux à trois mois pour une coulée de moins de 100 m^3, de trois ans minimum pour une coulée de moins de 1500 m^3, et de 10 ans pour une coulée concernant plus de 1500 m^3 de débris.

Problématique

Les avalanches et les debris flows ont-ils un impact géomorphologique ?
Ces processus constituent-ils un risque naturel pour les populations locales ?

LES AVALANCHES   LES DEBRIS FLOWS

L'impact géomorphologique

Court terme : discret   Court terme : fort
Long terme : fort   Long terme : fort

Fréquence des processus

Fréquentes   Plus rares
Les conditions de déclenchement   Les conditions de déclenchement
sont réunies chaque année   ne sont pas réunies tous les ans

La fréquence diminue avec l'ampleur des avalanches

Extension maximale des processus

Atteint ou traverse les secteurs habités

Risques naturels

Fort   Fort
Le risque est avéré par les faits   Les habitations sont construites
Plusieurs habitations ont déjà été frappées   sur des zones anciennement occupées
par les avalanches   par les coulées de débris
Des accidents mortels ont eu lieu   Les accidents mortels sont rares, et les
en 1994 et 1995 (35 morts)   dommages matériels peu nombreux

Perception du risque

Forte   Faible
Impact des avalanches mortelles   L'absence de catastrophe
1995   ne favorise pas la prise de
conscience du risque

Conception et réalisation Armelle DECAULNE

Fig. 110 - Bilan des principaux apports de notre réflexion

Pourtant, les *debris flows* marquent profondément et durablement le paysage, comme le suggèrent les nombreuses traces visibles, végétalisées ou non, qui traduisent une efficacité géomorphologique actuelle autant que passée. D'ailleurs, la contribution des dépôts liés aux *debris flows* est attestée dans la construction des cônes de débris, ce qui atteste de l'activité des *debris flows* depuis plusieurs milliers d'années.

Du point de vue de l'efficacité géomorphologique, nous observons une dichotomie entre les activités liées aux avalanches et aux *debris flows*. Les avalanches sont fréquentes mais leur impact est très discret à la surface des versants. A l'inverse, les *debris flows* restent des processus épisodiques, mais leur impact géomorphologique est puissant, qu'ils soient déclenchés par les pluies ou par la fonte nivale, contrairement à ce qui a été largement développé dans la littérature.

1.2. - Les risques naturels liés aux avalanches et aux *debris flows*

L'étude des risques naturels est également innovante en Islande, même si des études ponctuelles ont été réalisées pour répondre à l'inquiétude des habitants.

Le risque avalancheux est effectif sur tout le littoral, où les pentes sont les plus fortes et où la population est regroupée en petites communautés. Plusieurs avalanches ont été recensées dans des secteurs aujourd'hui occupés par l'homme, et quelques épisodes avalancheux catastrophiques ont rappelé le caractère dangereux du phénomène.

La prise en compte du risque avalancheux date de 1995, et les réflexions ont été accélérées par les catastrophes provoquées par les avalanches de 1995 dans les villages de Súðavík et Flateyri. Depuis ces deux avalanches meurtrières, au cours desquelles 34 personnes ont été touchées, des réalisations ont été effectuées pour protéger la population. Les deux villages les plus durement touchés ont été protégés : l'un a été reconstruit dans un endroit sûr, l'autre est à l'abri derrière un déflecteur. De même, des protections ont été édifiées à l'amont de quelques bâtiments industriels déjà endommagés par une avalanche.

Cependant, dans l'ensemble, il faut reconnaître qu'une grande partie des habitations et industries de la région est encore exposée au risque avalancheux : c'est le cas à Holtahverfi, Ísafjörður (en particulier l'espace situé à l'ouest de Gleiðarhjalli), Hnífsdalur-Suður, Bíldudalur et Patreksfjörður, où des avalanches ont déjà frappé les habitations, sans causer autant de dommages ou de victimes qu'à Súðavík ou Flateyri. Les réactions sont toujours consécutives à la catastrophe, et les mesures de protection et de prévention ne sont pas encore effectives en Islande, même si des projets sont à l'étude (T. Jóhannesson et *al.*, 1995). Depuis Le début du XXIème siècle, les aménagements ont cependant sécurisé certains secteurs, en particulier à Bolungarvík, où un mur de protection a été érigé à l'amont des habitations, ainsi que dans la partie sud d'Ísafjörður, où un complexe de déflecteur sécurise les petits immeubles situés à l'aval.

La population craint les avalanches, en particulier dans les lieux où celles-ci ont tué. Mais les habitants n'ont pas conscience du risque là où des avalanches ont déjà été recensées, mais n'ont pas causé de dégâts, soit parce que la zone était déserte, soit parce que le hasard ait permis à l'avalanche de s'écouler entre les habitations.

L'analyse géomorphologique des versants d'Islande du nord-ouest a montré l'omniprésence des *debris flows*, dont certains sont frais, et la situation en zone dangereuse des habitations. Cependant, les autorités locales et la population locale méconnaissent le phénomène, comme l'ont montré l'expansion récente des villes malgré la présence de traces de *debris flows* atteignant la base du versant. La diffusion auprès de la population locale de documents tels que des cartes d'extension maximale des *debris flows* devrait permettre à la population de mieux prendre conscience du risque.

Comme dans les pays en voie de développement, le rapport avec le risque en Islande est plutôt passif. Mais contrairement à ce que R. d'Ercole (1994) notait à propos des habitants vivant à proximité du volcan Cotopaxi en Equateur, la population islandaise, de quelque classe sociale qu'elle soit, n'est pas prête à quitter Ísafjörður par exemple, bien que le danger induit par les avalanches ou les *debris flows* y soit très fort. Elle est au contraire d'accord avec la construction de structures de défense et de protection.

2. - Les problèmes en suspens et les recherches futures

2.1. - Les avalanches

S'il a été montré que l'efficacité géomorphologique des avalanches est actuellement discrète, elle n'est pas absente. Cependant, nous n'avons pu la mesurer suffisamment dans le cadre de cette étude. Ainsi, les apports annuels des versants lors des avalanches de printemps ou même d'hiver mériteraient d'être mieux quantifiés, de même que ceux provenant des avalanches de *slush*, qui n'ont pas été suffisamment mesurés car nous n'avons guère eu l'occasion de les observer directement. Un travail plus approfondi devrait donc être effectué dans ce domaine car nous avons remarqué en parcourant les versants que des amas de débris se trouvaient en des endroits dans lesquels ils étaient absents l'année précédente. Maintenant qu'une première approche a été effectuée, nous pouvons nous attacher à obtenir une meilleure mesure de l'érosion par les avalanches en multipliant les observations et les prélèvements sur les différents types d'avalanches au cours de l'ensemble de la saison hivernale.

Des données météorologiques plus abondantes sont également nécessaires pour mieux connaître les conditions de déclenchement des avalanches : les accumulations neigeuses sont le plus souvent bien connues à faible altitude, grâce aux stations présentes en ville ou dans les stations météorologiques, mais plus rarement à l'amont des sites avalancheux dangereux pour la population, où l'on est contraint de proposer des extrapolations. De même, le rôle du vent est souvent mal défini : l'on connaît fréquemment sa direction, plus rarement sa vitesse.

2.2. - Les debris flows

Ce sont sans aucun doute les conditions de déclenchement des *debris flows* qui mériteraient d'être plus développées et mieux documentées. En effet, une connaissance plus approfondie des totaux pluviométriques et des volumes de neige fondue responsables du déclenchement des *debris flows* est indispensable. Ceci suppose une instrumentation du versant (petite station météorologique automatique), en particulier du replat intermédiaire Gleiðarhjalli, situé à l'amont de la ville d'Ísafjörður, car il s'agit du versant qui connaît la plus grande fréquence de déclenchement des coulées de débris, et du site qui menace le plus la population locale.

Une meilleure connaissance de l'activité des *debris flows* dans l'ensemble de la région est également un objectif pour l'avenir, car il a été montré que de nombreux sites habités jouxtent des coulées de débris aujourd'hui végétalisées, mais dont la date du dernier fonctionnement est inconnue. Ceci nous oblige à développer notre recherche sur la vitesse de croissance du couvert végétal : nous avons obtenu des résultats intéressants par la méthode lichénométrique qui nous permettent de connaître l'activité des *debris flows* au cours du XXème siècle, mais ce recul est insuffisant. Il nous faut maintenant étudier le laps de temps nécessaire à la couverture totale des levées de *debris flows* telle que nous l'observons actuellement à l'amont de Holtahverfi ou Hnífsdalur-Súður par exemple, dans un environnement climatique subpolaire océanique et anthropisé, différent de celui des Alpes ou du haut-Arctique, où des études ont été effectuées.

BIBLIOGRAPHIE

ACKROYD P., 1986 - Debris transport by avalanche, Torlesse Range, New Zealand, *Zeitschrift für Geomorphologie*, 30, 1, pp. 1-14.

ACKROYD P., 1987 - Erosion by snow avalanche and implications for geomorphic stability, Torlesse Range, New Zealand, *Arctic and Alpine Research*, vol. 19, 1, pp. 65-70.

ADDISON K., 1987 - Debris flow during intense rainfall in Snowdonia, North Wales: a preliminary survey, *Earth Surface Processes and Landforms*, 12, pp. 561-566.

AGUERA J.-M., 1985 - *Les avalanches en haute Alémany (Pyrénées Orientales) - Réserves naturelles de Py et Mantet*, Association « les amis du centre de Géographie Physique H. Elhaï, Ed., Nanterre, 259 p.

ÁGUSTSSON K., 1987 - Snjóflóð á Íslandi veturna 1984/85 og 1985/86, *Jökull*, 37 ár, pp. 91-98.

ALEXANDER D., 1995 - *Natural Disasters*, University College London press, Londres, 632 p.

ALLISON R.J., 1994 - Slopes and slope processes, *Progress in Physical Geography*, 18-3, pp. 425-435.

ALLIX A., 1924 - Avalanches, *Geogr. Review*, 14, pp. 519-560.

ALLIX A., 1925 - Les avalanches, *Revue de Géographie Alpine*, 13, pp. 359-419.

ANCEY C. (coll.), 1996 - *Guide neige et avalanches : connaissances, pratiques, sécurité*, Edisud, Aix-en-Provence, 317 p.

ANCEY Ch. et **CHARLIER C.**, 1996 - Quelques réflexions autour d'une classification des avalanches, *Revue de Géographie Alpine*, 1, pp. 9-21.

ANDRÉ M.-F., 1985a - Lichénométrie et vitesse d'évolution des versants arctiques pendant l'Holocène (Région de la baie du Roi, Spitsberg, 79°N), *Revue de Géomorphologie Dynamique*, 34 (2), pp. 49-72.

ANDRÉ M.-F., 1985b - Types d'évolution et de dynamique des versants dans le socle nord-labradorien, *Inter-Nord*, 17, pp. 81-94.

ANDRÉ M.-F., 1988 - Vitesse d'accumulation des débris rocheux au pied des parois supraglaciaires du nord-ouest du Spitsberg, *Zeitschrift für Geomorphologie*, 32 (3), pp. 351-373.

ANDRÉ M.-F., 1990a - Geomorphic impact of spring avalanches in Northern Spitsbergen (79° N.), *Permafrost and Periglacial Processes*, vol. 1, pp. 97-110.

ANDRÉ M.-F., 1990b - L'interdisciplinarité, une nécessité vitale pour la géomorphologie arctique, In *Pour Jean Malaurie - 102 témoignages en hommage à 40 ans d'études arctiques*, Plon, Paris, pp. 189-197.

ANDRÉ M.-F., 1990c - Frequency of debris flows and slush avalanches in Spitsbergen: a tentative evaluation from lichenometry, *Polish Polar Research*, 11, 3-4, pp 345-363.

ANDRÉ M.-F., 1990d - Colonisation végétale et géodynamique des versants en milieu polaire océanique (Svalbard, 79° N.), *Inter-Nord*, 19, pp. 413-423.

ANDRÉ M.-F., 1991 - *Dynamique actuelle et évolution holocène des versants du Spitsberg (Kongsfjord-Wijdefjord, 79°N)*, Thèse de Doctorat d'Etat, Université de Paris I - Panthéon-Sorbonne, 653 p.

ANDRÉ M.-F., 1992a - Le recul fini-Holocène des parois métamorphiques du Spitsberg : une évolution à trois vitesses, *Bulletin de l'Association des Géographes Français*, 3, pp. 241-245.

ANDRÉ M.-F., 1992b - Rythmes d'évolution des versants arctiques et alpins, introduction et discussion, *Bulletin de l'Association des Géographes Français*, 3, pp. 227-228 et 289-292.

ANDRÉ M.-F., 1993 - *Les versants du Spitsberg, approche géographique des paysages polaires*, Presses Universitaires de Nancy, coll. Géographie et environnement, 361 p.

ANDRÉ M.-F., 1995 - Holocene climate fluctuations and geomorphic impact of extreme events in Svalbard, *Geografiska Annaler*, 77A, 4, pp. 241-250.

ANDRÉ M.-F., 1999 - La livrée périglaciaire des paysages polaires : l'arbre qui cache la forêt ? *Géomorphologie*, 3, pp. 231-252.

BAKKEHØI S., DOMAAS U. et **LIED K.**, 1983 - Calculation of snow avalanche runout distance, *Annals of Glaciology*, 4, pp. 24-29.

BALLANTYNE C.K., 1989 - Avalanche impact landforms on Ben Nevis, Scotland, *Scottish Geographical Journal*, 105, pp. 38-42.

BARRUE-PASTOR M. et **BARRUE M.**, 1998 - Mémoire des catastrophes, gestion du risque et architecture paysanne en montagne - l'exemple des vallées du Haut-Lavedan dans les Pyrénées centrales Françaises, *Revue de Géographie Alpine*, n° 2, pp. 25-36.

BARSCH D., GUDE M., MÄUSBACHER R., SCHUKRAFT G., SCHULTE A. et **STRAUCH D.**, 1993 - Slush stream phenomena - Process and geomorphic impact, *Zeitschrift für Geomorphologie* N.F., Suppl. Bd 92, pp. 39-53.

BEATY C.B., 1974 - Debris flows, alluvial fans, and a revitalized catastrophism, *Zeitschrift für Geomorphologie*, Suppl.-Bd. 21, pp. 39-51.

BECHT M., 1995 - Slope erosion processes in the Alps, in *Steepland geomorphology*, O. Slaymaker (ed.), chap. 4, pp. 45-61.

BECHT M., et **RIEGER D.**, 1997 - Debris flows on alpine slopes (eastern Alps), *Géomorphologie*, 1, pp. 33-42.

BERTI M., GENEVOIS R., SIMONI A. et **TECCA P.R.**, 1999 - Field observations of a debris flow event in the Dolomites, *Geomorphology*, 29, pp. 265-274.

BERTRAN P. et **TEXIER J.P.**, 1994 - Structures sédimentaires d'un cône de flots de débris (Vars, Alpes Françaises Méridionales), *Permafrost and Periglacial Processes*, 5, pp. 155-170.

BERTRAN P. et **JOMELLI V.**, 2000 - Discussion - post-glacial colluvium in western Norway: depositional processes, facies and palaeoclimatic record, *Sedimentology*, 47, pp. 1053-1068.

BESCHEL R.E., 1950 - Flechten als Altersmasstab rezenten Möranen, *Z. Gletscherkunde und Glazialgeol.*, 1, pp. 152-161.

BESSON L., 1996 - *Les risques naturels en montagne - traitement, prévention, surveillance*, Ed. Artès-Publialp, 438 p.

BIAYS P., 1983 - *L'Islande*, collection Que sais-je ?, Presses Universitaires de France, Paris, 128 p.

BICKERTON R.W. et **MATTHEWS J.A.**, 1992 - On the accuracy of lichenometric dates: an assessment based on the 'Little Ice Age' moraine sequence of Nigardsbreen, southern Norway, *The Holocene*, 2-3, pp. 227-237.

BJÖRNSSON H., 1980 - Avalanche activity in Iceland, climatic condition and terrain features, *Journal of Glaciology*, 26 (94), pp. 13-23.

BLAIR T.C., 1999 - Cause of dominance by sheetflood vs. debris flows processes on two adjoining alluvial fans, Death Valley, California, *Sedimentology*, 46, pp. 1015-1028.

BLIKRA L.H., 1994 - *Postglacial colluvium in Western Norway, sedimentology, geomorphology and paleoclimatic record*, Thèse de Doctorat, Département de Géologie et Sédimentologie, Université de Bergen, Norvège, 260 p.

BLIKRA L.H., HOLE P.A. et **PYE R.**, 1989 - *Hurtige massebevegeslser og avsetningstyper i alpine områder, Indre Nordfjord*, Norges Geologiske undersøkelse, 92, 17 p.

278

BLIKRA L.H., et **NEMEC W.**, 1998 - Postglacial colluvium in western Norway: depositional processes, facies and paleoclimatic record, *Sedimentology*, 45, pp. 909-959.

BLIKRA L.H., et **SELVIK S.F.**, 1998 - Climatic signals recorded in snow avalanche-dominated colluvium in western Norway: depositional facies successions and pollen records, *The Holocene*, 8, 6, pp. 631-658.

BLIKRA L.H., et **SÆMUNDSSON Þ.**, 1998 - The potential of sedimentology and stratigraphy in avalanche-hazard research, *Colloque du Geological Survey of Norway*, 5 p. (Communication personnelle de Þ. Sæmundsson, avril 98).

BODÉRÉ J.C., 1985 - La région côtière sud-est de l'Islande, Thèse de Doctorat d'Etat, Université de Bretagne Occidentale, Brest, 1827 p.

BOELHOUWERS J., **DUIKER J.M.C.** et van **DUFFELEN E.A.**, 2000 - Spatial, morphological and sedimentological aspects of recent debris flows in Du Toit's Kloof, western Cape, *South African Journal of Geology*, 101, 1, pp. 73-89.

BOELHOUWERS J., **HOLNESS S.** et **SUMNER P.**, 2000 - Geomorphological characteristics of small debris flows on Junior's Kop, Marion Island, maritime subantarctic, *Earth Surface Processes and Landforms*, 25, pp. 341-352.

BOMER B., 1994 - Le paysage, vu par les géographes... et par les autres, *Bulletin de l'Association des Géographes Français*, 1, pp. 3-9.

BROSCOE A.J. et **THOMSON S.**, 1969 - Observations on an alpine mudflow, Steele Creek, Yukon, *Canadian Journal of Earth Sciences*, 6, pp. 219-228.

BROSSARD T., 1978 - Principales données géologiques, géomorphologiques et botaniques utiles à l'étude des paysages du Svalbard, *Inter-Nord*, 15, pp. 289-294.

BULL W.B., **SCHLYTER P.** et **BROGGAARD S.**, 1995 - Lichenometric analysis of the Kärkerieppe sluh-avalanche fan, Kärkevagge, Sweden, *Geografiska Annaler*, 77A-4, pp. 231-240.

BRUNSDEN D., 1979 - Mass movements, *In* Embleton C. et Thornes J. (eds.) *Process in Geomorphology*, London, Edward Arnold, pp. 130-186.

BRUNSDEN D. et **PRIOR D.**, 1984 - *Slope instability*. Wiley - interscience publication, 620 p.

BRYAN K., 1934 - Geomorphic Processes at High Altitude. *Geographic Review*, pp. 655-656.

CAINE N., 1969 - A model for alpine talus slope development by slush avalanching, *Journal of Glaciology*, 77, pp. 92-100.

CAINE N., 1980 - The rainfall intensity-duration control of shallow landslides and debris flows. *Geografiska Annaler*, 62A, 1-2, pp. 23-27.

CALKIN P.E. et **ELLIS J.M.**, 1984 - Development and application of a lichenometric dating curve, Brooks Range, Alaska. *In* W.C. Mahaney (ed): *Quaternary dating methods*, Elsevier, Amsterdam, pp. 227-246.

CANNON S.H., 1988 - Regional rainfall-threshold conditions for abundant debris flow activity, *In* S.D. Ellen and G. Wieczorek (eds) *Landslides, Flood and Marine Effects of the Storm of January 3-5, 1982, in the San Francisco Bay Region, California*, U.S. Geological Survey professional Paper 1434, pp. 35-42.

CANNON S.H., 1998 - Fire-related hyperconcentrated and debris flows on Storm King Mountain, Glenwood Springs, Colorado, USA, *Environmental Geology* 35 (2-3), pp. 210-218.

CANNON S.H., 2000 - Debris-flow response of southern California watersheds burned by wildfire, *In* S.D. Ellen and G. Wieczorek (eds) *Landslides, Flood and Marine Effects of the Storm of January 3-5, 1982, in the San Francisco Bay Region, California*, U.S. Geological Survey professional Paper 1434, pp. 45-52.

CANNON S.H. et **ELLEN S.D.**, 1985 - Rainfall conditions for abundant debris avalanches, San Francisco Bay Region, California, *California Geology* vol. 38, n° 12, pp. 267-272.

CANNON S.H. et ELLEN S.,1988 - Rainfall that resulted in abundant debris flow activity during the storm, *In* S.D. Ellen and G. Wieczorek (eds) *Landslides, Flood and Marine Effects of the Storm of January 3-5, 1982, in the San Francisco Bay Region, California*, U.S. Geological Survey professional Paper 1434, pp. 27-33.

CANNON S.H. et RENEAU S.L., 2000 - Conditions for generation of fire-related debris-flows, Capulin Canyon, New Mexico, Earth Surface Processes and Landforms, 25, pp. 1103-1121.

CANNON S.H., KIRKHAM R.M. et PARISE M., 2001 - Wildfire-related debris-flow initiation processes, Storm King Mountain, Colorado, *Geomorphology* 39, pp. 171-188.

CASELDINE C., 1983 - Resurvey of the margins of Gljúfurárjökull and the chronology of recent deglaciation, Jökull, 33, pp. 111-118.

CASELDINE C., 1991 - Lichenometric dating, lichen population studies and Holocene glacial history in Tröllaskagi, northern Iceland, *In* J.K. Maizels et C. Caseldine (eds.), *Environmental changes in Iceland : Past and Present*, Kluwer Academic Publishers, 332 p., pp. 219-233.

CASTELLE T. et CLAPPIER A., 1991 - Transport de la neige par le vent en montagne - mesure sur site et en laboratoire, première modélisation, *La Houille Blanche*, 5, pp. 379-386.

CHARDON M., 1987 - Informations sur les catastrophes naturelles en Lombardie (Valteliline, Bergamasque) pendant l'été 1987, Revue de Géographie Alpine, LXXV, pp. 361-364.

CHARDON M., 1990 - Quelques réflexions sur les catastrophes naturelles en montagne. *Revue de Géographie Alpine*, t. LXXVIII, 1, 2, 3, pp. 193-213.

CHOQUET A., 1996 - *Study of avalanche dynamics with the aim of mapping risk areas, training in the construction of models of natural phenomena.* Veðurstofa Íslands, Reykjavík, 12 p.

CHOQUET A., KEYLOCK C. et MAGNÚSSON M.M., 1997 - *Final report of work performed at the Icelandic Meteorological Office under European Union 3rd Framework Program Human Capital and Mobility*, Veðurstofa Íslands, Reykjavík, 21 p.

CLAGUE J.J., EVANS S.G. et BLOWN I.G., 1985 - A debris flow triggered by the breaching of a moraine-dammed lake, Klattarine Creek, British Columbia, *Canadian Journal of Earth Sciences*, 22, pp. 1492-1502.

CLARK M.J. et SEPPÄLÄ M., 1988 - Slushflows in a subarctic environment, Kilpisjärvi, finnish Lapland, *Arctic and Alpine Research*, vol. 20, 1, pp. 97-105.

CLOTET-PERARNAU N., GARCÍA-RUÍZ J.M. et GALLART F., 1989 - High magnitude geomorphic work in the Pyrenees Range: unusual rainfall event, November 1982, *Studia Geomorphologica Carpatho-Balcanica*, vol. XXIII, pp. 69-92.

CONWAY H. et RAYMOND C.F., 1993 - Snow stability during rain, *Journal of Glaciology*, 39-133, pp. 635-642.

COQUE R., 1988 - *Géomorphologie*, Armand Colin, chap. 9, pp. 184-192.

CORNER G.D., 1980 - Avalanche impact landforms in Troms, North Norway, *Geografiska Annaler*, 62A (1-2), pp. 1-10.

COSTA J.E., 1984 - Physical geomorphology of debris flows, in *Developments and applications of geomorphology*, J.E. Costa and P.J. Fleisher (eds.), chap. 9, pp. 268-317.

DECAULNE A., 1997 - *Géomorphologie et risques naturels en Péninsule du Nord-Ouest, Islande*, Mémoire de D.E.A., Département de Géographie, Université Paris X, 84 p.

DECAULNE A., 1998 - *Dynamique des versants et risques naturels en Islande du nord-ouest*, rapport de mission 98, CNRS - UMR 6042, non publié, 64 p.

DECAULNE A., 1999 - Les avalanches en Islande du nord-ouest, modalités de déclenchement et impact géomorphologique, *Environnements Périglaciaires*, 6, pp. 77-89

DECAULNE A., 2000 - Etude d'un épisode à *debris flows* en Islande du nord-ouest, *Environnements Périglaciaires*, 7, pp. 53-63.

DECAULNE A., 2001a - Les *debris flows* : un processus de versant azonal ? *Environnements Périglaciaires*, 8, p. 44-65.

DECAULNE A., 2001b - Mémoire collective et perception du risque lié aux avalanches et aux *debris flows* ; l'exemple du site d'Ísafjörður (Islande nord-occidentale), *Revue de Géographie Alpine*, 3, pp. 63-80.

DECAULNE A., 2002 - *Debris flows* et risques naturels en Islande du nord-ouest, *Géomorphologie*, 2, pp. 151-164.

DECAULNE A., 2003 - Réalité et perception des risques naturels liés à la dynamique des versants dans les fjords d'Islande du nord-ouest. *Bulletin de l'Association des Géographes Français*, 4, pp. 94-400.

DECAULNE A., 2005a - L'apport des données géomorphologiques et historiques à l'analyse diachronique du couple aléa-vulnérabilité dû aux avalanches et aux coulées de débris dans les fjords d'Islande nord-occidentale. *Norois*, 1, pp. 59-72

DECAULNE A., 2005b - Slope processes and related risk appearance within the Icelandic Westfjords during the twentieth century. *Natural Hazards and Earth Science Systems*, 3-4, pp. 309-318.

DECAULNE A., SÆMUNDSSON Th. et **PÉTURSSON O.**, 2005 - Debris flows triggered by rapid snowmelt in the Gleiðarhjalli area, northwestern Iceland. *Geografiska Annaler*, 87A (4), pp. 487-500.

DERRUAU M., 1988 - *Précis de géomorphologie*, Masson, Paris, 7ème éd., 534 p.

DUMAS B., 1996 - Compte-rendu de l'ouvrage de A.J. Parsons et A.D. Abrahams, Overland flow: hydraulics and erosion mechanics, 1992, *in Géomorphologie : Relief, Processus, Environnements*, 1, pp. 85-89.

EGILSSON J.G. et **KNUDSEN Ó.**, 1989 -. *Snjóflóð á Ísafirði og í Hnífsdal*, Veðurstofa Íslands, Reykjavík, 43 p.

EGILSSON J.G., 1990 - *Snjóflóð á Patreksfirði*, Veðurstofa Íslands, 35 p.

EGILSSON J.G., 1995 - Snjóflóð á Súðavík, aðbragandi og orsök, *Landssamband fréttarit*, 1, pp. 17-19.

EGILSSON J.G., 1995 - Snjóflóðavarnir á Flateyri, *Landssamband fréttarit*, 5, pp. 16-19.

EGILSSON J.G., 1995 - Snjóflóð á Flateyri, aðbragandi og orsök, *Landssamband fréttarit*, 5, pp. 20-21.

EGILSSON J.G., 1995 - *Snjóflóð á Flateyri*, Veðurstofa Íslands, 35 p.

EGILSSON J.G., 1995 - *Flateyri við Önundarfjörð snjóflóðaannáll : 1936-1995*, Veðurstofa Íslands, Reykjavík, 27 p.

EINARSSON M.Á., 1991 - Temperature in Iceland 1901-1990, *Jökull*, 41, pp. 1-20.

EINARSSON M.Á., 1993 - Temperature conditions in Iceland and the eastern North Atlantic region, based on observations 1901-1990, *Jökull*, 43, pp. 1-13.

EINARSSON Þ., 1994 - *Geology of Iceland, rocks and landscapes*, Mál og Menning, Reykjavík, 309 p.

ELDER K. et **KATTELMANN R.**, 1993 - A low-angle slushflow in the Kirgiz Range, Kirghizstan, *Permafrost and Periglacial Processes*, 4, pp. 301-310.

ELLEN S.D., CANNON S.H. et **RENEAU S.L.**, 1988 - Distribution of debris flows in Marin County, *In* S.D. Ellen and G. Wieczorek (eds) *Landslides, Flood and Marine Effects of the Storm of January 3-5, 1982, in the San Francisco Bay Region, California*, U.S. Geological Survey professional Paper 1434, pp. 113-131.

ERCOLE (d') R., 1994 - Mesurer le risque, le volcan Cotopaxi et les populations proches, *In* Enseigner les risques naturels, Pour une géographie physique revisitée. Cham's, Reclus, Anthropos, 213 p., pp. 111-151.

ESTIENNE P. et **GODARD A.**, 1992 - *Climatologie*, Armand Colin, coll. U, Paris, 370 p.

EYÞÓRSDÓTTIR K.G., 1985 - Snjóflóð á Íslandi veturinn 1983-1984, *Jökull*, 35 ár, pp. 121-126.

FANTHOU T. et **KAISER B.**, 1990 - Evaluation des risques naturels dans les hautes-Alpes et la Savoie - Le recours aux documents d'archives et aux enquêtes, *Bulletin de l'Association des Géographes Français*, 4, pp. 323-341.

FAUGERES L., 1990 - Géographie physique et risques naturels, *Bulletin de l'Association des Géographes Français*, 2, pp. 89-98.

FERGUSSON R.I., 1999 - Snowmelt runoff models, *Progress in Physical Geography*, 23, 2, pp. 205-227.

FITZHARRIS B. et **OWENS I.**, 1984 - Avalanche tarns, *Journal of Glaciology*, 30, 106, pp. 308-312.

FÖHN P.M.B., 1980 - Snow transport over mountain crests, *Journal of Glaciology*, 26, 94, pp. 469-480.

FORT M., 1992 - Dynamique catastrophique des grands versants des montagnes centre-asiatiques, *Bulletin de l'Association des Géographes Français*, 3, pp. 260-264.

FRANCOU B., 1988 - Processus en inter-action sur les talus d'éboulis de l'étage périglaciaire. Exemples pris dans les Alpes du Briançonnais et dans les Andes centrales du Pérou, *Colloque AGF « éboulis et environnement géographique passé et actuel »*, Paris, 1983, pp. 143-152.

FRANCOU B., 1988 - *L'éboulisation en haute montagne - Andes et Alpes (Six contributions à l'étude du système corniche-éboulis en milieu périglaciaire)*, Thèse d'Etat, Université Paris VII, 696 p.

FRANCOU B. et **HETU B.**, 1989 - Eboulis et autres formations de pente hétérométriques. Contribution à une terminologie géomorphologique, *Notes et comptes-rendus du groupe de travail « Régionalisation du périglaciaire »*, fasc. XIV, pp. 11-69.

FROEHLICH W., **GIL E.**, **KASZA I.** et **STARKEL L.**, 1989 - Treshold in the transformation of slopes and river channels in the Darjeeling Himalaya, *Studia Geomorphologica Carpatho-Balcanica*, vol. XXIII, pp. 105-122.

FURDADA G., **MARTINEZ P.**, **OLLER P.** et **VILAPLANA J.M.**, 1999 - Slushflows at El Port del Comte, northeast Spain, *Journal of Glaciology*, 45 (151), pp. 555-558.

GARDNER J. S., 1970 - Geomorphic significance of avalanches in the Lake Louise area, Alberta, Canada, *Arctic and Alpine Research*, vol. 2, 2, pp. 135 - 144.

GARDNER J. S., 1979 - The movement of material on debris slopes in the Canadian Rocky Mountains, *Zeitschrift für Geomorphologie*, 23, 1, pp. 45-57.

GARDNER J. S., 1983a - Rockfall frequency and distribution in the Highwood Pass area, Canadian Rocky Mountains, *Zeitschrift für Geomorphologie*, 27-3, pp. 311-324.

GARDNER J. S., 1983b - Observations of erosion by wet snow avalanches, Mount Rae, Alberta, Canada, *Arctic and Alpine Research*, vol. 15, 2, pp. 271-274.

GARDNER J.S., 1983c - Accretion rates on some debris slopes in the Mt. Rae area, Canadian Rochy Mountains, *Earth Surface Processes and Landforms*, 8, pp. 347-355.

GARDNER J.S., 1989 - High magnitude geomorphic events in the Canadian Rocky Mountains, *Studia Geomorphologica Carpatho-Balcanica*, vol. XXIII, pp. 39-52.

GODARD A., 1990 - La place des risques naturels dans la recherche en géographie physique. L'exemple du laboratoire 141 CNRS de Meudon, *Bulletin de l'Association des Géographes Français*, 2, 99-111.

GODARD A., 1990 - L'Arctique, milieu figé ou milieu d'évolution rapide ? Quelques réflexions à propos de la dynamique géomorphologique dans les Hautes Latitudes, *In Pour Jean Malaurie*, Plon, Paris, pp. 157-175.

GODARD A., 1992 - Rythmes d'évolution géomorphologique dans les hautes latitudes et niveaux d'échelle spatio-temporelle, *Bulletin de l'Association des Géographes Français*, 3, pp. 230-235.

GODARD, A. et **ANDRE M.F.**, 1999 - *Les milieux polaires*, Armand Colin, 354 p.

GORDON J.E. et **SHARP M.**, 1983 - Lichenometry in dating recent glacial landforms and deposits, southeast Iceland, *Boreas*, vol. 12, pp. 191-200.

GRÍMSDÓTTIR H., 1999 - Byggingarár húsa á Ísafirði, Veðurstofa Íslands, VÍ-G99014-ÚR08, 36 p.

GUDE M. et **SCHERER D.**, 1995 - Snowmelt and slush torrents - preliminary report from a field campaign in Kärkevaggen, Swedish Lapland, *Geografiska Annaler*, 77A, 4, pp. 199-206.

GUDE M. et **SCHERER D.**, 1998 - Snowmelt and slushflows: hydrological and hazard implications, *Annals of Glaciology*, 26, pp. 381-384.

GUÐJÓNSSON S.R., 1976 - *Avalanche studies - conditions in Iceland*, Diploma in Polar Studies, Cambridge, 97 p.

GUÐJÓNSSON S.R., 1977 - A note on avalanches in Iceland, *Polar Records*, 5, pp. 508-512.

GUÐMUNDSSON A.T., 1997 - A lively neighbour - occasionally bad tempered, *Atlantica*, 2, pp. 16-22.

GUYOMARC'H G. et **MERINDOL L.**, 1991 - Etude des conditions de transportabilité de la neige sur un site de haute montagne, *La Houille Blanche*, 5, pp. 387-391.

HAEBERLI W., **RICKENMANN D.** et **ZIMMERMANN M.**, 1990 - Investigation of 1987 debris flows in the Swiss Alps: general concept and geophysical soundings, IAHS publication 194, pp. 303-310.

HAMILTON S.J. et **WHALLEY W.B.**, 1995 - Preliminary results from the lichenometric study of the Nautárdalur rock glacier, Tröllaskagi, northern Iceland, *Geomorphology*, 12, pp. 123-132.

HARALDSDÓTTIR S.H., 1998a - *Snóflóð úr Skollahvilft - Snóflóðahrinan í október 1995*, Veðurstofa Íslands, VÍ-R98003-ÚR01, Reykjavík, 56 p.

HARALDSDÓTTIR S.H., 1998b - *The avalanche at Flateyri, Iceland, October 26th 1995 and the avalanche history*, NGU-Conference, 6 p. (Communication personnelle).

HARALDSDÓTTIR S.H., 1999 - *Snjóflóð veturinn 1995-1996*, Veðurstofa Íslands, VÍ-G99011-ÚR06, Reykjavík, 19 p.

HARRIS S.A. et **GUSTAFSON C.A.**, 1993 - Debris flow characteristics in an area of continuous permafrost, St. Elias Range, Yukon Territory, *Zeitschrift für Geomorphologie*, 37 (1), pp. 41-56.

HARRIS S.A. et **McDERMID G.**, 1998 - Frequency of debris flows on the Sheep Mountain fan, Kluane Lake, Yukon Territory, *Zeitschrift für Geomorphologie*, 42 (2), pp. 159-175.

HESTNES E., 1985 - A contribution to the prediction of slush avalanches, *Annals of Glaciology*, 6, pp. 1-4.

HESTNES E., 1998 - Slushflow hazards - where, why and when? 25 years of experience with slushflow consulting and research, *Annals of Glaciology*, 26, pp. 370-376.

HETU B., 1990 - Evolution récente d'un talus d'éboulis en milieu forestier, Gaspésie, Québec, *Géographie Physique et Quaternaire*, 44 (2), pp. 199-215.

HOOKE R., 1967 - Processes on arid-region alluvial fans, *Journal of Geology*, 75, pp. 438-460.

HUBER T.P., 1982 - The geomorphology of subalpine snow avalanche runout zones: San Juan Mountains, Colorado, *Earth Surface Processes and Landforms*, 7, pp. 109-116.

Íslands Handbókin, náttúra, saga og serkenni. 1989 - Örn og Örlyggur, Reykjavík, 2 t., 1030 p.

INNES J.L., 1982 - Lichenometric use of an aggregated Rhizocarpon 'species', *Boreas*, vol. 11, pp. 53-57.

INNES J.L., 1983a - Debris flows, *Progress in Physical Geography*, 7-4, pp. 469-501.

INNES J.L., 1983b - Lichenometric dating of debris-flow deposits in the Scottish Highlands, *Earth Surfaces Processes and Landforms*, vol. 8, pp. 579-588

INNES J.L., 1983c - Use of an aggregated Rhizocarpon 'species' in lichenometry: an evaluation, *Boreas*, vol. 12, pp 183-190.

INNES J.L., 1983d - Size frequency distributions as a lichenometric technique: an assessment, *Arctic and Alpine Research*, vol. 15, n° 3, pp. 285-294.

INNES J.L., 1984a - Lichenometric dating of moraine ridges in Northern Norway: some problems of application, *Geografiska Annaler*, 66 A, 4, pp. 341-352.

INNES J.L., 1984b - The optimal sample size in lichenometric studies, *Arctic and alpine Research*, vol. 16, n° 2, pp. 233-244.

INNES J.L., 1985a - Magnitude-frequency relations of debris-flows in northwest Europe, *Geografiska Annaler*, 67A, (1-2), pp. 23-32.

INNES J.L., 1985b - Lichenometry, *Progess in Physical Geography*, 9-2, pp. 187-254.

INNES J.L., 1985c - A standard Rhizocarpon nomenclature for lichenomety, *Boreas*, vol. 14, pp. 83-85.

INNES J.L., 1985d - An examination of some factors affecting the largest lichens on a substrate, *Arctic and Alpine Research*, vol. 17, n° 1, pp. 99-106.

INNES J.L., 1985e - Moisture availability and lichen growth: the effects of snow and streams on lichenometric measurments, *Arctic and Alpine Research*, vol. 17, n° 4, pp. 417-424.

INNES J.L., 1985f - Lichenometric dating of debris-flows deposits on alpine colluvial fans in southwest Norway, *Earth Surface Processes and Landforms*, vol. 10, pp. 519-524.

INNES J.L., 1986 - The use of percentage cover measurements in lichenometric dating, *Arctic and Alpine Research*, vol. 18, n° 2, pp. 204-216.

INNES J.L., 1989 - Rapid mass movements in Upland Britain: a review with particular reference to debris flows, *Studia Geomorphologica Carpatho-Balcanica*, 23, pp. 53-67.

IVERONOVA M.I., 1964 - Stationary of recent denudation processes on the slopes of the R. Tchon-Kizilsu Bazin, Tersky Alatau ridge, Tien-Shan, *Zeitschrift für Geomorphologie*, Suppl. Bd. 5, 206-212.

IVERSON R.M., 1997 - The physics of debris flows, *Reviews of Geophysics*, 35-3, pp. 245-296.

JAHN A., 1960 - Some remarks on evolution of slopes on Spitsbergen, *Zeitschrift für Geomorphologie*, Suppl. Bd. 1, pp. 49-58.

JAHN A., 1961 - Quantitative analysis of some periglacial processes in Spitsbergen, *Zeszyty Nankowe*, ser. B, 5, pp. 3-55.

JAHN A., 1967 - Some features of mass movement on Spitsbergen slopes, *Geografiska Annaler*, 49A, (2-4), pp. 213-225.

JAHN A., 1976 - Contemporaneous geomorphological processes in Longyeardalen, Vest-Spitsbergen (Svalbard), *Biuletyn Peryglacjalny*, 26, pp. 253-268.

JAKSCH K., 1970 - Beobachtungen in den Gletschervorfeldern des Sólheima- und Síðujökull im Sommer 1970, Jökull, 20, pp. 45-48.

JAKSCH K., 1975 - Das Gletschervorfeld des Sólheimajökull, Jökull, 25, pp. 34-38.

JAKSCH K., 1984 - Das Gletschervorfeld des Vatnajökull am Oberlauf der Djúpa, Südisland, Jökull, 34, pp. 97-103.

JÓHANNESSON T. et **JÓNSSON T.**, 1996 - *Weather in Vestfirðir before and during several avalanche cycles in the period 1949 to 1995*. Veðurstofa Íslands, VÍ-R960015-ÚR15, Reykjavík, 8 p.

JÓHANNESSON T., LIED K., MARGRETH S. et **SANDERSEN, F.**, 1996 - *An overview of the need for avalanche protection measures in Iceland*, Veðurstofa Íslands, VÍ-R96003-ÚR02, Reykjavík, 91 p.

JÓHANNESSON T., 1998 - *Return period for avalanches on Flateyri*, Veðurstofa Íslands, Reykjavík, 12 p.

JÓHANNESSON T., PÉTURSSON O., EGILSSON J.G. et TÓMASSON G.G., 1999 - Snjóflóðið á Flateyri 21 febrúar 1999 og áhrif varnargarða ofan byggðarinnar, *Náttúrufræðingurinn* 69 (1), pp. 3-10

JÓHANNESSON Þ., JÓNSSON Á. et MAGNÚSSON M., 1995 - *Snjóflóðahættumat fyrir Súðavík*, Rapport H.N.I.T., Reykjavík, 13 p.

JOHNSON A.M. et RAHN P.H., 1970 - Mobilization of debris flows, *Zeitschrit für Geomorphologie*, Suppl.Bd. 9, pp. 168-186.

JOHNSON A. et RODINE J.R., 1984 - Debris flows, *In* Brunsden D. et Prior D.B. (eds.), *Slope instability*, John Whiley and sons, 620 p., pp. 257-361.

JOMELLI V., 1997 - *Géodynamique des dépôts d'avalanches : analyses morphométriques et sédimentologiques*, Thèse de Doctorat, Université Denis Diderot, Paris VII, 252 p.

JOMELLI V., 1999a - Les effets de la fonte sur la sédimentation de dépôts d'avalanche de neige chargée dans le massif des Écrins (Alpes françaises*), Géomorphologie*, 1, pp. 39-58.

JOMELLI V., 1999b - Dépôts d'avalanches dans les Alpes françaises : géométrie, sédimentologie et géodynamique depuis le Petit Age Glaciaire, *Géographie Physique et Quaternaire*, 53-2, pp. 199-209.

JOMELLI V., 2000 - La Combe de Laurichard : le Kärkevagge des Alpes françaises ou 20 ans de mesures géomorphologiques, *Environnements Périglaciaires*, pp. 41-46.

JOMELLI V. et FRANCOU B., 2000 - Comparing the characteristics of rockfall talus and snow avalanche landforms in an Alpine environment using a new methodological approach: Massif des Ecrins, French Alps, *Geomorphology*, 35, pp. 181-192.

JONASSON C., 1988 - Slope processes in periglacial environments of northern Scandinavia, *Geografiska Annaler*, 70 A (3), pp. 247-253.

JONASSON C., KOT M. et KOTARBA A., 1991 - Lichenometrical studies and dating of debris flow deposits in the high Tatra Mountains, Poland. *Geografiska Annaler*, 73A, (3-4), pp. 141-146.

JONASSON C. and NYBERG R., 1999 - The rainstorm of August 1998 in the Abisko area, northern Sweden : preliminary report of observations of erosion and sediment transport, *Geografiska Annaler*, 81A, 3, pp. 387-390.

JÓNSSON Á., 1987 - *Avalanche defences in Neskaupstadur, Iceland*. Thèse du Royal Institute of Technology, Stockholm, Suède, 52 p.

JÓNSSON H.H., 1982 - Snjóflóðaannáll áranna 1975 -1980. *Jökull*, 31 ár, pp. 47-58.

JÓNSSON H.H., 1983a - Snjóflóð á Íslandi veturinn 1980-81. *Jökull*, 33 ár, pp. 149-152.

JÓNSSON H.H., 1983b - Snjóflóð á Íslandi veturinn 1981-1982. *Jökull*, 33 ár, pp. 153-154.

JÓNSSON H.H., 1984 - Snjóflóð á Íslandi veturinn 1982-1983. *Jökull*, 34 ár, pp. 159-164.

JÓNSSON Ó., 1957 - *Skriðuföll og Snjóflóð*. Nouvelle édition 1992, Bókaútgáfan Skjalborg, Reykjavík, 3 t., 1307 p.

JÓNSSON Ó. et RIST S., 1971 - Snjóflóð og snjóflóðhætta, á Íslandi, *Jökull*, 21 ár, pp. 24-44.

JÓNSSON Ó., 1975 - Skriðuannáll 1958-1970, *Jökull*, 24 ár, pp. 63-76.

JÓNSSON Ó. et PÉTURSSON H.G., 1992 - *Skriðuföll og snjóflóð*, annað bindi: *skriðuannáll*, Bókaútgáfan skjaldborg, Reykjavík, 388 p.

KAISER B., 1987 - *Les versants de la Vanoise - Enjeux traditionnels et fonctionnement morphoclimatique*, Thèse d'Etat, Université Paris VII, 1061 p.

KAISER B., 1992 - Variations spatiales et temporelles dans les rythmes d'évolution des versants alpins, *Bulletin de l'Association des Géographes Français*, 3, pp. 265-270.

KEYLOCK C., 1996 - *Avalanche risk in Iceland*. Master thesis, Department of Geography, University of British Columbia, 150 p.

KEYLOCK C., 1997 - Snow avalanches, *Progress in Physical Geography*, 21, 4, pp. 481-500.

KEYLOCK C., McCLUNG D. et **MAGNUSSON M.M.**, 1999 - Avalanche risk mapping by simulation, *Journal of Glaciology*, vol. 45, n° 150, pp. 303-314.

KIERNAN S.H., 1998 - *Grjóthrun í Óshlíð 14. ágúst 1998*, Veðurstofa Íslands, VÍ-G98031-ÚR25, Reykjavík, 7 p.

KOTARBA A., 1989 - On the age of debris flows in the Tatra Mountains, *Studia Geomorphologica Carpatho-Balcanica*, vol. 23, pp. 139-151.

KOTARBA A., 1991 - On the age and magnitude of debris flows in the Polish Tatra Mountains, *Bulletin of the Polish Academy of Earth Sciences*, 39 (2), pp. 129-135.

KOTARBA A., 1992a - Mountains slope dynamics due to debris-flow activity in the high Tatra Mountains, Poland, *Bulletin de l'Association des Géographes Français*, 3, pp. 257-259.

KOTARBA A., 1992b - High-energy geomorphic events in the Polish Tatra Mountains, *Geografiska Annaler*, 74A, 2-3, pp. 123-131.

KOTARBA A., 1999 - Geomorphic effects of the catastrophic summer flood of 1997 in the Polish Tatra Mountains, *Studia Geomorphologica Carpatho-Balcanica*, vol. 33, pp. 101-115.

KOTARBA A. et **STRÖMQUIST L.**, 1984 - Transport, sorting and deposition processes of alpine debris slopes deposits in the Polish Tatra mountains, *Geografiska Annaler*, 66A-4, pp. 283-294.

KRISTINSSON H., 1998 - *A guide to the flowering plants and ferns of Iceland*, Mál og Menning, 312 p.

KRISTJÁNSDÓTTIR G. B., 1997 - *Jarðfræðileg ummerki eftir snjóflóð í botni Dýrafjarðar*, mémoire de maîtrise, Département de géologie et géographie, Université d'Islande, 62 p.

KUGELMANN O., 1991 - Dating recent glacier advances in the Svarfaðardalur - Skíðadalur area of northern Iceland by means of a new lichen curve, *In* J.K. Maizels et C. Caseldine (eds.), *Environmental changes in Iceland: Past and Present*, Kluwer Academic Publishers, 332 p., pp. 203-217.

KULLMAN L., 1992 - High latitude environments and environmental change, *Progress in Physical Geography*, 16-4, pp. 478-488.

LA CHAPELLE E.R., 1977 - Snow avalanches: a review of current research and applications, *Journal of Glaciology*, 19-80, pp. 313-324.

LAHOUSSE P., 1996 - L'instabilité actuelle des versants de la vallée de la Guisane (Hautes-Alpes, Briançonnais), *Géomorphologie*, n° 4, pp. 21-36.

LAHOUSSE P., 1997 - L'apport de l'enquête historique dans l'évaluation des risques morphodynamiques : l'exemple de la vallée de la Guisane (Hautes-Alpes, France), *Revue de Géographie Alpine*, n° 1, pp. 53-60.

LAHOUSSE P., 1998 - Essai de cartographie intégrée des aléas naturels en zone de montagne, l'exemple de la vallée de la Guisane (Hautes-Alpes, Briançonnais), *Annales de Géographie*, n° 603, pp. 167-486.

LANDSSAMBAND FRÉTTARIT, 1995 - Snjóflóð á Súðavík, *Landsbjörg*, 1, pp 3-19.

LANDSSAMBAND FRÉTTARIT, 1995 - Snóflóð á Flateyri, *Landsbörg*, 5, pp 3-20.

LARSSON S., 1982 - Geomorphological effects on the slopes of Longyear Valley, Spitsbergen, after a heavy rainstorm in July 1972, *Geografiska Annaler*, 64A, pp. 105-125.

LECŒUR Ch., 1987 - Le paysage comme cadre physique, *Hérodote*, XXXXIV, pp. 45-50.

LEWIN J. et **WARBURTON J.**, 1994 - Debris-flows in an Alpine environment, *Geography*, 79-343, pp. 98-107.

LIED K. et **BAKKEHØI S.**, 1980 - Empirical calculations of snow-avalanche runout-distance based on topographical parameters, *Journal of Glaciology*, 26-94, pp. 165-177.

LINDNER L. et **MARKS L.**, 1985 - Types of debris slope accumulations and rock glaciers in South Spitsbergen, *Boreas*, vol. 14, pp. 139-153.

LOCK W.W., ANDREWS J.I. et **WEBBER P.J.**, 1979 - *A manual for lichenometry*, BGRG Tech. Bull., 26, 48 p.

LUCKMAN B.H., 1971 - *The role of snow avalanches in the evolution of alpine talus slopes*, In Brunsden D. (ed.): *Slopes: Forms and Process*, Inst. Brit. Geogr. Spec. Publ. 3, pp. 93-110.

LUCKMAN B.H., 1977 - The geomorphic activity of snow avalanches, *Geografiska Annaler*, 59A, 1-2, pp. 31-48.

LUCKMAN, B.H., 1978a - Geomorphic work of snow avalanches in the canadian Rocky Mountains, *Arctic and Alpine Research*, vol. 10, 2, pp. 261-276.

LUCKMAN B.H., 1978b - The measurement of debris movement on alpine talus slopes, *Zeitschrift für Geomorphologie* N.F., Suppl. Bd. 29, pp. 117-129.

LUCKMAN B.H., 1988 - Debris accumulation patterns on talus slopes in Surprise Valley, Alberta, *Géographie Physique et Quaternaire*, vol. 42, 3, pp. 247-278.

LUCKMAN B.H., 1992 - Debris flows and snow avalanches landforms in the Lairig Ghru, Cairngorm Mountains, Scotland, *Geografiska Annaler*, 74 A, 2-3, pp. 109-121.

LUCKMAN B.H., 2000 - Classics in physical geography revisited - Rapp, A. 1960: recent development of mountain slopes in Karkevägge and surroundings, northern Scandinavia, *Geografiska Annaler* 42, 71-200, *Progress in Physical Geography* 24 (1), pp. 97-101.

LUCKMAN B.H., 2000 - The Little Ice Age in the Canadian Rockies, *Géomorphologie*, 32, pp. 357-384.

LUCKMAN B.H., MATTHEWS J., SMITH D.J., McCARROLL D. et **McCARTHY D.P.**, 1994 - Snow avalanche impact landforms : a brief discussion of terminology, *Arctic and Alpine Research*, vol. 26, 2, pp. 128-129.

MAGNÚSSON M.M., 1988 - Snjóflóð á Íslandi veturinn 1986/87, *Jökull*, 38, pp 98-102.

MAGNÚSSON M.M., 1989 - Snjóflóð á Íslandi veturinn 1987/88, *Jökull*, 39, pp. 114-117.

MAGNÚSSON M.M., 1991 - Snjóflóð á Íslandi veturinn 1988/89, *Jökull*, 41, pp. 99-102.

MAGNÚSSON M.M., 1992 - Snjóflóð á Íslandi veturinn 1989-1990, *Jökull*, 42, pp. 97-101.

MAGNÚSSON M.M., 2000 - *Snjóflóð á Íslandi veturinn 1998-1999*, Veðurstofa Íslands, VÍ-G00004-ÚR01, Reykjavík, 31 p.

MAIZELS J.K. et **CASELDINE C.** (éds.), 1991 - *Environmental changes in Iceland : Past and Present*, Kluwer Academic Publishers, 332 p.

MALAURIE J., 1968 - *Thèmes de recherche de géomorphologie dans le nord-ouest du Groenland*, Thèse d'État. Mémoires et Documents du C.N.R.S., Paris, 495 p.

MATTHEWS J.A. et **McCARROLL D.**, 1994 - Snow avalanche impact landforms in Breheimen, Southern Norway: origin, age and paleoclimatic implications, *Arctic and Alpine Research*, vol. 26, 2, pp. 103-115.

McCARROLL D., 1993 - Modelling late-Holocene snow-avalanche activity : incorporating a new approach to lichenometry, *Earth Surface Processes and Landforms*, 18, pp. 527-539.

McCARROLL D., 1994 - A new approach to lichenometry: dating single-age and diachronous surfaces, *The Holocene*, 4-4, pp. 383-396.

McCLUNG D., MEARS A.I. et **SCHAERER P.**, 1989 - Extreme avalanche run-out: data from four mountain ranges, *Annals of Glaciology*, 13, pp. 180-184.

McCLUNG D. et **MEARS A.I.**, 1991 - Extreme value prediction of snow avalanche run-out, *Cold Regions Science and Technology*, 19, pp. 163-175.

McCLUNG D. et **SCHAERER P.**, 1993 - *The avalanche handbook*, The Mountaineers, Seattle, 272 p.

MEISTER R., 1989 - Influence of strong winds on snow distribution and avalanche activity, *Annals of Glaciology*, 13, pp. 195-201.

MERCIER D., 1997 - L'impact du ruissellement sur les moraines latérales du glacier du Roi (Colletthøgda, Spitsberg, 79°N), *Norois*, t. 44, 175, pp. 549-566.

MERCIER D., 1998b - *Le ruissellement au Spitsberg, impact d'un processus azonal sur les paysages d'un milieu polaire, presqu'île de Brøgger (79°N)*, Thèse de Doctorat, Département de Géographie, Université Blaise Pascal, Clermont-Ferrand, 532 p.

MILLER G.H. et **ANDREWS J.T.**, 1972 - Quaternary history of northern Cumberland peninsula, East Baffin Island, NWT, Canada. Part IV: Preliminary lichen growth curve for *Rhizocarpon geographicum*. *Geol. Soc. Amer. Bull.*, 83, pp./ 1133-1138.

MINISTERE DE L'ENVIRONNEMENT ISLANDAIS, 1996 - *Náttúruminjaskrá*, Sjönda útgáfa, Reykjavík, 64 p. (en collaboration avec l'Agence pour la Protection de la Nature).

MOTTERSHEAD D.N., 1980 - Lichenometry , some recent applications, In *Timescales in Geomorphology*, R.A. Cullingford, D.A. Davidson and J. Lewin (eds.), John Wiley and sons Ltd, Chapitre 8, pp. 95-108.

NEBOIT R. et **LAGEAT Y.**, 1987 - Milieu montagnard et processus morphogéniques actuels, l'exemple des Tatra polonaises, in *Mélanges offerts à Pierre Estienne*, pp. 147-159.

NEBOIT-GUILHOT R., **VALADAS B.** et **LAGEAT Y.**, 1990 - Dynamique rapide et modelé des versants supra-forestiers des hautes Tatra polonaises, *Revue de Géographie Alpine*, t. LXXVIII, 1, 2, 3, pp 259-280.

NIEUWENHUIJZEN M.E. et van **STEIJN H.**, 1990 - Alpine debris flows and their sedimentary properties. A case study from the French Alps, *Permafrost and Periglacial Processes*, 1, pp. 111-128.

NOBLES L.H., 1966 - Slush avalanches in northern Greenland and the classification of rapid mass movements, *Int. Ass. Scient. Hydrol. Public.*, 69, pp. 267-270.

NORÐDAHL H., 1990 - Late Weichselian and early Holocene deglaciation history of Iceland, *Jökull*, 40, pp. 27-50.

NYBERG R., 1985 - *Debris flows and slush avalanches in northern Swedish Lappland, distribution and geomorphological significance*, Thèse de Doctorat, Département de Géographie Physique, Université de Lund, Suède, 222 p.

NYBERG R., 1989 - Observations of slushflows and their geomorphical effects in the swedish mountain area, *Geografiska Annaler*, 71A, 3-4, pp. 185-198.

NYBERG R. et **RAPP A.**, 1998 - Extreme erosional events and natural hazards in Scandinavian Mountains, *Ambio*, vol. 27, 4, pp. 292-299.

OKUDA S. et *al*, 1980 - Observations on the motion of a debris flow and its geomorphological effects, *Zeitschrift für geomorphologie*, Suppl.-Bd. 35, pp. 142-163.

OKUDA S., 1989 - Recent studies on rapid mass movement in Japan with reference to debris hazards, *Studia Geomorphologica Carpatho-Balcanica*, vol. XXIII, pp. 5-22.

ONESTI L., 1985 - Meteorological conditions that initiate slushflows in the Central Brooks Range, Alaska, *Annals of Glaciology*, 6, pp. 23-25.

ONESTI L. et **HESTNES E.**, 1989 - Slush-flow questionnaire, *Annals of Glaciology*, 13, pp. 226-230.

PANIZZA M., 1996 - Geomorphology hazard - Glacial and periglacial hazard, In *Environmental Geomorphology*, Elsevier, 268 p., pp. 135-164.

PECH P., 1986 - La dynamique des versants dans l'Ossola (Italie du nord, Alpes centrales), *Revue de Géographie Alpine*, LXXIV, pp. 355-371.

PECH P., 1990 - Les crues du 7 août 1978 dans l'Ossola, *Revue de Géographie Alpine*, lXXVIII, 1-2-3, pp. 89-101.

PECH P., 2000 - Mise en évidence du cône apical dans le déclenchement des coulées de débris alpines du Dévoluy (hautes Alpes, France), *Environnements Périglaciaires*, 7, pp. 65-77.

PEEV J., 1966 - Geomorphic activity of snow avalanches, *Int. Ass. Scient. Hydrol. Public*, 69, pp. 357-368.

PEREZ F.L., 1985 - Surficial talus movement in an Andean Paramo of Venezuela, *Geografiska Annaler*, 67A, 3-4, pp. 221-237.

PETIT P., 1982 - Les lichens, plantes « extrémistes » des déserts froids ? *Inter-Nord*, 16, pp. 33-46.

PETIT-RENAUD G., 1976 - Remarques sur le refroidissement observé jusqu'à ces dernières années dans les régions arctiques, et son extension à l'Europe du nord et du nord-ouest, *Hommes et terres du nord*, 2, pp. 5-44.

PETIT-RENAUD G., 1989 - Sur le climat de l'Islande et son évolution séculaire, *Hommes et Terres du Nord*, 3, pp. 142-146.

PÉTURSSON H.G., 1990 - *Skriðuhætta við Draflastaði, Sölvadal í Eylafjarðarsýslu*, Náttúrufræðistofnun Norðurlands, 5, Akureyri, 15 p.

PÉTURSSON H.G., 1991a - *Farvegur Eyjafjarðarár framan við Gnúpufell*, Náttúrufræðistofnun Norðurlands, 17, Akureyri, 16 p.

PÉTURSSON H.G., 1991b - *Drög að skriðuannál 1971-1990*, Náttúrufræðistofnun Norðurlands, 14, Akureyri, 58 p.

PÉTURSSON H.G., 1992a - *Skriðuannáll 1951-1970*, Náttúrufræðistofnun Norðurlands, 16, Akureyri, 57 p.

PÉTURSSON H.G., 1992b - *Skriðuannáll 1991-1992*, Náttúrufræðistofnun Norðurlands, 17, Akureyri, 16 p.

PÉTURSSON H.G., 1995 - *Skriðuannáll 1993-1994*, Náttúrufræðistofnun Íslands, 2, Akureyri, 18 p.

PÉTURSSON H.G., 1996a - *Skriðuföllin í Sölvadal í júní 1995*, Náttúrufræðistofnun Íslands, Akureyri, 9 p.

PÉTURSSON H.G., 1996b - *Skriðuannáll 1925-1950*, Náttúrufræðistofnun Íslands, 3, Akureyri, 69 p.

PÉTURSSON H.G., 1996c - Skriður og skriðuföll, *Náttúrufræðistofnun Íslands*, Akureyri, pp. 12-21.

PÉTURSSON H.G., 1997a - *Skríðuhætta í Sölvadal*, Náttúrufræðistofnun Íslands, NÍ-97009, Akureyri, 33 p.

PÉTURSSON H.G., 1997b - *Skriðuhætta við Hamra í Haukadal*, Náttúrufræðistofnun Íslands, NÍ-97010, Akureyri, 13 p.

PÉTURSSON H.G., 1998 - *Skriðuhætta við Reyki, Hjaltadal í Skagafirði*, Náttúrufræðistofnun Íslands, NÍ-98004Akureyri, 7 p.

PÉTURSSON H.G., 1999a - *Skriðuföllin við Tóarsel í Breiðdal, 17. September 1999*, Náttúrufræðistofnun Íslands, NÍ-99014, Akureyri, 12 p.

PÉTURSSON H.G., 1999b - *Skriðufallið við Ólafsfjarðarkaupstað, 11. Nóvember 1999*, *Náttúrufræðistofnun Íslands*, NÍ-99019, Akureyri, 8 p.

PÉTURSSON H.G. et **SÆMUNDSSON Þ.**, 1999a - *Skriðuföll á Ísafirði og í Hnífsdal*, Náttúrufræðistofnun Íslands, NÍ-99010, Akureyri, 22 p.

PÉTURSSON H.G. et **SÆMUNDSSON Þ.**, 1999b - *Skriðuföll á Siglufirði*, Náttúrufræðistofnun Íslands, NÍ-99011, Akureyri, 23 p.

PÉTURSSON H.G. et **SÆMUNDSSON Þ.**, 1999c - *Skriðuföll á Neskaupstað*, Náttúrufræðistofnun Íslands, NÍ-99012, Akureyri, 19 p.

PIERSON T.C., 1980 - Erosion and deposition by debris flows at Mt Thomas, North Canterbury, New Zealand, *Earth Surface Processes*, 5, pp. 227-247.

PRIOR D.B., STEPHENS N. et **DOUGLAS G.R.**, 1970 - Some examples of modern debris flows in north-east Ireland, *Zeitschrift für Geomorphologie*, 3, pp. 275-288.

QUERVAIN M. (de), 1975 - *Avalanche Problems of Iceland, analysis and recommandation for further action*, Institut Fédéral pour l'étude de la neige et des avalanches, Suisse, 36 p.

RAPP A., 1957 - Studien über schutthalden in Lappland und auf Spitzbergen, *Zeitschrift für Geomorphologie*, 1, pp. 179-200.

RAPP A., 1959 - Avalanche boulder tongues in Lapland - Descriptions of little-known forms of periglacial debris accumulations, *Geografiska Annaler*, 41, 1, pp. 34-48.

RAPP A., 1960a - Literature on slope denudation in Finland, Iceland, Norway, Spitsbergen and Sweden, *Zeitschrift für Geomorphologie*, Suppl. Bd. I, pp. 33-43.

RAPP A., 1960b - *Recent development of mountain slopes in Kärkevagge and surroundings, Northern Scandinavia*, Meddelanden från Uppsala Universitets Geografiska Institution, ser. A, Nr. 158, 195 p.

RAPP A., 1964 - Recordings of mass wasting in the Scandinavian Mountains, *Zeitschrift für Geomorphologie*, Suppl. Bd. 5, pp. 204-205.

RAPP A., 1974 - Slope erosion due to extreme rainfall, with examples from tropical and arctic mountains, *Nach. Akad. Wiss. Göttingen*, 29, pp. 118-136.

RAPP A., 1985 - Extreme rainfall and rapid snowmelt as causes of mass movements in high latitude mountains, *In Field and theory : lectures in geocryology*, M. Church et O. Slaymaker (Ed.), University of British Columbia Press, Vancouver, pp. 36-56.

RAPP A., 1986 - Slope processes in high latitude mountains, *Progress in Physical Geography*, vol. 10, 1, pp. 53-68.

RAPP A., 1987 - Extreme weather situations causing mountain debris flows, *Uppsala Universitets Naturgeografiska Institution*, NGI-rapport nr. 65, pp. 171-181.

RAPP A., 1992 - Frequency and importance of major debris-flows in Arctic and other mountains, *Bulletin de l'Association des Géographes Français, 3*, pp. 249-252.

RAPP A., 1995 - Case studies of geoprocesses and environmental changes in mountains of northern Sweden, *Geografiska Annaler*, 77A, 4, pp. 189-198.

RAPP A. et **RUDBERG S.**, 1964 - Studies on periglacial phenomena in Scandinavia, 1960-1963, *Biuletyn Peryglacjalny*, 14, pp. 75-89.

RAPP A. et **STRÖMQUIST L.**, 1976 - Slope erosion due to extreme rainfall in the Scandinavian mountains, *Geografiska Annaler*, 58A, 3, pp. 193-200.

RAPP A. et **NYBERG R.**, 1981 - Alpine debris flows in northern Scandinavia, morphology and dating by lichenometry, *Geografiska Annaler*, 63A, 3-4, pp. 183-196.

RAPP A. et **NYBERG R.**, 1988 - Mass movements, nivation processes and climatic fluctuations in Northern Scandinavians mountains, *Norsk Geografisk Tidsskrift*, 42, pp. 245-253.

REY C., 1993 - La prévision du risque et les plaques, *Neige et Avalanches*, 62, pp. 24-27.

RIST S., 1976 - Snjóflóðaannáll áranna 1972 til 1975, *Jökull*, 25 ár, pp. 47-71.

SANDERSEN F., BAKKEHØI S., HESTNES E. et **LIED K.**, 1996. The influence of meteorological factors on the initiation of debris flows, rockfalls, rockslides and rockmass stability, *In Landslides*, éd. Senneset, Rotterdam, pp. 97-114.

SAUCHYN M., GARDNER J.S. et **SUFFLING R.**, 1983 - Evaluation of botanical methods of dating debris flows and debris-flow hazard, in the Canadian Rocky Mountains, *Physical Geography*, 2 (2), pp. 182-201.

SCHERER D., GUDE M., GEMPELER M. et **PARLOW E.**, 1998 - Atmospheric and hydrological boundary conditions for slushflow initiation due to snowmelt, *Annals of Glaciology*, 26, pp. 377-380.

SELLIER D., en cours - *Les propriétés géomorphologiques des versants quartzitiques dans les milieux froids : l'exemple des montagnes d'Europe du Nord*, Thèse d'Etat en cours, Université Paris I - Sorbonne.

SHARP R.P., 1942 - Mudflow levees, *Journal of Geomorphology*, 5, pp. 90-95.

SMITH D.J., McCARTHY D.P. et LUCKMAN B.H., 1994 - Snow-avalanches impact pools in the Canadian Rocky Mountains, *Arctic and Alpine Research*, vol. 26, 2, pp. 116-127.

SONNIER J., 1982 - *Neige et avalanches, connaissances de base*, 179, C.E.M.A.G.R.E.F. - A.N.E.N.A., Grenoble, 78 p.

SORRISO-VALVO M., 1989 - Studies on high-magnitude geomorphic processes in Southern Italy and Algeria, *Studia Geomophologica Carpatho-Balcanica*, vol. XXIII, pp. 23-38.

STARKEL L., 1976 - The role of extreme (catastrophic) meteorological events in contemporary evolution of slopes, In *Geomorphology and climate*, E. Derbyshire (ed.), Wiley, Chichester, pp. 203-241.

STARKEL L., 1996 - Geomorphic role of extreme rainfalls in the Polish Carpathians, *Studia Geomophologica Carpatho-Balcanica*, vol. XXX, pp. 21-73.

STATHAM I., 1976 - Debris flows on vegetated screes in the Black Mountain, Carmarthenshire, *Earth Surface Processes*, 1, pp. 173-180.

STEFÁNSSON U., 1995 -. Snóflóð á Flateyri, *Sveitarstjórnarmál*, 55 ár, pp. 250-251.

STRÖMQUIST L., 1985 - Geomorphic impact of snowmelt on slope erosion and sediment production, *Zeitschrift für Geomorphologie*, 29-2, pp. 129-138.

STRUNK H., 1991 - Frequency distribution of debris flows in the Alps since the « Little Ice Age », *Zeitschrift für Geomorphologie*, Suppl.-Bd. 83, pp. 71-81.

STRUNK H., 1992 - Reconstructing debris flow frequency in the southern Alps back to AD 1500 using dendrochronological analysis. In *Erosion, Debris Flows and Environment in Mountain Regions* (Proceedings of the Chengdu Symposium, July 1992). IAHS Publication, 209: 299-306.

SUWA H. et OKUDA S., 1980 - Dissection of valleys by debris flows, *Zeitschrift für Geomorphologie*, Suppl.-Bd. 35, pp. 164-182.

SUWA H. et OKUDA S., 1983 - Deposition of debris flows on a fan surface Mt. Yakedake, Japan, *Zeitschrift für Geomorphologie*, Suppl. Bd. 46, pp. 79-101.

SÆMUNDSSON Þ., 1997 - *Krapaflóðin á Bíldudal 28. janúar 1997*, Veðurstofa Íslands, VÍ-G97028-ÚR23, Reykjavík, 8 p.

SÆMUNDSSON Þ., 1998a - *Grjóthrun í Stóru skriðu í Óshyrnu, þann 30. júni 1998*, Veðurstofa Íslands, VÍ-G98025-ÚR20, Reykjavík, 6 p.

SÆMUNDSSON Þ., 1998b - *Mat á aurskriðuhætta fyrir ofan bæinn Laugaból í Laugardal, Ísafjarðardjúpi*, Veðurstofa Íslands, VÍ-G98036-ÚR29, Reykjavík, 11 p.

SÆMUNDSSON Þ. et KIERNAN S., 1998 - *Krapaflóð úr Gilsbakkagili á Bíldudal, þann 14. Mars 1998*, Veðurstofa Íslands, VÍ-G98021-ÚR17, Reykjavík, 9 p.

SÆMUNDSSON Þ. et KRISTJÁNDÓTTIR G.B., 1998 - Sedimentary transport with snow-avalanches, examples from northern and northwestern parts of Iceland. *Norrdiske Geologiske Vintermøde (23)*, abstract volume, p. 289.

SÆMUNDSSON Þ. et PÉTURSSON H.G., 1998 - The Sölvadalur debris-slide. *Norrdiske Geologiske Vintermøde (23)*, abstract volume, p. 290.

SÆMUNDSSON Þ., JÓHANNESSON T. et EGILSSON J.G., 1999 - *Saga ofanflóða á Bíldudal 1902 til 1999*. Veðurstofa Íslands, VÍ-G99006-ÚR04, Reykjavík, 20 p.

SÆMUNDSSON Þ. et PÉTURSSON H.G., 1999a - Skriðuhætta á Ísafirði og í Hnífsdal, Veðurstofa Íslands, VÍ-G99024-ÚR14, Reykjavík, 33 p.

SÆMUNDSSON Þ. et PÉTURSSON H.G., 1999b - Skriðuhætta á Siglufirði, , Veðurstofa Íslands, VÍ-G99025-ÚR15, Reykjavík, 18 p.

SÆMUNDSSON Þ. et PÉTURSSON H.G., 1999c - Skriðuhætta í Neskaupstað, Veðurstofa Íslands, VÍ-G99026-ÚR16, Reykjavík, 33 p.

THIEDIG F. et KRESLING A., 1973 - Meteorologische und geologische Bedingungen bei der Entsehung von Muren im July 1972 auf Spitsbergen, *Polarforschung*, 43, 1-2, p. 40-49.

TRICART J., 1963 - *Géomorphologie des régions froides*. P.U.F., coll. Orbis, Paris, 289 p.

TRICART J., 1981 - *Précis de géomorphologie - tome 3 : géomorphologie climatique*, S.E.D.E.S., Paris, 314 p.

TRICART J., 1982 - L'homme et les cataclysmes, *Hérodote*, n° 24, pp. 12-39.

TRICART J. *et al.*, 1961 - Mécanismes normaux et phénomènes catastrophiques dans l'évolution des versants du bassin du Guil (Htes Alpes, France), *Zeitschrift für Geomorphologie*, 5, pp. 277-301.

TRICART J. et CAILLEUX A., 1967 - *Le modelé des régions périglaciaires*, S.E.D.E.S., Paris, 572 p.

VALLA F., 1990 - Les accidents d'avalanche dans les Alpes (1975 - 1989), *Revue de Géographie Alpine*, t. LXXVIII - 1, 2, 3 -, pp 145-155.

VALLA F., 1990 - Les avalanches, *Bulletin de la Société Languedocienne de Géographie*, 1-2, pp. 89-94.

VAN STEIJN H., 1988 - Debris flows involved in the development of pleistocene stratified slope deposits, *Zeitschrift für Geomorphologie*, Suppl. Bd. 71, pp. 45-58.

VAN STEIJN H., 1992 - Temporal patterns of debris-flow frequency in the Alps and in northwest Europe, *Bulletin de l'Association des Géographes Français*, 3, pp. 253-256.

VAN STEIJN H., 1996 - Debris-flows magnitude-frequency relationships for mountainous regions of Central and Northwest Europe, *Geomorphology*, 15, pp. 259-273.

VAN STEIJN H., DE RUIG J. et HOOZEMANS F., 1988 - Morphological and mechanical aspects of debris flows in parts of the French Alps, *Zeitschrift für Geomorphologie*, 32 (2), pp. 143-161.

VAN STEIJN H. et FILIPPO H., 1997 - Laboratory experiments about the role of debris flows in the formation of grèze litée type slope deposits, In *Lœss and periglacial phenomena*, M. Pesci et H.M. French (ed.), Akademiai kiado, Budapest, p. 235-252.

VAN STEIJN H. et HETU B., 1997 - Rain-generated overland flow as a factor in the development of some stratified slope deposits : a case study from the Pays du Buëch (Préalpes, France), *Géographie Physique et Quaternaire*, 51 (1), pp. 3-15.

VEYRET Y., 1997 - Enseigner les risques naturels, une « nouvelle géographie physique »?, *Bull. Assoc. Géogr. Franç.*, 3, pp. 272-281.

WARD R.G.W., 1985 - Geomorphological evidence of avalanche activity in Scotland, *Geografiska Annaler*, 67A, 3-4, pp. 247-256.

WERNER A., 1990 - Lichen growth rates for the northwest coast of Spitsbergen, Svalbard. *Arct. Alp. Res.*, 20, pp. 292-298.

WINDER C.G., 1965 - Alluvial cone construction by alpine mudflow in a humid temperate region, *Canadian Journal of Earth Sciences*, vol. 2, pp. 270-277.

ZIETARA T., 1999 - The role of mud and debris flows modeling of the flysch Carpathians relief, Poland, Studia Geomorphologica Carpatho-Balcanica, vol. 33, pp. 81-100.

ZIMMERMANN M., 1990 - Debris flows 1987 in Switzerland: geomorphological and meteorological aspects, *Hydrology in mountainous regions II (proceedings of two Lausanne Symposia, August 1990)*, IAHS Publ. 194, pp. 387-393.

ZIMMERMANN M. et **HAEBERLI W.**, 1992 - Climatic change and debris flow activity in high-mountain areas - a case study in the Swiss Alps, *Catena*, Suppl. 22, pp. 59-72.

ÅKERMAN H.J., 1984 - Notes on talus morphology and processes in Spitsbergen, *Geografiska Annaler*, 66A-4, pp. 267-284.

ÞÓR J.Þ., 1990 - *Saga Ísafjörður og Eyrarhrepps hins forna*, Sögufélag Ísfirðinga, Reykjavík, 4 t., 1284 p.

CARTES UTILISEES

Ísland Ferðakort, 1/500 000, carte générale de l'Islande.

Ísland Jarðfræðikort, 1/500 000, carte géologique de l'Islande.

Ísland Aðalkort, blað 1, Norðvesturland, 1/50 000, carte topographique de la Péninsule du Nord-Ouest, feuille 1.

Uppdráttur Íslands, blað 11, stigahlíð, 1/100 000, carte topographique de la région d'Ísafjörður, Péninsule du Nord-Ouest, feuille 11.

Ísland Jarðfræðikort, blað 1, Norðvesturland, 1/250 000, carte géologique de la Péninsule du Nord-Ouest, feuille 1.

ANNEXES

Annexe 1

Les avalanches répertoriées dans les couloirs des sites étudiés

Cette liste n'est pas exhaustive, car seules les avalanches signalées par la population (le plus souvent celles qui présentent un danger) sont enregistrées. On notera alors la faible part des avalanches datant d'avant 1980, les avalanches étant peu répertoriées et ayant rarement causé des dégâts graves avant cette date. Elle se réfère aux sources écrites suivantes : Ó. Jónsson (1957), Ó. Jónsson et S. Rist (1971), S. Rist (1976), H.H. Jónsson (1982, 1983, 1984), K.G. Eyþórsdóttir (1985), K. Ágústsson (1987), M.M. Magnússon (1988, 1989, 1991, 1992, 2000), J.G. Egilsson et Ó. Knudsen (1989), J.G. Egilsson (1990, 1995), S.H. Haraldsdóttir (1998), T. Jóhannesson (1998), Þ. Sæmundsson et al. (1999).

La liste présente la date de l'avalanche, son type, ainsi que son extension maximale ou les dégâts causés, quand cela est possible.

Les lieux sont décrits dans le texte, et plusieurs des avalanches citées ici figurent également sur les cartes des chapitres 3 et 8. Plusieurs photos des sites figurent dans le texte principal.

1. - Site de Súðavík

1.1. - Súðavíkurhlíð

28 février 1973
6 janvier 1983 (ponctuelle sèche)   Détruit une bergerie et tue des moutons, détruit des lignes
                                           électriques ; stoppe sa course à 1 m des premières maisons
19 février 1988 (ponctuelle humide)   S'arrête à 80-90 m de l'école maternelle
16 janvier 1995 (plaque sèche)   Tue 14 personnes, détruit des maisons
22 octobre 1998
21 février 1999 (plaque sèche)

1.2. - Traðargil

28 février 1973   Endommage une écurie
31 mars 1987 (ponctuelle sèche)
16 janvier 1995 (plaque sèche)   Endommage des maisons

2.- Site de Holtahverfi

1963   Pénètre dans la zone actuellement construite de 100 m
16 février 1981   S'arrête à quelques mètres de la première maison
4 janvier 1984   Endommage deux maisons
23 décembre 1985
8 mars 1997

3. Site d'Ísafjörður

3.1. Seljalandsdalur

2 avril 1987 (plaque sèche)
19 mars 1991 (plaque sèche)   Endommage les remonte-pentes
13 novembre 1991 (plaque sèche)
25 mars 1994 (plaque sèche)   Un enfant est impliqué dans l'avalanche
04 avril 1994 (plaque sèche)
05 avril 1994 (plaque sèche)   Les remonte-pentes, une cabane, 40 chalets d'été, et des
                                     arbres sont détruits ; l'avalanche tue une personne et en
                                     blesse une autre

23 octobre 1995 (mixte sèche)
06 avril 1996 (plaque sèche)   Un homme est impliqué dans l'avalanche
17 janvier 1997 (plaque sèche)
06 février 1997 (plaque sèche)
27 mars 1997 (plaque sèche)
08 février 1998 (mixte sèche)
18 février 1998 (mixte sèche)
21 janvier 1998 (plaque sèche)
13 mars 1999 (plaque sèche)   Les remonte-pentes reconstruits en 1995 et 1998 sont de
                                     nouveau détruits

3.2. Seljalandsgil

05 avril 1994 (plaque sèche)   Deux hommes sont impliqués dans l'avalanche

3.3. Karlsárgil

02 mars 1941   Détruit deux maisons, tue deux enfants et 11 moutons, un
                                     enfant est blessé

24 mars 1947
13 novembre 1991 (plaque sèche)
16 janvier 1994 (plaque sèche)   140 m de clôture, 2 maisons et un poulailler sont
                                     endommagés, des oies et 5 moutons sont tués

22 février 1997 (mixte sèche)
22 février 1999 (plaque sèche)   Atteint la mer

3.4. Gil

15 février 1916
24 mars 1947
10 novembre 1969
12 février 1974

3.5. Hrafnagil

15 février 1916
12 février 1974
10 novembre 1969   Endommage une maison, 2 voitures et 1 engin
24 mars 1987 (plaque sèche)
27 janvier 1990 (plaque sèche)

13 novembre 1991 (plaque sèche)
13 novembre 1991 (plaque sèche)
13 janvier 1993 (plaque sèche)   Détruit 100 m de clôture
05 avril 1994 (plaque sèche)   Détruit 80 m de clôture
18 décembre 1994 (plaque sèche)
18 janvier 1995 (plaque sèche)   Détruit 50 m de clôture et atteint une maison
23 octobre 1995 (mixte sèche)   Détruit 90 m de clôture
26 octobre 1995 (mixte sèche)   Détruit 50 m de clôture
22 février 1997 (mixte sèche)
01 mars 1998 (plaque sèche)
08 février 1998 (mixte mixte)
11 mars 1999 (mixte humide)

3.6. Steiniðjugil

12 février 1973
27 janvier 1990 (mixte sèche)
13 novembre 1991 (plaque sèche)
26 novembre 1992 (mixte sèche)   Détruit 100 m de clôture
17 janvier 1995 (plaque sèche)   Endommage un chalet d'été et détruit 100 m de clôture
23 octobre 1995 (sèche plaque)   Endommage une maison d'été
22 février 1997 (plaque sèche)
14 décembre 1998 (plaque sèche)
12 mars 1999 (plaque humide)

3.7. Gleiðarhjalli

26 février 1989 (plaque sèche)   Détruit 40 m de clôture

3.8. Route d'Ísafjörður à Hnífsdalur

12 février 1988 (plaque sèche)
29 janvier 1989
27 janvier 1990 (mixte sèche)   1 personne est impliquée
25 novembre 1992 (mixte humide)   La route est coupée
26 novembre 1992 (mixte humide)   La route est coupée
13 décembre 1992 (plaque sèche)   La route est coupée
23 février 1993 (plaque sèche)
24 février 1993 (plaque sèche)
23 décembre 1993 (plaque sèche)   La route est coupée
21 février 1997 (mixte sèche)   La route est coupée
14 février 1998 (mixte sèche)   La route est coupée
19 février 1998 (plaque sèche)
20 février 1999 (plaque sèche)   La route est coupée
21 février 1999 (plaque sèche)   La route est coupée

4. - Hnífsdalur

4.1. - Hnífsdalur-Súður

18 février 1916
14 février 1983 (ponctuelle sèche)   Coupe les lignes électriques
30 décembre 1983 (plaque sèche)   Endommage une maison
23 décembre 1985 (plaque sèche)

4.2. - Hnífsdalur-Norður

4.2.1. - Búðargil

02 janvier 1673
18 février 1910   20 morts, 12 blessés ; l'avalanche atteint la mer après avoir balayé plusieurs maisons d'habitation
08 février 1916   Atteint la mer, tue des chevaux, des moutons et une vache, détruit des bâtiments de ferme et des engins de travail, une menuiserie, un homme est enseveli et secouru.

24 mars 1947
14 février 1983 (ponctuelle sèche)
23 décembre 1985 (plaque sèche)
26 février 1989 (ponctuelle)
26 février 1989 (plaque)
26 mars 1989 (plaque)
26 novembre 1992 (mixte humide)
18 octobre 1994 (mixte sèche)
23 octobre 1995 (mixte sèche)   50 m de clôture
14 décembre 1998
13 janvier 1999 (plaque sèche)
21 février 1999 (plaque sèche)   Touche des écuries et une maison, atteint la mer

4.2.1. - Traðargil

08 février 1916
24 mars 1947
14 février 1983 (ponctuelle sèche)   Détruit des clôtures
14 janvier 1984 (ponctuelle sèche)
14 février 1989 (plaque)
26 février 1989 (ponctuelle)
26 novembre 1992 (mixte humide)
04 avril 1994 (mixte sèche)
18 octobre 1994
22 février 1997 (mixte sèche)
23 octobre 1995 (mixte sèche)
21 février 1999 (ponctuelle sèche)   Endommage des clôtures et des bâtiments agricoles

4.2.1. - Hraunsgil

14 février 1916   Un homme est blessé
24 mars 1947
23 décembre 1985 (plaque sèche)
23 mars 1987
29 janvier 1989 (ponctuelle humide)
26 février 1989 (ponctuelle)
13 novembre 1991 (plaque sèche)
12 février 1995 (plaque sèche)
23 octobre 1995 (plaque sèche)

5. - Bolungarvík

5.1. - Bolungarvík-Ernir

21 février 1995 (plaque sèche) — 3 écuries endommagées, 5 chevaux tués, 4 lignes électriques détruites
26 février 1996
27 octobre 1998 (plaque sèche)
16 janvier 1999 (humide)
21 février 1999 (mixte sèche)
12 mars 1999 (sèche)
16 avril 1999

5.2. - Bolungarvík-Traðarhyrna

mars 1997 — 3 maisons sont légèrement endommagées
4 novembre 1998 (plaque sèche) — 1 maison touchée
11 mars 1999 (ponctuelle humide)

6. - Flateyri

6.1. - Innra-Bæjargil

11 février 1974 — A atteint la mer, casse 3 lignes électriques
08 novembre 1980
02 avril 1987 (plaque sèche)
29 janvier 1990 — Stoppe à 20-30 m de la première maison
17 mars 1991 (plaque sèche)
18 janvier 1995 (plaque sèche) — 2 maisons sont endommagées
22 janvier 1995
16 mars 1995 (plaque sèche)
18 mars 1995 (plaque sèche)
06 février 1997 (mixte sèche)
14 janvier 1998 (mixte sèche)
21 février 1999 (mixte sèche)
11 mars 1999 (humide)

6.2. - Skollahvilft

20 mars 1936 — Endommage deux bâtiments et 5 lignes téléphoniques et des clôtures
02 avril 1953 — Atteint le cimetière
14 mars 1958
10 novembre 1969 — Détruit un poulailler, tuant 100 poules sur 250
11 février 1974 — Atteint la mer
29 novembre 1979 (poudreuse)
24-26 mars 1987 (plaque sèche)
01 avril 1987 (plaque sèche) — S'arrête à 40 m de la première maison
5 janvier 1991 (ponctuelle)
17 mars 1991 (plaque sèche)
12 novembre 1991
26 octobre 1995 (plaque sèche) — 9 maisons détruites, 31 endommagées, 45 personnes sont impliquées, dont 20 sont tuées, 15 voitures, 1 camion et 1 tracteur sont emportés
27 mars 1997 (sèche)
14 janvier 1998 (mixte sèche)
21 février 1999 (plaque sèche) — Déviée par le déflecteur
11 mars 1999 — 2 coulées sont déviées par le déflecteur

6. - Bíldudalur

6.1. - Búðargil

06 juin 1920	Atteint la mer
06 février 1939 (*slush*)	Atteint la mer
1950 (*slush*)	
17 février 1959 (*slush*)	Atteint la mer
26 janvier 1981 (plaque sèche)	Endommage l'unité de distribution de l'électricité
22 janvier 1983 (*slush*)	2 fermes sont endommagées, ainsi que la menuiserie, 33 moutons sur 50 sont tués
février 1989	Passe entre deux maisons
28 janvier 1997 (*slush*)	Stoppe à 75 m de l'école

6.1. - Gilsbakkagil

17 février 1959 (*slush*)	Endommage une maison
28 janvier 1997 (*slush*)	Endommage un garage
14 mars 1998 (*slush*)	Endommage le même garage

7. - Patreksfjörður

1852 ou 1854	Une personne est tuée et une écurie est détruite ; atteint la mer
1906 ou 1907	
1921	
16 mars 1943 (*slush*)	Dévaste un poulailler
14 mars 1958 (*slush*)	3 garages sont emportés, 3 voitures sont endommagées, ainsi qu'un réservoir d'essence
12 février 1981	
22 janvier 1983 (*slush*)	4 personnes tuées

301

Annexe 2

Quelques caractéristiques des *debris flows* mondiaux

Lieu	Matériel	Mode de déclenchement	Valeur des pentes dans la zone-source	Volume des debris flows en m³	Taux de dénudation	Temps de retour	Temps de réponse	Valeur-seuil de déclenchement	Référence
Montagnes Scandinaves	Versants couverts de débris grossiers et de bouleaux	Pluies cycloniques ou convectives, orages violents	35-40° (Andøya) 25-340 Karkevagge 12-30° (Tarfala)	4000 - 18500	5 mm / 1 km²	50 - 60 ans	Quelques heures	52 mm sur sol saturé par pluies de longues durées (Andøya - 6 oct. 59), 175 mm en 3 j. après 3 mois de pluies à Karkevagge et 3-4 h à Tarfala (6 juil 1972)	A. Rapp et L. Strömquist (1976), A. Rapp (1964)
Norvège	Gélifracts	Pluie, fonte nivale							F. Sandersen et al. (1996)
Longyeardalen, Spitsberg	Gélifracts, et dépôts de pentes sur permafrost	Pluies intenses					quelques heures	31 mm en 2 j., avec 70 mm pour le mois contre 17 habituellement (10-11 juil. 1972)	A. Jahn (1976)
Kapp Linné, Spitsberg			> 30°						J. Åkerman (1984)
Laponie suédoise		Pluies intenses					quelques heures	47 mm/12 h 18 mm/1 h 45 mm/2 h	A. Rapp (1995)

302

Localisation	Matériel	Facteur déclenchant	Pente	Volume	Surface	Fréquence / période de retour	Durée / déclenchement	Intensité	Référence
Montagnes des hautes latitudes		Pluies intenses				50 - 200 ans			A. Rapp (1985)
Europe du nord-ouest				1 - 5000 m³				45 mm/2 h 31 mm/12 h 107 mm/12 h 52 mm/12 h	J. Innes, (1985)
Nord Scandinavie	Gélifracts	Pluies intenses	25 - 40°	150 - 10000 m³		50 - 400 ans	instantané	30 - 50 mm.h	A. Rapp at R. Nyberg (1981)
Tarfala, Laponie	Gélifracts	Pluies intenses	30°		5 mm / 11 km²	> 27 ans		45 mm/2h	A. Rapp (1974)
Longyeardalen, Spitsberg	Gélifract et dépôts de pente sur sol gelé	Pluies intenses	30 - 34°		1 mm / 4,5 km²	> 53 ans		30,8 mm/10 h	A. Rapp (1974) S. Larsson (1982)
Spitsberg	Formations superficielles	Fonte nivale							A. Jahn (1961)
Nord Scandinavie (Andøya)	Gélifracts et talus d'éboulis	Pluie	Fortes			25 - 60 ans			C. Jonasson (1988)
Spitsberg		Pluies intenses		1 - 600 m³					M.F. André (1990, 1991, 1993)
S.W. Norvège						25 - 60 ans			L. Strömquist (1976)
NW Islande	Gélifracts, héritages morainiques	Pluies intenses, pluies de longue durée, fonte nivale	25 - 35°	70 - 3500 m³	1,1 / 4,5 km²	quelques mois pour les coulées de débris < 100 m³ ; 3-10 ans - <1500 m³ ; > 10 ans - > 1500 m³	quelques jours si pluies de longues durée, quelques heures si pluies intenses et fonte nivale	21 mm/24 h	A. Decaulne (cette étude)
Canada, Rocheuses	Gélifracts, héritages glaciaires	Fonte glaciaire, fonte nivale, pluies	Forte	jusqu'à 300000 m³		1 - 25 ans			J.S. Gardner (1989)
Canada, Alberta	Héritages glaciaires, gélifracts	Pluies de longue durée et pluies intenses	Forte			Fréquente	quelques heures après les pluies intenses		C.G. Winder (1965)
Canada, Yukon	Moraines	Pluies intenses, fonte nivale	32°			> 10 ans			A.J. Broscoe et S. Thomson (1969)
Canada, Yukon	Gélifracts, moraines	Fonte nivale, fonte du pergélisol		0,3 - 6000 m³		Fréquent			S. Harris et C. Gustafson (1993)
Canada, Colombie-	Moraine	Vidange d'un lac due à la rupture	10°						J.L. Clague et al. (1985)

303

Britannique		d'un barrage morainique					
Canada, Yukon	Gélifraction,	fonte du permafrost	> 30°	0,3 - 2 000 000 m³	150 ans		S. Harris et G. McDermid (1998)
Ecosse	Dépôts de pente, influence probable d'une surutilisation de l'espace	Pluies	> 30°	5 - 300 m³			J. Innes (1983b)
Ecosse (Lairig Ghru, Cairngorm Mts)		Pluies intenses				85,6 mm/24h les 12-14 août 1956	B.H. Luckman (1992)
Grande-Bretagne	Gélifraction, héritages glaciaires	Pluies intenses	Fortes	3 - 500 m³	Fréquent		J. Innes (1989)
Pays de Galles	Dépôts de pente et héritages morainiques végétalisés	Pluies intenses	53 - 58°	400 m³		20 mm/h	K. Addison (1987)
Irlande	héritages morainiques		< 25°			10 mm/h	D.B. Prior et al. (1970)
Pays de Galles	Dépôts de pente et héritages morainiques végétalisés	Pluies intenses	27 - 37°°			37 - 58 mm/24 h	I. Statham (1976)
Pologne - Tatra	Dépôts de pentes, gélifracts, héritages glaciaires	Pluies + eau de fonte			2 - 3 ans à l'apex, moins fréquent à l'aval	50 mm/h	A. Kotarba et L. Strömquit (1984) ; A. Kotarba (1989, 1991)
Pologne - Tatra	gélifracts	Pluies convectives		Actuels : < 1000 m³ > 3000 m³ pour les plus vieux	2 - 4 ans (< 300 m³) et > 100 ans (> 25000 m³)	> 25 mm/h	A. Kotarba (1992)
Pologne-Tatra		Pluies intenses				20 mm/h est minimum ; 40 mm/h déclenchent des debris flows importants	R. Neboit-Guilhot et al (1990)
Pologne - Tatra	Gélifracts, colluvions	Pluies intenses			Pas de périodicité fixe	29 mm en 1 h, dont 17 mm en 20 mn le 21 juil. 1985	R. Neboit et Y. Lageat (1987)
Pologne Carpates	- Sols épais et météorisation	Pluies intenses et fonte nivale	Fortes		15 - 20 ans		T. Zietara (1999)
Pologne	- Gélifracts	Orages locaux et	25 - 50°	7000 m³	quelques	Orages : 100-120 mm/3-4 h	L. Starkel (1996)

	Dépôts	Pluies	Pente	Volume	Fréquence / récurrence	Précipitations	Référence
Carpates		pluies de longue durée			heures en cas d'orages, plusieurs jours pour les pluies de longue durée	(95 mm pdt 3,5 h le 18 août 1988.) Pluies de longue durée : 150-400 mm en 2-5 j.	
Alpes italiennes, Ossola	Dépôts de pente, moraines, terrasses fluvio-glaciaires	Pluies intenses, pluies de longue durée	Fortes		23 - 60 ans pour les pluies intenses, mais > 100 ans pour les pluies de longue durée	50 mm/1 h 138 mm/3 h	P. Pech (1990)
Alpes françaises, Vars	Gélifracts	Pluies intenses	Fortes	41 m³			P. Bertran et J.P. Texier (1994)
Alpes Françaises, Barcelonnette	Dépôts de pentes, gélifracts, héritages	Pluies intenses	40°		10 - 40 ans		H. Van Steijn et al. (1988)
Alpes du Sud, France					4 - 5 ans (< 300 m de long) 4 ans (300 - 400 m de long) 45 ans (> 900 m de long)		H. Van Steijn (1992)
Alpes françaises (Combe de Laurichard)	Dépôts de pente	Pluies intenses		650 m³	5 - 20 ans	9 mm/h mini pendant moins de 7 h (9 août 1983)	B. Francou (1988)
Andes péruviennes			39°		10 ans		B. Francou (1988)
Alpes suisses, Val Ferret		Pluies intenses				Pluies exceptionnelles	
Alpes autrichiennes	Gélifracts, dépôts de pente, héritages	Pluies intenses	25-40°	40 - 200m³		20 mm/30 mn (le 31 juil. 1992 : 19 mm/30 mn)	M. Becht (1995)
Alpes orientales	Dépôts de pente	Pluies intenses	Fortes		0,03 à 0,025 mm/a		M. Becht et D. Rieger (1997)
Pyrénées centrales, Espagne	Sols cultivés et forêt	Pluies intenses				142-219 mm en 2 h le 7 août 1996 150 mm/h en 30 mn	G. Benito et al. (1998)

Localisation	Matériel	Cause	Pente	Volume	Fréquence	Durée	Intensité	Référence
Pyrénées centrales, Espagne	Héritages, gélifracts	Pluies intenses				1 heure	100 mm/h en 40 mn / 50 mm/h en 1 h	S. White et al. (1997)
Pyrénées	Héritages et météorisation actuelle	Pluies intenses	Fortes		5 - 25 ans		100 mm	N. Clotet-Peramau et al. (1989)
Italie (Calabre) et Algérie	Héritages	Pluies intenses, pluies de longue durée, et séismes	Fortes	Variable				M. Sorriso-Valvo (1989)
Japon	Gélifracts	Pluies intenses, fonte nivale rapide, séismes	Fortes	10^6 m³ = quelques années / 10^7 m³ = quelques dizaines d'années / 10^8 m³ = quelques centaines d'années			125 mm suffisent / 700 mm les 22-23 juil. 1983	S. Okuda et al. (1980) ; H. Suwa et S. Okuda (1980 et 1983) ; S. Okuda (1989)
Etats-Unis, Pennsylvanie	colluvions périglaciaires	Pluies	Forte	Importants	Fréquents			A.M. Johnson et P.H. Rahn (1970)
Etats-Unis, Californie (White Mts)	Gélifracts, dépôts de pente	Pluies intenses					50 - 100 m/h	C. Beaty (1974)
Californie (N San Francisco)	Dépôts de pente	Pluies intenses	30°	400 m³		Instantanée		A.M. Johnson et J.R. Rodine (1984)
Californie (NE Los Angeles)		Fonte nivale	40°					A.M. Johnson et J.R. Rodine (1984)
Californie (Vallée de la Mort)		Pluies intenses, pluies de longue durée, font nivale	Forte					T. Blair (1999)
Californie		Fortes pluies						R. Le B. Hooke (1966)
Etats-Unis, Nouveau-Mexique	Sols brûlés	Fortes pluies					25 mm/h pendant 15 mn	S.H. Cannon et S.L. Reneau (2000)
Nouvelle-Zélande	dépôts de pente, gélifracts	Pluies intenses et pluies de forte durée	Forte	195 000 m³	1 - 16 ans	quelques heures à quelques jours	342 mm en 24 h en avril 1978	T.C. Pierson (1980)
Ile Marion	Gélifraction	Pluies	22 - 24°	petits debris flows (levées de 6 cm de haut)	Très fréquents			J. Boelhouwers et al. (2000)

Annexe 3

Questionnaire d'enquête

Q U E S T I O N N A I R E

1 / Quel âge avez-vous :   2 / Dans quelle rue habitez-vous :

3 / Avez-vous déjà observé des avalanches autour d'Ísafjörður ? Oui – Non
Quelles avalanches vous ont le plus marqué ? Pour chaque avalanche indiquez si possible :
Où ?
Quand ?
L'avalanche a-t-elle atteint les champs, les jardins, les maisons, la route, le fjord ?
Quel temps faisait-il ?
Quels ont été les dégâts (matériel, corporel) ?

4 / Avez-vous déjà observé des coulées de débris autour d'Ísafjörður ? Oui – Non
Quelles coulées de débris vous ont le plus marqué ? Pour chaque coulée de débris indiquez si possible :
Où ?
Quand ?
La coulée a-t-elle atteint les champs, les jardins, les maisons, la route, le fjord ?
Quel temps faisait-il ?
Quels ont été les dégâts (matériel, corporel) ?

5 / Avez-vous déjà observé des chutes de pierres autour d'Ísafjörður ? Oui – Non
Quelles chutes de pierres vous ont le plus marqué ? Pour chaque chute de pierres indiquez si possible :
Où ?
Quand ?
La pierre a-t-elle atteint les champs, les jardins, les maisons, la route, le fjord ?
Quel temps faisait-il ?
Quels ont été les dégâts (matériel, corporel) ?

6 / Habitez-vous auprès du versant ? Oui – Non

7 / Pensez-vous que les avalanches constituent un danger pour les habitants se trouvant auprès du versant ?
Oui – Non
Les avalanches sont :
        très dangereuses   peu dangereuses   pas dangereuses

8 / Pensez-vous que les coulées de débris constituent un danger pour les habitants se trouvant auprès du versant ?
Oui – Non
Les coulées de débris sont :
        très dangereuses   peu dangereuses   pas dangereuses

9 / Pensez-vous que les chutes de pierres constituent un danger pour les habitants se trouvant auprès du versant ?
Oui – Non
Les chutes de pierres sont :
        très dangereuses   peu dangereuses   pas dangereuses

10 / Quels sont les moyens de se protéger
des avalanches
des coulées de débrs

307

Annexe 4

La toponymie islandaise

Noms communs   **Exemples pris sur le terrain**

á : rivière   **Tunguá** : rivière de la langue
austur : est
bær : ferme   **Innra Bæjargil** : couloir de la ferme de l'intérieur
dalur : vallée   **Hnífsdalur** : vallée des couteaux
eyja (ey-) : île   **Æðey** : île des eiders
eyri : flèche littorale   **Flateyri** : flèche littorale plate
fjall : montagne   **Eyrarfjall** : montagne de la flèche littorale
fjörður : fjord   **Dýrafjörður** : le fjord des animaux
gil : couloir, ravine   **Hraungil** : couloire des pierres qui roulent
hjalli : replat   **Gleiðarhjalli**
hlíð : versant   **Kirkjubólshlíð** : versant de la ferme de l'église
hóll : colline   **Holtahverfi** : résidence de la colline rocheuse
hvilft : cirque, dépression **Skollahvilft** : mauvais cirque
hyrna : pic   **Bakkahyrna** : pic de la rive
ís : glace   **Ísafjörður** : fjord des glaces
jökull : glacier   **Drangajökull** : glacier des piliers rocheux
norður : nord   **Norðureyri** : flèche du nord
skógur (skó-) : bois, forêt **Tunguskógur** : forêt de la langue
steinn : pierre   **Steiniðjugil**
suður : sud   **Súðureyri** : rive sud, flèche sud
vegur : route, chemin   **Hnífsdalsvegur** : route de Hnífsdalur
vík : baie   **Bolungarvík** : baie des bois flottés

Et quelques noms de lieux :

Álftafjörður : fjord des cygnes
Búðarfjall : montagne de l'ancienne hutte des pêcheurs
Ernir : aigles
Gilsbakkagil : couloir de la rive de Gil
Ísafjarðardjúp : profond fjord des glaces
Kubbi : carré
Naustashvilft : cirque de la maison des bâteaux
Önundafjörður : fjord d'Önundur
Óshlíð : versant de l'embouchure de la rivière
Seljalandsdalur : vallée de la laiterie
Stekkjagil : couloir des rochers
Súðavík : baie des avant-toits
Traðargil : couloir du chemin
Traðarhyrna : pic du chemin

RESUME DE THESE

L'objectif de notre travail est de mettre en évidence les modalités de fonctionnement des avalanches et des *debris flows* en Islande du nord-ouest, de comprendre leur rôle respectif dans l'évolution actuelle des versants, d'apprécier leur fréquence et enfin d'estimer le risque naturel que ces deux dynamiques font peser sur les secteurs habités des fjords de l'ouest.

Notre démarche sera à la fois qualitative, décrivant les conditions morphoclimatiques responsables de la formation des avalanches et des *debris flows* et de la situation de risque, et quantitative, en mesurant les transferts de matériels par ces deux dynamiques, leur fréquence et leur impact humain ; ces deux derniers aspects sont étudiés avec l'appui des approches historique et naturaliste.

PREMIERE PARTIE - LES DYNAMIQUES AVALANCHEUSES ET LEUR IMPACT GEOMORPHOLOGIQUE

La première partie est consacrée à l'examen des conditions tant morphologiques que climatiques favorables au déclenchement des avalanches. Une typologie des dynamiques avalancheuses est également proposée. Une appréciation de l'efficacité géomorphologique est proposée, sur la base d'observations de terrain et de transects topo-sédimentologiques. Enfin, les données historiques permettent d'estimer la fréquence des épisodes avalancheux.

Chapitre 1 - Un contexte morphoclimatique propice à l'activité avalancheuse

La variabilité du volume des chutes de neige dans l'espace et le temps caractérise la situation météorologique hivernale : il neige de 77 à 154 jours par an et le coefficient nivométrique ne dépasse jamais 80 %, même durant l'hiver. Cela suppose des fluctuations thermiques hivernales avec de fréquents redoux.

Les valeurs de pentes sont fortes, variant entre 25 et 45°, favorisant l'accumulation de la neige dans les zones de crête, dans les couloirs ou sur les versants, mais aussi sur les plateaux sommitaux, qui collectent de grandes quantités de neige.

Enfin, le vent joue un rôle important dans le déclenchement des avalanches en balayant la neige des plateaux sommitaux dépourvus de végétation fixatrice et en l'accumulant au sommet des versants sous le vent, mais aussi en modifiant les caractéristiques thermiques du manteau neigeux.

Chapitre 2 - Les terrains avalancheux et les types d'avalanches

On distinguera, d'amont en aval :
- La zone d'accumulation et la phase de départ : les avalanches se déclenchent à 52 % sur les versants, et à 48 % dans les couloirs définis dans la corniche rocheuse. Les départs d'avalanches se font principalement en plaque (58 %), et sont rarement ponctuels (3,5 %). Par contre, 28 % des départs d'avalanches sont mixtes.
- Les modes d'écoulement et les zones de transit : 80 % des avalanches sont coulantes, 20 % sont mixtes (elles associent un aérosol à la partie coulante), et aucune n'est purement aérienne. Les zones de transit sont presque exclusivement ouvertes, seules les avalanches de *slush* étant guidées à l'aval de la corniche rocheuse par une dépression.
- La phase d'arrêt et la zone de dépôt : lorsque l'avalanche s'arrête, sur des pentes inférieures à 10° pour celles dont la distance de parcours est la plus longue, elle dépose la neige transportée, dont l'examen caractérise l'avalanche. L'avalanche est dite propre lorsqu'elle n'incorpore pas de matériel rocheux.

Le type d'avalanche représentatif de l'Islande du nord-ouest est l'avalanche de plaque sèche. Cependant, certains sites sont propices au déclenchement des avalanches de *slush*, qui se déclenchent lors d'un brutal réchauffement des températures ou de précipitations liquides qui causent la fonte de la neige.

Les avalanches de neige sèche se répartissent d'octobre à avril, avec un maximum d'activité entre janvier et mars, alors que les avalanches de neige humides se déclenchent entre novembre et mai, avec une activité particulièrement marquée en janvier et mai. Les avalanches de *slush*, qui peuvent avoir lieu entre novembre et mai, mais avec une activité principalement centrée sur le mois de janvier.

Chapitre 3 - L'efficacité géomorphologique des avalanches

L'impact géomorphologique des avalanches s'apprécie en Islande du nord-ouest différemment selon l'échelle de temps à laquelle nous nous plaçons. Il est donc nécessaire de distinguer l'efficacité géomorphologique des avalanches sur le court terme et sur le long terme.
- Sur le court terme, c'est-à-dire à l'échelle du siècle, l'activité des avalanches est révélée dans le paysage par les blocs épars à la base du versant, les débris perchés sur des blocs plus gros dans l'axe des couloirs avalancheux ainsi que par la coloration sombre des avalanches de printemps. Le profil des versants avalancheux, déterminé à l'aide de transects topo-sédimentologiques, est faiblement concave, ce qui n'indique pas une dynamique avalancheuse prédominante dans l'évolution des versants d'Islande nord-occidentale. Ceci est conforté par le fort taux de recouvrement des versants par la végétation. La faible efficacité des avalanches sur le court terme se comprend aisément du fait de leur répartition : elles sont surtout actives à partir du mois de janvier, alors que le manteau neigeux est épais et protège la surface du versant. Toutefois, des avalanches se déroulant tôt dans la saison hivernale, sur un versant mal protégé, peuvent

être géomorphologiquement très efficaces, en transportant du matériel et en érodant la zone située dans l'axe du couloir.

- Sur le long terme (plusieurs millénaires), la répétition des avalanches d'avalanches contribue à l'édification des cônes de débris, comme l'a montré l'analyse du profil en profondeur du cône de Flateyri, qui propose une succession jusqu'à 3230 B.P. qui prouve que les seules avalanches sont à l'origine d'une aggradation du cône d'environ 3 mètres. La participation des avalanches de *slush* à la construction des cônes de débris est également démontrée à partir de l'étude du site de Bíldudalur. Enfin, la présence sur le terrain de nombreuses *avalanche boulders tongues*, mises en place à trois époques différentes (la chronologie relative est déterminée par leur taux de recouvrement végétal) atteste la faible récurrence des avalanches chargées.

L'efficacité géomorphologique des avalanches est donc à deux vitesses en Islande du nord-ouest : discrète sur le court terme, indéniable sur le long terme.

Chapitre 4 - La fréquence des avalanches, approche historique

Pour déterminer la fréquence des avalanches, une approche historique, fondée sur les données qu'offrent les Annales islandaises, a été préférée à une approche naturaliste en raison des trop rares dépôts avalancheux identifiés.

L'historique des avalanches est cependant très peu fourni jusqu'au XXème siècle, au cours duquel il devient plus dense, en particulier à proximité des principaux sites urbanisés. Le nombre d'avalanches connues reste cependant faible si l'on considère les couloirs avalancheux séparément les uns des autres.

La fréquence des avalanches dont la distance de parcours est courte, c'est-à-dire les avalanches qui incorporent un volume de neige qui ne leur permet pas d'atteindre la base du versant, est forte car les conditions de déclenchement sont réunies plusieurs fois au cours de la saison hivernale. Ces avalanches ne sont pas répertoriées dans les Annales.

La fréquence des avalanches de moyenne magnitude (celle dont la distance de parcours ne leur permet pas d'atteindre le point de la pente égal à 10°) est difficile à estimer car elle repose sur le nombre d'avalanches connues et enregistrées auprès des services de l'Institut Météorologique Islandais, non sur le nombre réel d'avalanches. 40 % des avalanches enregistrées appartiennent à cette catégorie d'avalanches, mais elles ne se déclenchent pas chaque année : elles sont moins fréquentes que les avalanches de faible amplitude.

La période de retour des avalanches de forte magnitude est encore plus faible, celle-ci étant de plusieurs années, voire de plusieurs dizaines d'années. Paradoxalement, ce sont les avalanches les mieux documentées car, si elles sont rares, ces avalanches attirent l'attention des populations locales en s'approchant dangereusement d'elles, s'étendant le plus souvent à une altitude inférieure à 40 m. 60 % des avalanches enregistrées font partie ce cette catégorie.

Deuxième partie - La dynamique à *debris flows* et son impact géomorphologique

La deuxième partie est consacrée à l'étude du contexte morphoclimatique qui favorise le déclenchement des *debris flows*. L'examen du déroulement des épisodes à *debris flows*, l'évaluation de leur impact géomorphologique, et l'appréciation de leur fréquence permettront d'en définir l'efficacité à la surface des versants.

Chapitre 5 - Un contexte morphoclimatique favorable aux *debris flows*

Les conditions nécessaires à la formation d'un *debris flow* sont triples :
- La pente permet la mise en mouvement du matériel mobilisé. Dans la zone de départ elle varie de 22 à 54° en Islande du nord-ouest. Dans la zone d'arrêt, la valeur de pente dépend de la taille du *debris flow* : lorsque celui-ci est de petite dimension, il s'arrête lorsque sa charge en eau est totalement évacuée, ou lorsque la pente devient quasiment nulle pour les *debris flows* de grande dimension. Le relief de fjords offre un système de pente adapté à cette dynamique.
- Une masse de matériel mobilisable compose le corps de la coulée de débris. Ce matériel très hétérométrique trouve son origine en Islande du nord-ouest soit dans les nombreux couloirs qui entaillent la corniche rocheuse, libérés par la gélifraction en particulier, soit dans les épais manteaux de débris couvrant les replats intermédiaires sur certains versants, où il est hérité (stocks morainiques, notamment).
- Des excès soudains d'humidité permettent de déplacer le matériel sur les pentes fortes. Il peut s'agir d'averses intenses (28 % des déclenchements de *debris flows*) ou d'averses de longue durée (52 %) ; 8 % des *debris flows* sont déclenchés par des pluies mixtes, 21 mm de pluie intense suffisent à déclencher une coulée de débris après un temps sec. Les *debris flows* déclenchés par les pluies ont lieu surtout en été et en automne. Fait original, la fonte nivale est responsable du déclenchement de 47 % des *debris flows* d'Islande du nord-ouest ; dans 50 % des cas, elle est associée à des chutes de pluie, sinon, c'est l'élévation brusque des températures qui provoque la fonte de la neige. Les *debris flows* sont alors déclenchés au printemps (juin), au moment de la fonte des neiges, mais également au début de l'hiver (novembre et décembre), alors que les brusques redoux provoquent la fonte du tapis neigeux accumulé. Quelle que soit la nature du phénomène déclenchant, la réponse est toujours rapide : quelques jours en cas de pluies de longue durée, et seulement quelques heures s'il s'agit d'averses intenses, et de quelques heures à quelques jours dans le cas de la fonte nivale.

La très grande variabilité spatiale des précipitations liquides rend difficile à résoudre la question des valeurs-seuil déclenchantes, du fait du manque de données fiables pour chaque versant : au cours d'un même épisode pluvieux, des totaux pluviométriques variant de 1 à 4 peuvent être enregistrés, à cause de la configuration du relief de fjord qui abrite certains versants, selon la direction du flux pluviogène.

Chapitre 6 - Le déroulement et l'impact géomorphologique des épisodes à *debris flows*

Ce chapitre s'appuie sur l'observation directe de *debris flows* sur le terrain en juin 1999, déclenchés par la fonte nivale. La phase d'initiation des *debris flows* prend deux formes : l'effet « tuyau d'incendie » déclenche les *debris flows* dans les couloirs des corniches rocheuses, alors que des glissements rotationnels mettent en mouvement les masses de débris sur le front des manteaux de débris qui couvrent les replats intermédiaires. La mise en mouvement de la masse débute par une augmentation significative de la turbidité de l'eau s'écoulant sur le versant, puis par des chutes de blocs, suivies de la masse de débris elle même qui érode la partie amont du chenal puis édifie les levées latérales plus bas sur le versant, dans un bruit assourdissant. L'éclaircissement de l'eau d'écoulement dans le chenal du *debris flow* indique la fin du processus.

Les formes créées par les *debris flows* sont caractéristiques de ce processus : il s'agit d'un profond chenal d'incision à l'amont, puis d'une phase intermédiaire avec incision et accumulation des débris formant les levées parallèles au chenal, puis d'une phase d'accumulation exclusive à l'aval. Au total, 5000 m^3 ont été transportés durant l'épisode des 10-12 juin 1999, sur une surface de 4,5 km^2, correspondant à un taux de dénudation de 1,1 mm.

L'omniprésence des formes de *debris flows* est frappante en Islande du nord-ouest, où tous les versants, quelle que soit leur orientation, sont concernés, et leur durée de vie, suggérée par des taux de recouvrement très forts, est longue en dépit de la dynamique avalancheuse. Leur capacité de transfert de matériel, d'érosion et de création de formes, leur confère un fort impact géomorphologique.

Chapitre 7 - La datation et la fréquence des *debris flows*, approches historique et naturaliste

L'estimation de la fréquence des *debris flows* suppose de connaître les dates auxquelles ils se sont déclenchés. Le dépouillement des documents d'archives permet de recenser les principaux *debris flows* qui ont atteint la base du versant depuis 1934 en Islande du nord-ouest. Mais le nombre d'épisodes à *debris flows* est très variable selon les sites, où l'on en dénombre de 2 à 21 sur la période 1900-1999. La période de retour des *debris flows* pour le XXème siècle varie alors de 5 à 50 ans en moyenne ; la période de retour minimale est de 2 semaines à 13 ans, et la période de retour maximale varie de 16 à 35 ans. Mais si la fréquence des *debris flows* est très variable selon les sites considérés, elle l'est encore plus selon les chenaux de *debris flows* retenus : certains ont fonctionné au moins cinq fois entre 1900 et 1999, alors qu'un seul épisode à *debris flow* est enregistré dans d'autres chenaux.

L'approche naturaliste met en évidence différents épisodes à *debris flows* par l'application de la méthode lichénométrique.

Enfin, comme pour les avalanches, la fréquence des *debris flows* diminue avec leur ampleur : plus ceux-ci mobilisent une faible quantité de matériel, plus ils sont fréquents. Nous obtenons alors les résultats suivants : la période de retour minimale des *debris flows* de moins de 100 m³ est de deux à trois mois ; celle des *debris flows* de moins de 1500 m³ est de 3 ans au minimum ; celle des coulées transportant plus de 1500 m³ est de 10 ans au moins.

Troisième partie - Le risque naturel lié aux avalanches et aux *debris flows*

Le but de la troisième partie est de présenter les conditions dans lesquelles une situation de risque est née pour les populations d'Islande du nord-ouest, et d'apprécier le risque qui pèse actuellement sur les établissements humains. Le risque lié aux avalanches puis celui lié aux *debris flows* sont successivement analysés.

Chapitre 8 - Le risque avalancheux

Les conditions du risque avalancheux résident essentiellement dans la morphologie des versants des fjords, qui ne laissent aux établissements humains qu'une étroite bande littorale au pied des versants, sur la zone de dépôt des avalanches majeures, les plaçant en position de vulnérabilité. Cet espace est disputé entre les hommes et les avalanches : les extensions récentes des villes et villages se sont faites en dépit de la connaissance de zones déjà atteintes par les avalanches. Ainsi, les accidents avalancheux se sont multipliés au cours du XXème siècle.

En analysant l'extension maximale des avalanches recensées dans les Annales, il apparaît clairement que celles-ci ont atteint et même traversé des secteurs qui sont actuellement habités ; ceci est le cas à Ísafjörður. La défaillance de la mémoire collective est alors flagrante mais des événements catastrophiques peuvent ponctuellement la réveiller. C'est surtout le cas à la suite d'avalanches mortelles, qui ont tué 34 personnes dans les villages de Súðavík et Flateyri au cours de l'année 1995.

Une prise de conscience du risque avalancheux au niveau national en 1995 a permis d'élaborer une échelle de risque tenant compte de la position des habitations par rapport au versant et de l'historique avalancheux de celui-ci, mais aussi de mettre en place des structures protectrices qui garantissent la sécurité des habitants durant la saison hivernale.

Chapitre 9 - Le risque lié aux *debris flows*

Les *debris flows* sont méconnus tant par la population locale que par les autorités. Pourtant, contrairement aux avalanches, les *debris flows* laissent des traces visibles durablement dans le paysage. L'expansion récente des villes et villages (surtout après 1950) s'est effectuée en dépit de celles-ci, et des secteurs sont aujourd'hui construits sur les modelés d'anciens *debris flows* rejoignant la mer. La vulnérabilité des habitations est donc forte, même si les dommages matériels sont peu fréquents. Les habitations ont en effet plusieurs fois été épargnées de justesse par les *debris flows*, soit parce que ceux-ci se sont écoulés entre les maisons (1965), soit parce que le drain de bas de versant en a ralenti momentanément la progression (1996 et 1999). Ceci ne diminue en rien leur caractère dangereux, mais explique la sous-estimation du risque par la population : la catastrophe se fait attendre, la population estime le risque lié aux *debris flows* faible, même si ceux-ci charrient jusqu'à 3500 m³ de matériel rocheux, dont certains blocs peuvent atteindre 1,50 m de grand axe.

Un zonage du risque lié aux *debris flows* est inexistant en Islande. Pourtant, des alertes ont été transmises aux autorités locales. Or, en tenant compte de l'historique des *debris flows* et de leur extension maximale, nous proposons une carte du risque pour la ville d'Ísafjörður qui présente quatre zones en fonction de l'occupation de l'espace et de la distance par rapport au versant. Enfin, des structures de protection telles que celles qui ont été mises en place de façon très ponctuelle à Ísafjörður, et la description des signes annonciateurs de la formation d'une coulée est diffusée pour une meilleure protection de la population.

Cette étude nous a permis d'effectuer une première approche des dynamiques avalancheuses et à *debris flows* sur les versants islandais, en analysant à la fois leur impact géomorphologique et humain. La détermination du rôle des processus de versant dans l'évolution actuelle des paysages nécessite d'en quantifier l'efficacité géomorphologique, c'est-à-dire les apports et transferts de matériel sur les pentes. Ceci est malaisé lorsque l'un des processus - les avalanches - ne laisse que des traces aujourd'hui discrètes et dispersées alors qu'il est très fréquent et que des preuves de son efficacité existent sur le long terme. Ce sont ces traces discrètes qu'il conviendra de mieux quantifier en poursuivant nos travaux. A l'inverse, les *debris flows* sont plus rares, mais aussi plus efficaces à la surface des versants. Les formes préexistantes ont été élargies de plusieurs mètres, et approfondies de deux mètres au maximum. La détermination d'une courbe de croissance de *Rhizocarpon geographicum* propre au site d'Ísafjörður nous a offert un calage chronologique relatif intéressant pour les trois coulées de débris investies, localisant cinq à six épisodes à *debris flows* supplémentaires entre 1988 et 1946, qui n'avaient pas été signalés par l'analyse historique. Une meilleure quantification de leur efficacité géomorphologique fera l'objet de nos futurs travaux, parallèlement aux avalanches.

Si la situation des risques naturels a été clairement démontrée par le biais d'une analyse géomorphologue et humaine de l'espace, nous nous heurtons au problème de la perception du risque par les populations locales. C'est là l'enjeu de nos futures recherches : continuer à convaincre la population et les autorités locales du caractère dangereux des avalanches, mais surtout des *debris flows*, car les effets dévastateurs de ceux-ci sont méconnus, alors que ceux des avalanches sont aujourd'hui bien perçus, même si plusieurs sites restent à sécuriser. Il s'agit là d'un choix économique et politique.

SUMMARY OF THESIS

The objective of our work is to put in evidence the modes of functioning of snow avalanches and debris flows in northwestern Iceland, to understand their respective role in current evolution of slopes, to appreciate their frequency and finally to estimate the natural risk which these two dynamics may press on the inhabited sectors of the fjords of the West Fjords.

Our method will be concurrently analytical, describing the morpho-climatic conditions responsible for the forming of snow avalanches and debris flows and situation of risk, and quantitative, by measuring the material transfers by these two dynamics, their frequency and their human impact; these last two aspects are studied with support of historic and naturalist approaches.

PART I - SNOW AVALANCHES AND THEIR GEOMORPHOLOGICAL IMPACT

The first part is dedicated to the examination of morphological and climatic conditions favorable to the release of snow avalanches. A typology of the snow avalanche dynamics is also proposed. An appreciation of the geomorphological efficiency is proposed, on the basis of observations of ground and topo-sedimentological transects. Finally, historic data allow assessing their frequency.

Chapter 1 - A morphoclimatic context suitable to snow avalanche dynamics

The variability of the snowfalls volume in space and time characterizes the wintry meteorological situation: it snows 77 to 154 days a year and the nivometric coefficient never exceeds 80 %, even during winter months. It supposes wintry thermic fluctuations with frequent rises in temperature. The hillside inclinations are strong, varying between 25 and 45°, favoring 1 and * 8217; accumulation of snow in the zones of crest, in chutes or on hillsides, but also on top plateau, which harvest extreme amounts of snow.

Finally, wind plays an important role in the release of snow avalanches by sweeping the snow of the plateau devoid of vegetation, and accumulating it at the top of lee sides, but also by modifying the thermic characteristics of the snow cover.

Chapter 2 - Snow avalanche sites and snow avalanches patterns

Snow avalanche sites are, from up to downstream:

- The accumulation zone and the starting phase: snow avalanches start in 52 % on hillsides, and in 48 % in chutes. Snow avalanches start mainly in slab (58 %), and are rarely loose snow avalanche (3.5 %). On the other hand, 28 % are mixed start.
- The flowing phase and the zones of transition: 80 % of avalanches are flowing, 20 % are mixed (they associate airborne to the flowing part), and none are purely airborne avalanches. The zones of transition are almost exclusively unconfined, except slush avalanches being guided by some depression or streams.
- The stopping phase and the runout zone: when snow avalanches stop, the transported snow deposits; examination of which characterizes the snow avalanche. If rocky material is incorporated into the snow, then the avalanche is dirty; it is clean otherwise. The type of snow avalanche representative of northwestern Iceland is a dry slab avalanche. However, certain sites tend to release slush avalanches, which start during a sudden warming or liquid precipitation which cause the snow to thaw. Dry snow avalanches release from October to April, with a maximum activity between January and March, while the wet snow avalanches occur between November and May, with an activity represented in January and May. Slush avalanches are mainly represented in January.

Chapter 3 - Geomorphological efficiency of snow avalanches

The geomorphological impact of snow avalanches can be differently appreciated in northwestern Iceland according to time scale in which they are examined. It is then necessary to distinguish the geomorphological efficiency of snow avalanches in the short and long term.
- In the short term, i.e. the century, the activity of snow avalanches is revealed in the landscape by scattered blocks on the basis of the hillside, perched fragments on bigger blocks in the main axis of snow avalanche tracks as well as by the dark tint of spring snow avalanches deposits. The profile of hillside avalanches, determined with the help of topo-sedimentological transects, is weakly concave, which doesn't indicates dominant snow avalanche dynamics in hillsides evolution of northwestern Iceland. This is consolidated by the strong vegetal cover rate of hillsides. The weak efficiency of snow avalanches in the short term is understandable because of their yearly distribution: they are especially active from January, while snow cover is thick and protects the hillside surface. However, snow avalanches taking place early in the wintry season, on a badly protected hillside, can be geomorphologically very effective, by transporting material and affecting the zone situated in the track axis.
- In the long term (several millenniums), the repetition of avalanches contributes to the construction of debris fans, as showed by the analysis of the Flateyri's profile in depth, which proposes a succession from 3230 B.P. and proves that snow avalanches are at the origin of an aggradation of the fan of about 3 meters. The participation of slush avalanches in the construction of the fans is also demonstrated from the study of the site Bíldudalur. Finally, the presence in the field of numerous avalanche boulders tongues, organized in three different times (the relative chronology is determined by their rate of plant cover) allows the identification of a weak recurrence of dirty snow avalanches.

We obtain a geomorphological efficiency of snow avalanches in two speeds: discreet in the short term, but unmistakable in the long term.

Chapter 4 - The frequency of avalanches, the historic approach

A historic approach, based on the data offered by the Icelandic annals, was chosen to determine the snow avalanche frequency rather than a naturalist approach using the too rare deposits of dirty snow avalanches. The history of snow avalanches is however little supplied before the 20th century, during which it becomes denser, particularly near the main inhabited sites. The number of known snow avalanches is however weak, considering the numerous snow avalanches tracks.

The frequency of short snow avalanches, those which incorporate such a low volume of snow that they cannot reach the basis of the slope, is high because the release conditions exist several times during the wintry season. These avalanches are not listed in annals.

The frequency of snow avalanches of medium magnitude (the ones that do not reach the point of the hillside equal to 10 °) is difficult to consider because it is based on the number of known snow avalanches registered with the services of Icelandic Meteorological Institute, not on the real number of snow avalanches. 40 % of the recorded avalanches belong to this category of snow avalanches, but they do not occur every year: they are less frequent than the avalanches of low amplitude. The return period of snow avalanches of high magnitude is even lower, this being many years, even several dozens years. Paradoxically, they are the best detailed snow avalanches because, though they are rare, these snow avalanches attract attention of local populations, approaching them dangerously, spreading mostly to a height lower than 40 m. 60 % of the recorded snow avalanches are from this category.

PART II - THE DEBRIS FLOWS ACTIVITY AND IT GEOMORPHOLOGIC IMPACT

The second part is dedicated in the study of the morphoclimatic context which favors the debris flows release. The exam of the progress and geomorphological impact of debris flows will allow the definition of its efficiency in the talus. Finally, the dating of debris flows on the basis of historic and naturalist studies will allow the determination of its frequency.

Chapter 5 - A morphoclimatic context favorable to debris flows

The conditions necessary for the release of a debris flow are triple:
- The slope allows the movement of mobilized material. The starting zone slope varies from 22 to 54° in northwestern Iceland. In the runout zone the value depends on the size of the debris flow: when one is of small dimension, it stops when the load in water is

totally evacuated, or when the inclination almost becomes almost non-existent for debris flows of larger dimension. The fjord morphology offers adapted slopes to this dynamics.

- A mass of available material composes the body debris flow. This highly heterometric material finds its origin in northwestern Iceland is in the numerous chutes which cut the rocky ledge, freed by the frost-shattering in particular, or in the thick debris mantle covering the intermediate shelves on few slopes, where it is inherited.

- Sudden excesses of humidity allow the material to move on steep slopes. The causes are intense rain (28 % of the releases of debris flows) or long-lasting precipitation (52 %). 8 % of debris flows are activated by mixed rains, 21 mm of intense rain are enough to activate a debris flow after dry weather. Debris flows activated by rains take place especially in summer and in autumn. Snowmelt is responsible for the release of 47 % of debris flows in northwestern Iceland; in 50 % of the cases, it is associated to rainfall, otherwise, abrupt rise of the temperatures triggered the thaw. Debris flows is then release in spring (in June), at the time of thaw, but also at the beginning of winter (in November and December), when abrupt rises in temperature melt the snow cover. Whatever the nature of the activating phenomenon, the result is always rapid: a few days in the case of long-duration rain, a few hours with intense rains, and hours to days in the case of snowmelt.

The high spatial variability of the liquid precipitation makes it difficult to resolve the question of the threshold-values, because of the lack of reliable data for every slope: during the same rainy episode, the precipitation amounts varying from 1 to 4 can be registered, because of the configuration of the fjord relief which shelters some slopes, according to the direction of the rainy stream.

Chapter 6 - The geomorphological impact of debris flow episodes

This chapter deals with direct observation of debris flows in the field in June, 1999, released by snowmelt. The debris flows initiation phase takes two forms: the « fire-hose effect » release debris flows in chutes of the rock cornice, while slides put in movement debris flows from the front of debris mantle that cover the intermediate shelves. The movement of the debris mass begins with a significant increase of water turbidity in the natural streams, then by rockfalls, followed by the mass of debris which erode the uphill part of the channel, then builds the lateral *levées*, lower on the slope, in a deafening noise. The clarification of water flowing in the debris flow channel indicates that the process end.

The forms created by debris flows are characteristic of this process: a deep channel in the uphill section; an intermediate phase with both erosion and accumulation of debris forming the parallel *levées* on both sides of the channel, then a phase of exclusive accumulation. Pre-existent forms were widened by twenty meters at most, and deepened of two meters at most. On the whole, 5000 m^3 were transported during the June 10-12, 1999 episode on a surface of 4.5 km^2, corresponding to a denudation rate of 1.1 mm.

The omnipresence of the debris flows patterns is striking in northwestern Iceland, where all slopes, whatever their orientation, are concerned, and their life expectancy, suggested by very high plant covering rates, is long in spite of the snow avalanche dynamics. Their transfer capacity of material, of erosion and of forms creation, confers them a high geomorphological impact.

Chapter 7 - Dating and frequency of debris flows: the historical and naturalist approach

Estimation of the frequency of debris flows supposes to know dates about which they occurred. The perusal of archives allows the recognition that the main debris flows which reached the bottom of the mountainside since 1934 in northwestern Iceland. But the number of debris flows episodes is very variable according to sites, where one counts it from 2 to 21 over the period 1900-1999. The debris flows return period for 20th century varies then from 5 to 50 years on average; the minimal return period is from 2 weeks to 13 years, and the maximal one varies from 16 to 35 years. But if the debris flows frequency is very variable according to the considered sites, it is even more variable according to the debris flows channels retained: some worked at least five times between 1900 and 1999, while a single debris flow episode is recorded in others.

Application of lichenometric method puts in evidence various debris flows episodes by determination of a *Rhizocarpon geographicum* growth curve for the site of Ísafjörður offered us an interesting relative chronological wedging for the three channels investigated, giving five to six supplementary debris flows episodes between 1988 and 1946, which had been not indicated by historic analysis.

Finally, as for snow avalanches, the debris flow frequency decreases with their dimensions: the more they mobilize a small amount of material, the more they are frequent. We obtain then the following results: the minimal return period of the debris flows of less than 100 m^3 is from two to three months; that of debris flows of less than 1500 m^3 is of 3 years at least; that of these transporting more than 1500 m^3 is of 10 years at least.

PART III - NATURAL HAZARDS DUE TO SNOW AVALANCHES AND DEBRIS FLOWS: A TENTATIVE EVALUATION

The purpose of the third part is to present the conditions in which a situation of hazard was born for the populations of northwestern Iceland, and to appreciate the risk which presses on the human establishments. The hazards due to snow avalanches then that due to debris flows are successively analyzed.

Chapter 8 - Snow avalanche hazard

The conditions of the snow avalanche hazard arise in part due to the fjord morphology, which leave to the human establishments only a narrow little strip at the foot of mountainsides, on the runout zone of major avalanches, placing them in position of vulnerability. This space is competed for among people and snow avalanches: the recent extensions of towns and villages were built despite the knowledge that these areas had already been reached by snow avalanches. So, the fatalities due to snow avalanches multiplied during the 20th century. By analyzing the maximal extension of snow avalanches listed in the annals, it seems clearly that these avalanches reached and even crossed the sectors which are at presently inhabited; this is the case in Ísafjörður. The collective lapse of memory is then blatant, but catastrophic events can punctually reduce it. This is especially the case following mortal avalanches, which killed 34 persons in Súðavík and Flateyri villages during the year 1995.

An awareness of the snow avalanche hazard at the national level in 1995 stimulated an elaborate evaluation of risk taking into account the position of houses with regard to the mountainside and to snow avalanche history, as well as the construction of defense structures to guarantee the safety of the inhabitants during the wintry season.

Chapter 9 - Debris flow hazard

Debris flows are underestimated both by local population and authorities. Nevertheless, contrary to snow avalanches, debris flows leave visible and lasting evidence in the landscape. Recent expansion of towns and villages (especially after 1950) were made in spite of this, and sectors are nowadays built on former debris flows which have joined the sea. Then vulnerability of houses is high, even if damages to property are infrequent. Indeed, houses were spared several times by debris flows, either because they luckily passed between houses (1965), or because the anthropic drainage of bottom of the mountainside slowed for a moment its progress (on 1996 and 1999). This decreases not at all their dangerous character, but has no strong impact in the perception the population makes of it: the disaster keeps waiting, the population estimates the hazard due to debris flows weak, even if these carry along 3500 m^3 of debris, few blocks of which reach 1.50 m of main axis.

A zoning of the risk is non-existent in Iceland. Nevertheless, alerts were passed on to the local authorities. Now, by taking into account both debris flows history and their maximal extension, we propose a risk map for the town Ísafjörður which presents four zones according to space occupation and of the distance with regard to the mountainside. Finally, protective structures of such as those that were built in a very punctual way in Ísafjörður, and the description of the forerunners of the forming of a debris flow are presented for a better protection of the population.

This study allowed us to make a first approach of snow avalanche and debris flow dynamics on the Icelandic slopes, by analysing at the same time their geomorphological and human impact. The determination of the role of the mountainside processes in current evolution of the Icelandic landscapes requires the quantification of its geomorphological efficiency, i.e. supply and transfer of material on slopes. This is difficult when one of the processes - avalanches - leaves only discreet and scattered evidence while it is very frequent and that proofs of the efficiency exist only in the long term. It is this discreet evidence that we need to better quantify by pursuing our works. In opposite, debris flows are rarer, but also more effective in the slope surfaces. A better quantification of their geomorphological efficiency will be the object of our further works, at the same time as snow avalanches.

If the situation of the natural hazards was clearly demonstrated by means of a geomorphological and human analysis of space, we collide with the problem of risk perception by local populations. This will be the stake of our future research: to convince inhabitants and local authorities that snow avalanches are dangerous, but especially debris flows, because the devastating effects of these are underestimated, while the ones of snow avalanches receive assessment, even if several sites remain to reassure. An economic and political choice is here.

TABLE DES MATIERES

www.ingramcontent.com/pod-product-compliance
Lightning Source LLC
Chambersburg PA
CBHW021029210326
41598CB00016B/953